ANDREA
PALLADIO

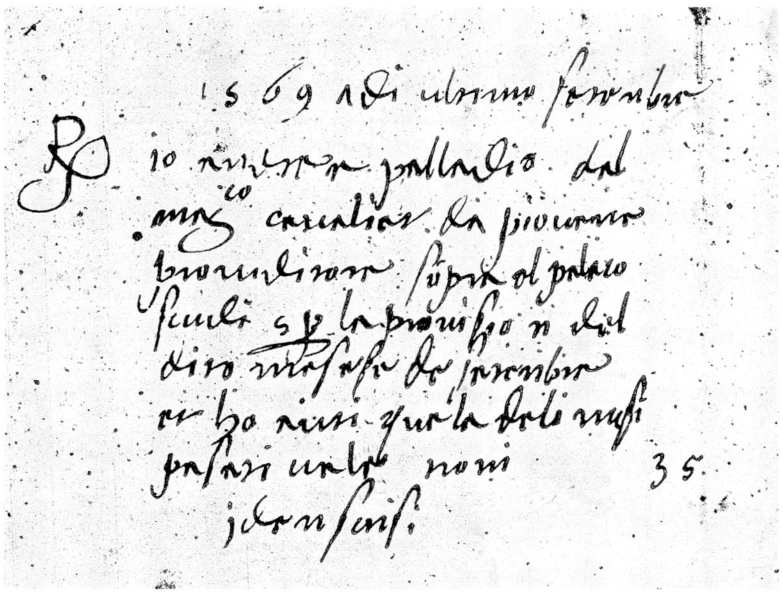

Autograph of Andrea Palladio in a document from 1569.
Autograph Andrea Palladios in einer Handschrift aus 1569.
Signature d'Andrea Palladio sur un document de 1569.
Handschrift van Andrea Palladio in een document uit 1569.

Palazzi di città

City residences
Stadtpaläste
Les Palais de ville
Stadspaleizen

Ville

Villas
Villen
Villas
Villa's

Chiese ed edifici religiosi

Churches and religious buildings
Kirchen und Sakralbauten
Églises et édifices religieux
Kerken en religieuze gebouwen

Edifici e opere pubbliche

Buildings and public works
Gebäude und öffentliche Arbeiten
Édifices et ouvrages publics
Openbare bouwwerken

Andrea Palladio (Andrea di Piero, Padua 1508 – Maser 1580), due to the influential quality of his works, is the most prominent architect of all time. Neo-Palladian buildings are found on every continent. As extolled by Goethe, his consummate skill in placing monumental columns within the context of civil architecture is of fundamental importance.

During his lifetime his fame was limited, often his projects did not achieve the anticipated success. Substantial parts of his plans were not executed; most of the villas and palaces remained unfinished. This also explains the paucity of information that has come down to us regarding his life.

After serving an apprenticeship as a stonecutter and, in all probability, also in other areas of the builder's art, at thirty years of age he met the Vicenza nobleman, Count Trissino, who discovered his unique talent. Thus he began his second life under the name of Palladio and, from that moment forward, became clearly identifiable through his works.

In Villa Godi, amongst one of his first creations, he is still rather caught up in the local tradition: the edifice is notable only for its perfect proportions and its harmonious integration with the landscape.

There followed five stays in Rome during which he contemplated and studied the great works of the classical world. He also came to know the modern architecture of the era: Bramante, Raphael, Giulio Romano, Michelangelo, as well as that of the late Renaissance and Mannerism.

It was these 15 years of intensely comparing such models that forged his personal style, a synthesis of ancient monuments, contemporary Roman architecture, and a strong, local, Venetian tradition. Truly classic villas, such as Villa Emo and La Rotonda, the palaces of Vicenza and the ecclesiastical buildings of Venice, sprang up in quick succession.

Palladio never became a neoclassicist; he never worked following a rigid scheme and knew nothing of fixed rules. So thoroughly had he assimilated the spirit of antiquity that he was able to create buildings that were completely personal and at the same time with a monumentality that led back to the classical world.

His final masterpiece was the Tempietto in Maser but he did not see it completed as death overtook him in 1580.

Andrea Palladio (Andrea di Piero, Padua 1508 – Maser 1580) ist auf Grund seiner Wirkungsgeschichte der bedeutendste Architekt aller Zeiten und neopalladianische Bauten befinden sich auf allen Erdteilen. Seine schon von Goethe gerühmte Geschicklichkeit, Säulen in die bürgerliche Baukunst zu übertragen, hat dabei die größte Bedeutung.

Zu Lebzeiten war sein Ruhm begrenzt, seine Entwürfe hatten oft nicht den erhofften Erfolg, große Teile seiner Pläne blieben unausgeführt, die meisten Villen und Paläste unvollendet. So erklärt sich auch die geringe Kenntnis biografischer Details.

Nach einer Ausbildung als Steinmetz und wohl auch in anderen Bereichen des Bauwesens lernte er als Dreißigjähriger den Vicentiner Grafen Trissino kennen, der seine besonderen Begabungen entdeckte. So begann er nun unter dem Namen Palladio sein zweites Leben und ist seit diesem Zeitpunkt mit eigenen Werken fassbar.

In der frühen Villa Godi blieb er noch ganz in der lokalen Tradition verhaftet, der Bau ist nur durch perfekte Proportionen und harmonische Einbindung ins landschaftliche Umfeld auffällig.

Es folgten fünf Romreisen, auf denen er die großen Werke der Antike bewunderte und studierte. Zudem lernte er die moderne Architektur der Zeit kennen; Bramante, Raffael, Giulio Romano und Michelangelo, also Spätrenaissance und Manierismus.

In 15 Jahren intensiver Auseinandersetzung mit diesen Vorbildern formte sich sein eigener Stil, eine Synthese aus antiken Monumenten, modernen römischen Bauten und einer starken lokalen, venezianischen Tradition. Nun entstanden in rascher Folge die wahrhaft klassischen Villen, wie die Villa Emo oder die Rotonda, die Palais in Vicenza und die Kirchenbauten in Venedig.

Palladio wurde nie ein Neoklassizist, er arbeitete nie nach einem Schema und kannte keine feste Regeln. Er hatte den antiken Geist so verinnerlicht, dass er ganz eigene Bauten von antiker Monumentalität schaffen konnte.

Sein letztes Meisterwerk war der Tempietto in Maser, dessen Fertigstellung er allerdings nicht mehr selbst erleben konnte, da der Tod ihm 1580 zuvorkam.

REGINA VIRTVS

I QVATTRO LIBRI
DELL'ARCHITETTVRA
Di Andrea Palladio.
Ne' quali, dopo un breue trattato de' cinque ordini, & di quelli auertimenti, che sono piu necessarij nel fabricare;
SI TRATTA DELLE CASE PRIVATE,
delle Vie, de i Ponti, delle Piazze, de i Xisti, et de' Tempij.
CON PRIVILEGI.

IN VENETIA,
Appresso Dominico de' Franceschi.
1570.

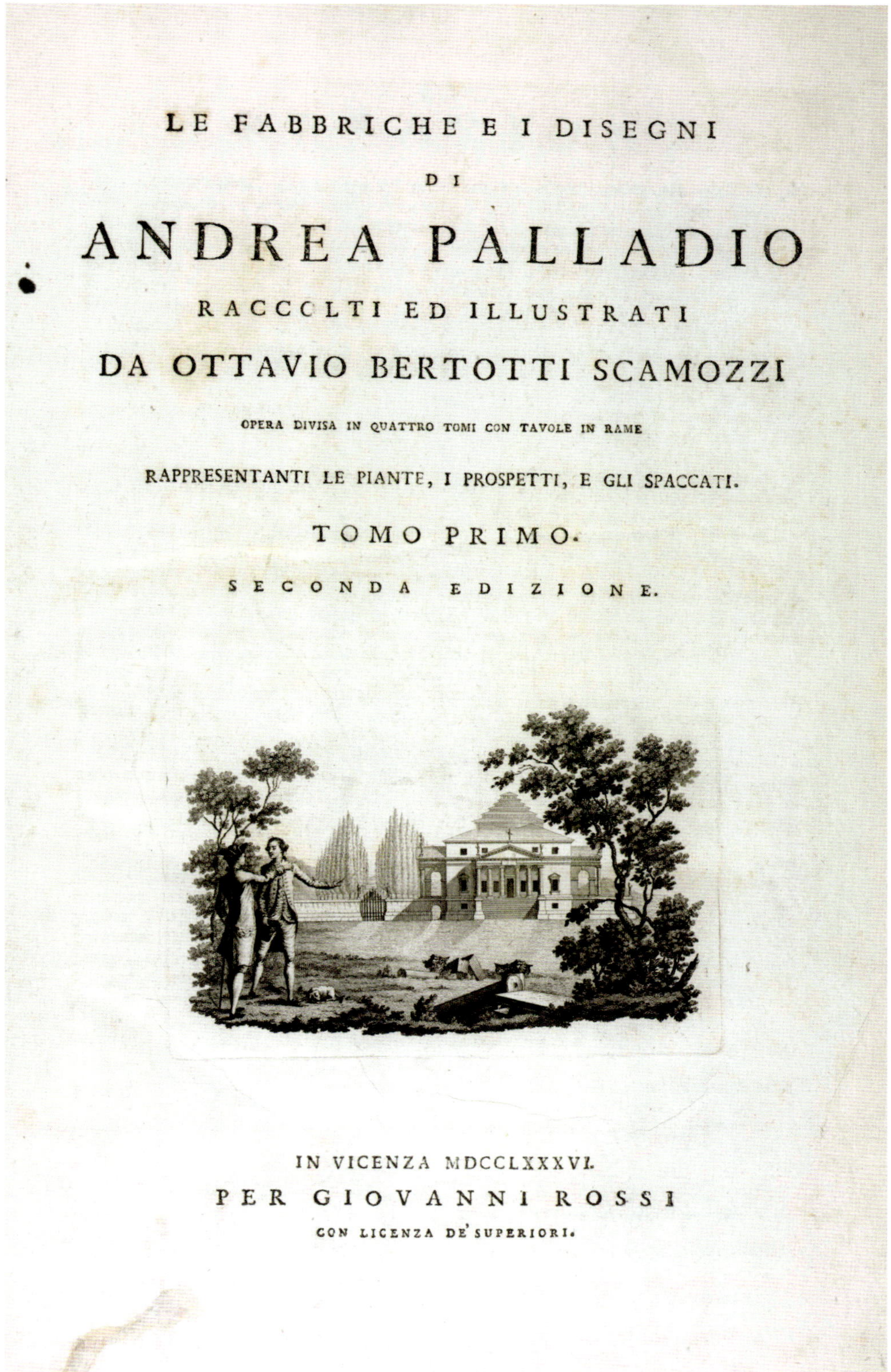
LE FABBRICHE E I DISEGNI
DI
ANDREA PALLADIO
RACCOLTI ED ILLUSTRATI
DA OTTAVIO BERTOTTI SCAMOZZI
OPERA DIVISA IN QUATTRO TOMI CON TAVOLE IN RAME
RAPPRESENTANTI LE PIANTE, I PROSPETTI, E GLI SPACCATI.
TOMO PRIMO.
SECONDA EDIZIONE.

IN VICENZA MDCCLXXXVI.
PER GIOVANNI ROSSI
CON LICENZA DE' SUPERIORI.

Drawings, plans, and elevations of this volume are drawn from Andrea Palladio's *I Quattro Libri dell'Architettura* and from *Le fabbriche e i disegni di Andrea Palladio, raccolti ed illustrati da Ottavio Bertotti Scamozzi.*

Die Bauzeichnungen und Pläne in diesem Buch sind den Werken *I Quattro Libri dell'Architettura* von Andrea Palladio und *Le Fabbriche e i Disegni di Andrea Palladio, raccolti ed illustrati da Ottavio Bertotti Scamozzi.*

Les dessins, plans et perspectives figurant dans le présent volume sont tirés des *I Quattro Libri dell'Architettura* d'Andrea Palladio et de *Le fabbriche e i disegni di Andrea Palladio, raccolti ed illustrati da Ottavio Bertotti Scamozzi.*

De overzichtstekeningen en plattegronden in dit boek zijn afkomstig uit het boek *I Quattro Libri dell'Architettura* van Andrea Palladio en uit *Le fabbriche e i disegni di Andrea Palladio, raccolti ed illustrati da Ottavio Bertotti Scamozzi.*

Andrea Palladio (Andrea di Piero, dit, Padoue, 1508 – Maser, 1580) est certainement l'architecte le plus important de tous les temps en raison de l'influence qu'il a exercée : on trouve dans toutes les parties du monde des architectures « néo-palladiennes ». Goethe déjà célébrait son habileté à insérer des colonnes monumentales dans l'architecture bourgeoise – élément décisif dans le succès du Padouan.

De son vivant toutefois, sa réputation resta souvent limitée : ses projets n'eurent pas toujours le succès escompté, de grandes parties ne furent pas exécutées ; la plupart de ses villas et de ses palais restèrent inachevés. Cela explique aussi le peu de détails que nous avons sur sa vie.

Après avoir été formé comme tailleur de pierres et sans doute à d'autres métiers du bâtiment, il fait à 30 ans la connaissance du comte Trissino, noble de Vicence qui découvre ses talents particuliers. C'est alors qu'il commence une seconde vie sous le nom de « Palladio ». Ses propres réalisations permettent de mieux suivre ensuite sa carrière.

Dans la Villa Godi, une de ses premières créations, il reste encore prisonnier de la tradition locale : le bâtiment ne se distingue que par la perfection de ses proportions et l'harmonie de son intégration dans le paysage de campagne qui l'environne.

Suivent cinq séjours à Rome, au cours desquels il admire et étudie dans le détail les grandes œuvres de l'Antiquité classique. Parallèlement, il apprend à connaître l'architecture moderne de son temps : Bramante, Raphaël, Jules Romain et Michel-Ange – mais aussi la Renaissance tardive et le maniérisme.

Quinze années de confrontation avec ces illustres modèles lui permettent ainsi de forger son style personnel dans une synthèse unissant les monuments antiques, les édifices romains de son temps et la tradition locale de Venise. Surgissent alors en une succession rapide les villas vraiment « classiques » comme la Villa Emo ou la Rotonda, les palais de Vicence et les édifices religieux de Venise.

Palladio n'a jamais été un néo-classique : il ne travaille jamais sur un schéma rigide et ne connaît pas de règle fixe. Mais il a tellement assimilé l'esprit de l'Antiquité qu'il sait créer des édifices à la fois parfaitement personnels et empreints d'une monumentalité toute antique.

Son dernier chef-d'œuvre est le tempietto de la villa de Maser, dont il ne voit pas l'achèvement : il est emporté par la mort en 1580.

Andrea Palladio (Andrea di Piero, Padua 1508 – Maser 1580) is, dankzij zijn invloedrijke werk, de meest vooraanstaande architect aller tijden; neopalladiaanse gebouwen zijn op alle continenten te vinden. Zijn meesterschap, reeds geroemd door Goethe, in het verwerken van monumentale zuilen in civiele bouwwerken is daarbij van essentieel belang.

Tijdens zijn leven was hij nog niet zo beroemd, hadden zijn ontwerpen dikwijls niet het gewenste succes, werden grote delen van zijn plannen niet uitgevoerd, bleven veel villa's en palazzo's onvoltooid. Dit blijkt ook uit die paar aantekeningen die we nu nog over zijn leven hebben.

Na zijn leerlingschap in het steensnijden en, naar alle waarschijnlijkheid, ook in andere takken van de bouwkunst, leerde hij op dertigjarige leeftijd graaf Trissino kennen, een Vicentijnse edelman, die zijn uitzonderlijke talent opmerkte. Zo begon zijn tweede leven onder de naam Palladio, en vanaf dat moment krijgt zijn werk een duidelijke eigen stempel.

Bij Villa Godi, een van zijn eerste ontwerpen, zit hij nog behoorlijk strak in het keurslijf van de plaatselijke traditie: het enige dat opvalt aan het gebouw zijn de perfecte verhoudingen en de manier waarop het op harmonieuze wijze opgaat in het omringende landschap.

Er volgden vijf verblijven in Rome, waarbij hij zich verdiepte in de grote werken uit de klassieke wereld. Ook leerde hij de moderne bouwstijl uit die tijd kennen: die van Bramante, Rafaël, Giulio Romano, Michelangelo, en ook de laat-renaissancestijl en het maniërisme.

Deze vijftien jaar aan diepgaande studie van dergelijke voorbeelden hebben zijn persoonlijke stijl gevormd; een synthese tussen antieke monumenten, Romeinse bouwstijlen uit die tijd en een sterke Venetiaanse en plaatselijke traditie. In rap tempo werden de onvervalst klassieke villa's, zoals Villa Emo en La Rotonda, palazzo's in Vicenza en kerkgebouwen in Venetië uit de grond gestampt.

Palladio werd nooit een neoclassicist; hij werkte nooit volgens een strak schema en hanteerde geen vaste regels. Hij had zich de essentie van de klassieke oudheid zó eigen gemaakt, dat hij gebouwen kon realiseren die volledig persoonlijk waren, maar tegelijkertijd ook een monumentale verwijzing naar de klassieke wereld.

Zijn laatste meesterwerk was het tempeltje in Maser, dat hij echter nooit voltooid heeft gezien, omdat hij overleed in 1580.

Andrea Palladio

Palazzi di città

City residences
Stadtpaläste
Les Palais de ville
Stadspaleizen

This was the first city palazzo designed by Palladio. Built in Vicenza around 1540; it was subject to drastic internal modifications in 1750.

Der erste Stadtpalast, den Palladio um 1540 in Vicenza erbaute. 1750 wurde er umfangreichen baulichen Veränderungen unterworfen.

Premier palais de ville réalisé par Palladio à Vicence, vers 1540, le palais Civena a fait l'objet de lourds remaniements intérieurs en 1750.

Dit was het eerste stadspaleis van Palladio in Vicenza rond 1540. In 1750 werd het interieur grondig verbouwd.

Palazzo Civena

VICENZA

Palladio. Elevation and floor plan.

Palladio. Vorderansicht und Bauzeichnung.

Palladio. Élévation et planimétrie.

Palladio. Vooraanzicht en bouwtekening.

TRISSINVS THEO

S TRISSINVS THEODO

Tª XXXV

Vichy del.

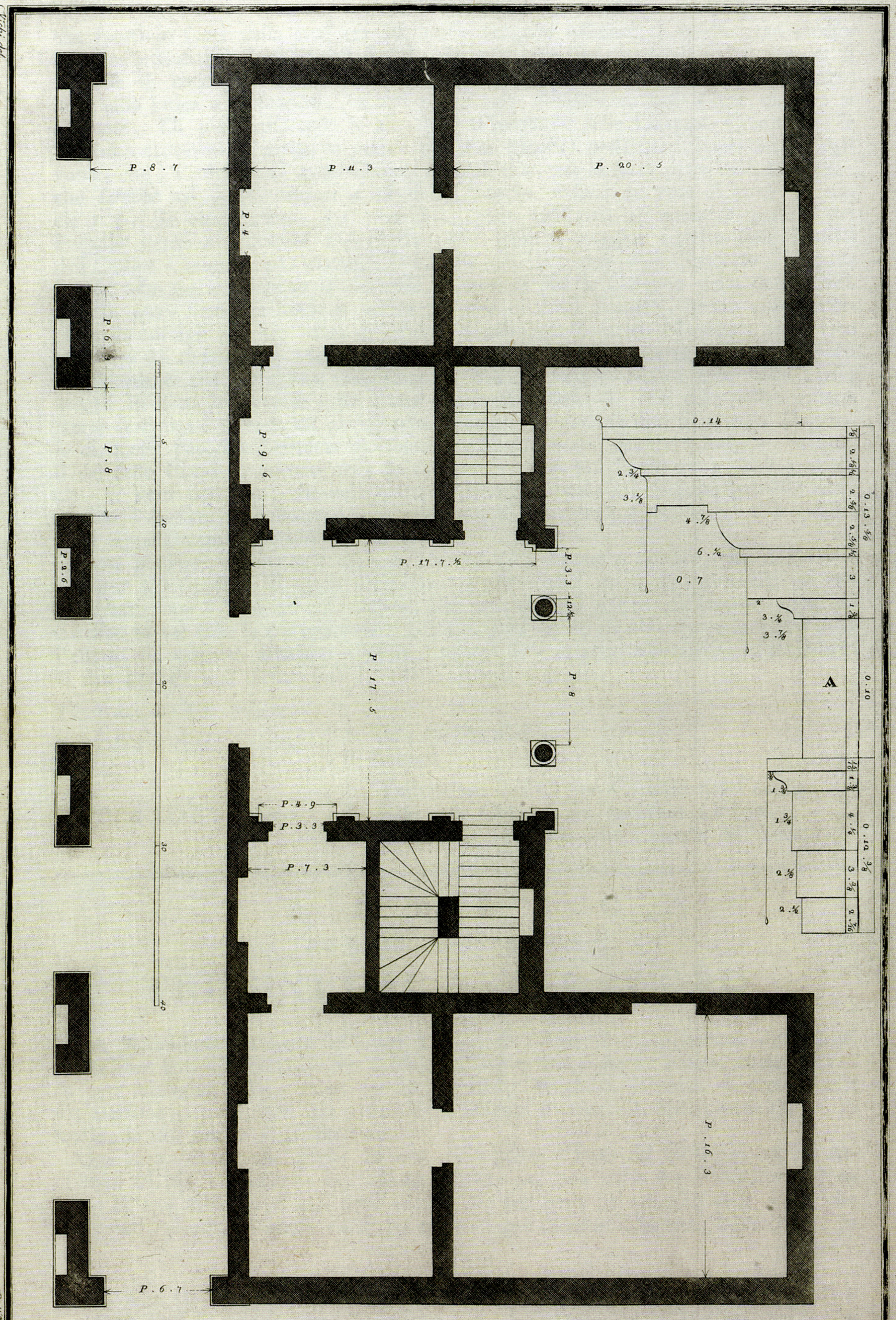

Dall'Acqua sculp.

Tª XXXVI

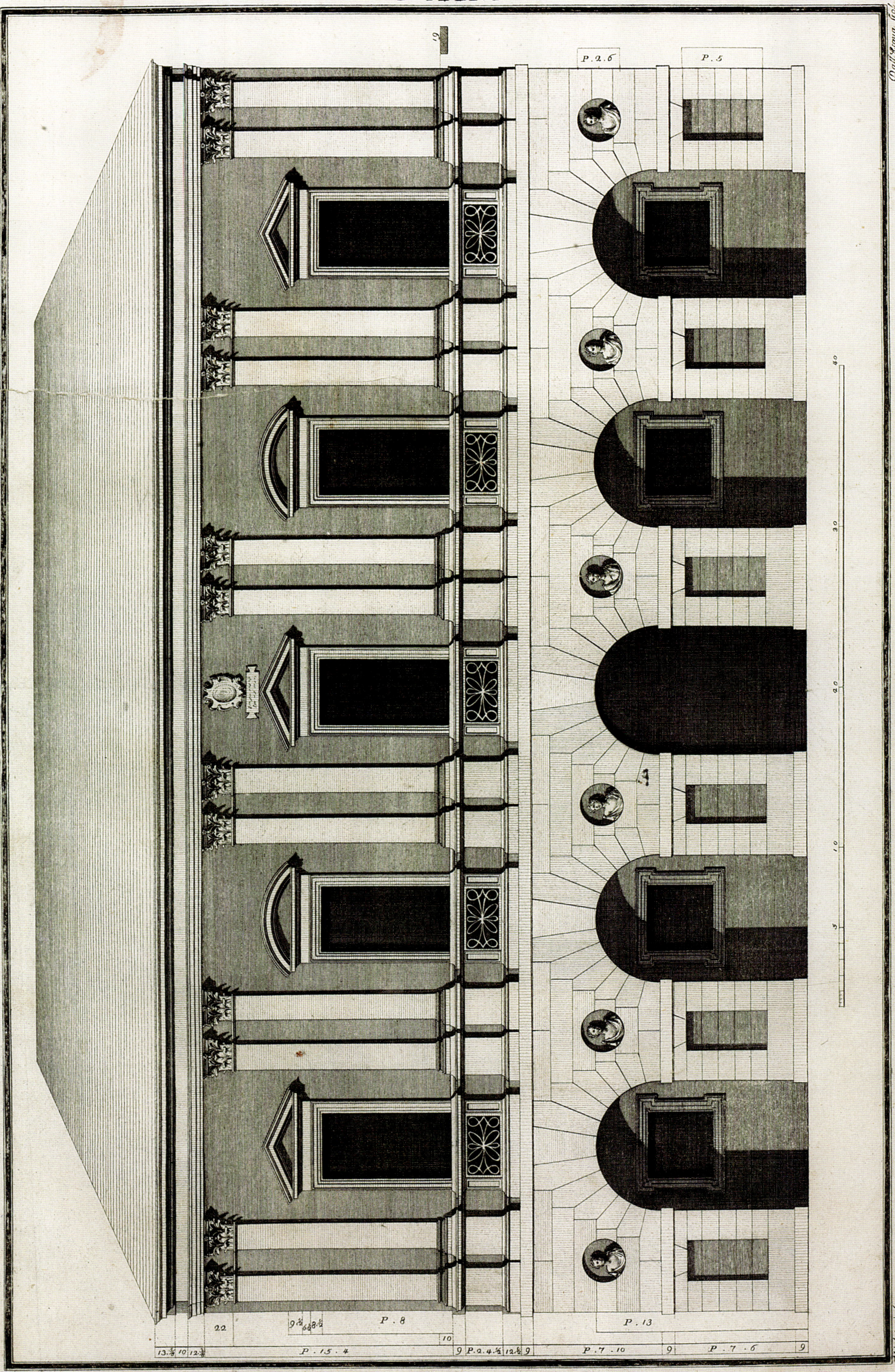

There are no signed drawings, but the attribution to Palladio is based on the evidence of architectonic quality, such as the trabeation and the elegant capitals.

Die Originalpläne sind nicht erhalten, die Zuschreibung an Palladio erfolgte auf Grund architektonischer Elemente, beispielsweise der Gesimse und der eleganten Säulenkapitelle.

Il n'existe pas de dessins autographes, mais l'attribution à Palladio se fonde sur la qualité d'ensemble de l'architecture, par exemple pour l'architrave et l'élégance des chapiteaux.

Er zijn geen door hem gemaakte ontwerpen van, maar door de bouwstijl (met bijvoorbeeld een hoofdgestel en elegante kapitelen) wordt dit gebouw toch aan Palladio toegeschreven.

Palazzo Pojana

VICENZA

The rich and powerful Thiene family maintained close ties to the Gonzagas of Mantua, where Giulio Romano worked. The design of this building is almost certainly by the Roman architect, while the working drawings were assigned to Palladio (1542).

Die mächtige, einflussreiche Familie der Thiene unterhielt enge Beziehungen mit den Gonzaga in Mantua, wo Giulio Romano tätig war. Man nimmt an, dass der Vorentwurf von dem römischen Architekten stammt und Palladio mit der Ausführung betraut wurde (1542).

La riche et puissante famille Thiene entretenait des liens étroits avec les Gonzague de Mantoue où travaillait Jules Romain. Il est presque certain que l'avant-projet est de l'architecte romain, mais Palladio eut en charge le projet exécutif (1542).

De rijke, machtige familie Thiene had nauwe banden met de Gonzaga's uit Mantua, voor wie Giulio Romano werkte. Het is bijna zeker dat de Romeinse architect de grote lijnen van het project uitzette en dat de verdere uitvoering ervan voor Palladio's rekening kwam (1542).

Palazzo Thiene

VICENZA

Drawing of the rusticated façade and the entrance atrium.

Bossenwerk der Fassade und der Vorhalle.

Dessin de la façade à bossages rustiques et de l'atrium d'entrée.

Ontwerp van de voorgevel met rustieke bossage en toegangshal.

Palladio. Studies for the external façade.

Palladio. Vorstudie für die Aussenfassade.

Palladio. Études pour la façade extérieure.

Palladio. Studies van de buitengevel.

> Drawing of Giulio Romano's home in Rome.

Entwurf der Casa di Giulio Romano in Rom.

Dessin de la maison de Jules Romain à Rome.

Tekening van Giulio Romano's huis in Rome.

Views of the courtyard.

Innenhoffassade.

Perspectives sur la cour intérieure.

Gedeelte langs de binnenplaats.

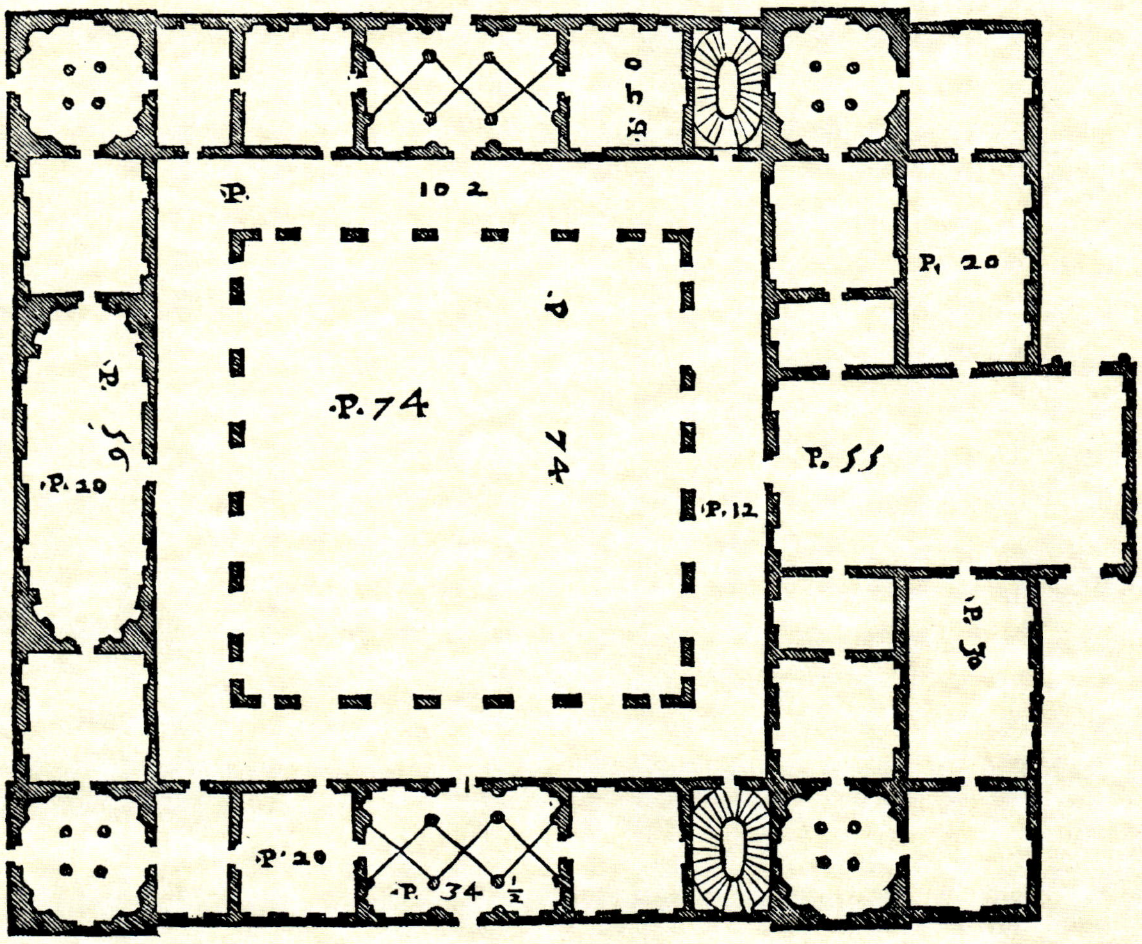

DE I DISEGNI che ſeguono in forma maggiore; il primo è di parte della facciata; il ſecondo di parte del Cortile della ſopraposta fabrica.

HANNO

David Rossi del. e scol.

50
60
70
80

Tª

Vichi del: e Scol:

A
TONIUS THIENAEUS IO. GALEATII F. AN. MDLVI
60
70
80
90
100

Dichi del. e scol:

I
H
50
60
70
80

David Rossi del: e scol:

P. 8 : 11
P. 23 : 9
P. 13 : 9 ½
13
P. 4 : 10 ½
P. 18
P. 12 : 3 ½
P. 9 : 2
60
70
80
90
100

The façade of the prestigious palazzo, construction began in 1546.

Fassade des repräsentativen Palastes, deren Bauarbeiten in 1546 aufgenommen wurden.

Façade de ce prestigieux palais dont la construction fut lancée en 1546.

De voorgevel van het prestigieuze palazzo, waarvan de bouw startte in 1546.

Palazzo Iseppo Porto

VICENZA

Detail of the windows and the atrium.

Baudetails des Palastes: Fenstereinteilung und Innenhof.

Détails du fenêtrage et de l'atrium du palais.

Detail van de vensters en de centrale hal van het palazzo.

8 LIBRO

I DISEGNI, che ſeguono; ſono della caſa del Conte Iſeppo de' Porti famiglia nobilisſima della detta Città. Guarda queſta caſa ſopra due ſtrade publiche: e però ha due entrate, lequali hanno quattro colonne per ciaſcuna, che tolgono ſuſo il uolto; e rendono il luogo di ſopra ſicuro. Le ſtanze prime ſono in uolto. L'altezza di quelle, che ſono a canto le dette entrate; è ſecondo l'ultimo modo dell'altezza de' uolti. Le ſtanze ſeconde, cioè del ſecondo ordine, ſono in ſolaro: E coſi le prime, come le ſeconde di quella parte di fabrica, ch'è ſtata fatta; ſono ornate di pitture, e di ſtucchi bellisſimi di mano de' ſopradetti valent'huomini; & di Meſſer Paolo Veroneſe Pittore eccellentisſimo. Il cortile circondato da portici, alquale ſi uà da dette entrate per un'andito; hauerà le colonne alte trentaſei piedi e mezo, cioè quanto è alto il primo, e ſecondo ordine. Dietro a queſte colonne ui ſono pilaſtri larghi un piede, e tre quarti; e grosſi un piede, e due oncie, che ſoſtenteranno il pauimento della loggia di ſopra. Queſto cortile diuide tutta la caſa in due parti: quella dauanti ſeruirà ad uſo del padrone, e delle ſue donne: e quella di dietro ſarà da metterui i foreſtieri: onde quei di caſa, & i foreſtieri reſteranno liberi da ogni riſpetto: alche gli antichi, e masſimamente i Greci hebbero grandisſimo riguardo. Oltra di ciò ſeruirà anco queſta partitione in caſo che i diſcendenti del ſudetto gentil'huomo uoleſſero hauere i ſuoi appartamenti ſeparati. Ho uoluto poner le ſcale principali ſotto'l portico, che riſpondano à mezo del cortile: accioche quelli, che uogliono ſalir di ſopra; ſiano come aſtretti à ueder le più belle parti della fabrica; & ancho accioche eſſendo nel mezo poſſano ſeruire all'una, e all'altra parte. Le cantine, e i luoghi ſimili ſono ſotterra. Le ſtalle ſono fuori del quadro della caſa: & hanno l'entrata per ſotto la ſcala. De' diſegni in forma grande; il primo è di parte della facciata, & il ſecondo di parte del cortile.

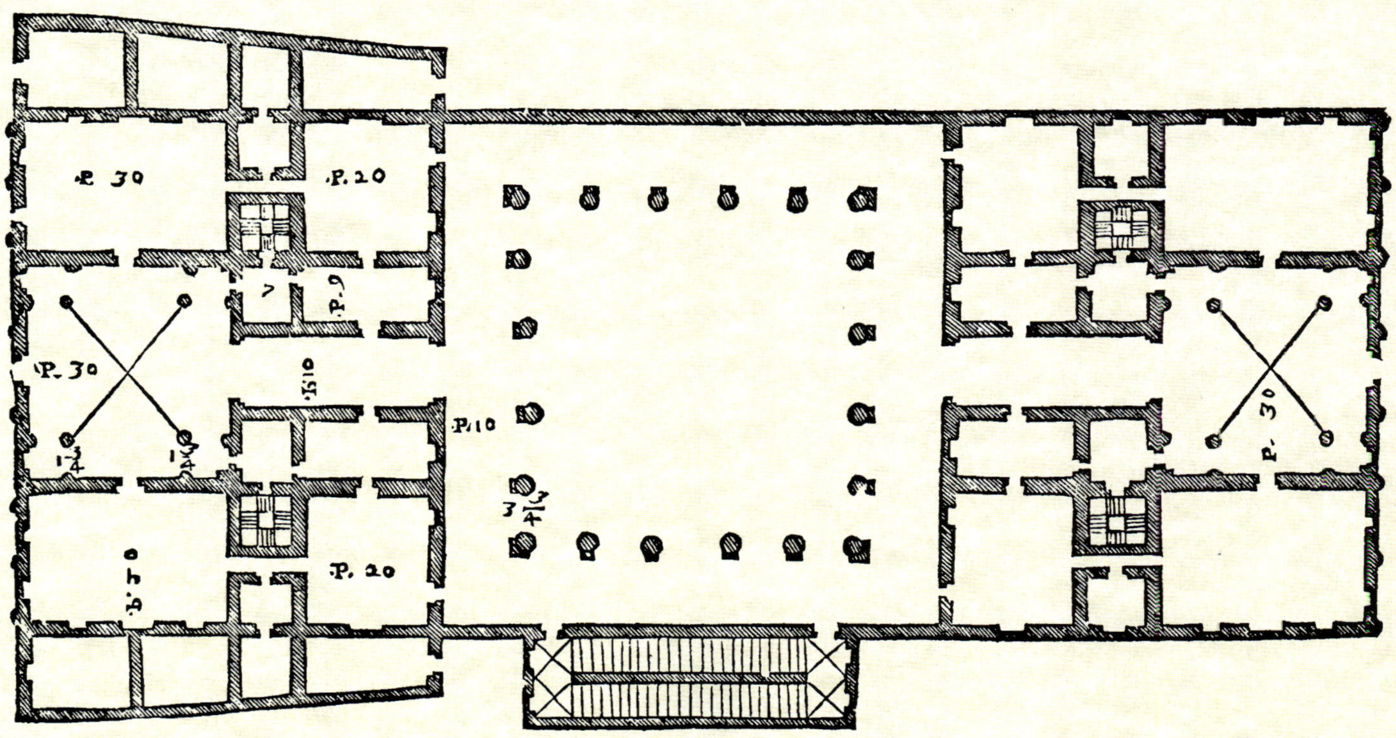

Tª IX

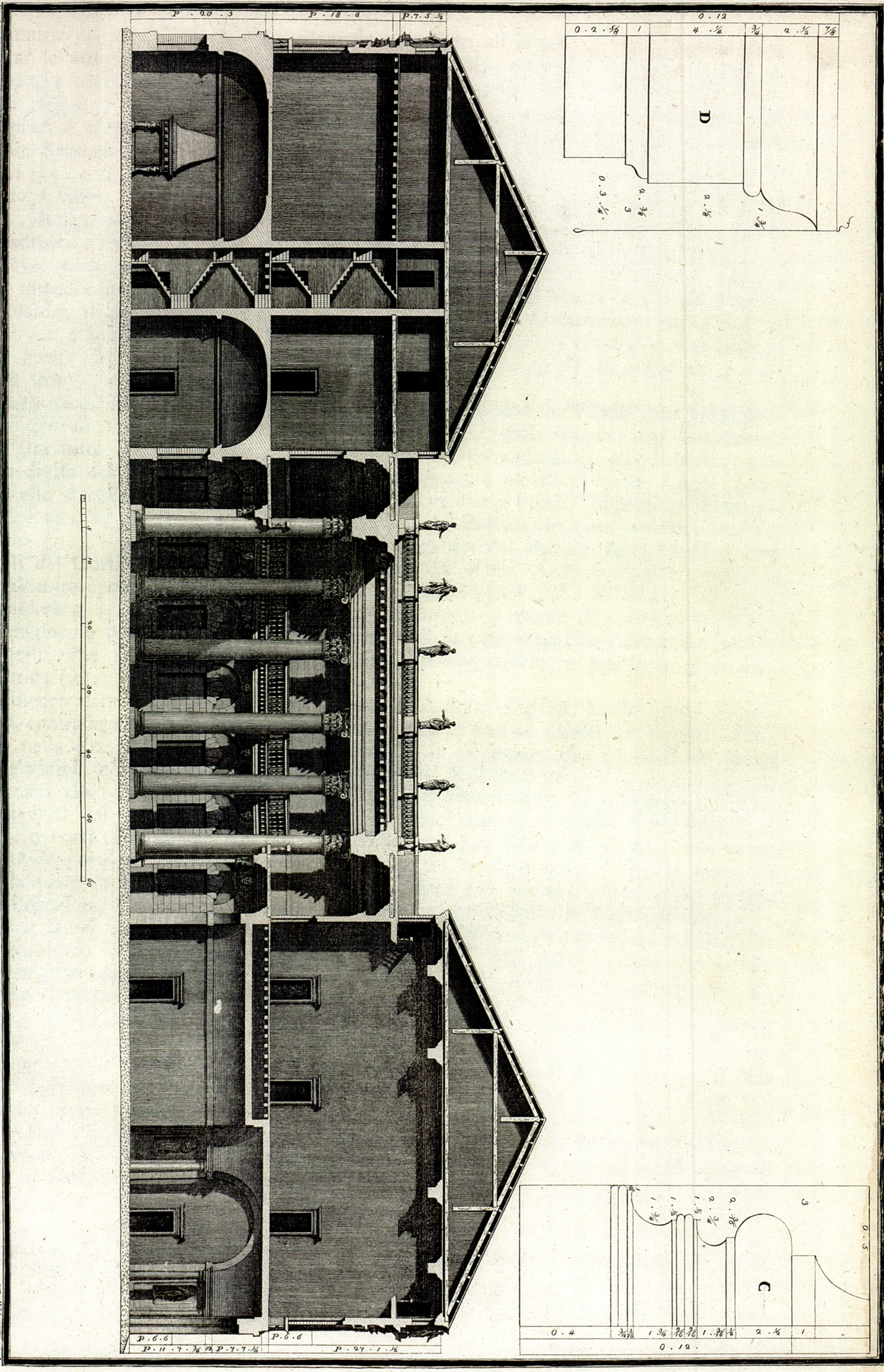

Tᵃ VI

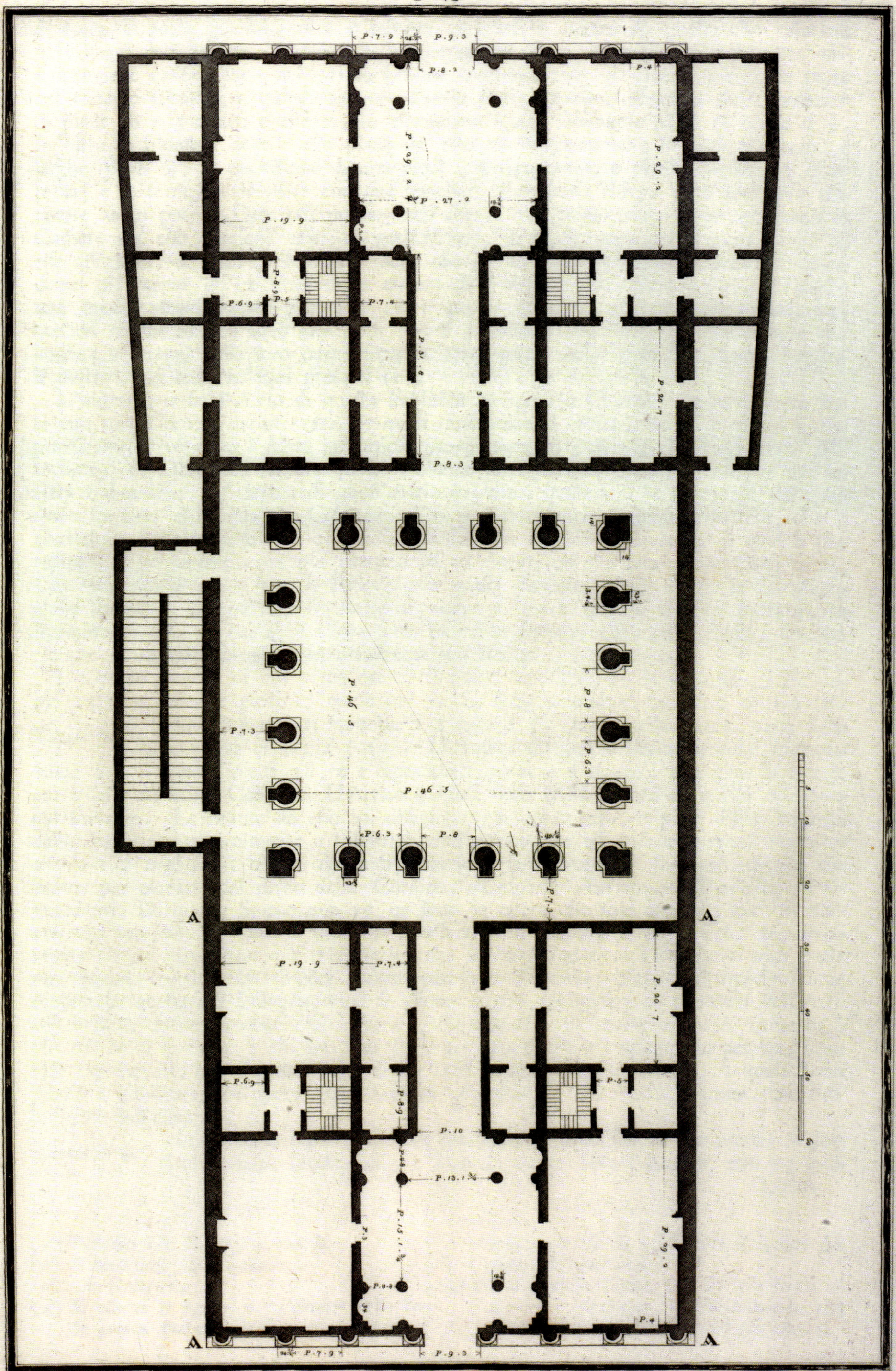

Vichi del. Dall'Acqua Scul.

The façade of Palazzo Chiericati with two orders of columns and the imposing ground-floor portico. Palladio began the building in 1551.

Fassade des Palazzo Chiericati mit zwei übereinander liegenden Säulenreihen und einem imposanten Portikus im Erdgeschoss. Palladio begann mit dem Bau in 1551.

Façade du palais Chiericati, caractérisée par deux rangées de colonnes superposées et par le puissant portique de son rez-de-chaussée. Palladio en commença la construction en 1551.

De tweeledige voorgevel van Palazzo Chiericati met de statige zuilengalerij op de begane grond. Palladio startte met de bouw in 1551.

Palazzo Chiericati

Vicenza

IN VICENZA ſopra la piazza, che uolgarmẽte ſi dice l'Iſola; ha fabricato ſecondo la inuentione, che ſegue, il Conte Valerio Chiericato, cauallier & gentil'huomo honorato di quella città. Hà queſta fabrica nella parte di ſotto una loggia dauanti, che piglia tutta la facciata: il pauimento del primo ordine s'alza da terra cinque piedi: il che è ſtato fatto ſi per ponerui ſotto le cantine, & altri luoghi appartenenti al commodo della caſa, iquali non ſariano riuſciti ſe foſſero ſtati fatti del tutto ſotterra; percioche il fiume non è molto diſcoſto; ſi ancho accioche gli ordini di ſopra meglio godeſſero del bel ſito dinanzi. Le ſtanze maggiori hanno i uolti loro alti ſecondo il primo modo dell'altezze de' uolti: le mediocri ſono inuoltate à lunette; & hanno i uolti tanto alti quanto ſono quelli delle maggiori. I camerini ſono ancor eſſi in uolto, e ſono amezati. Sono tutti queſti uolti ornati di compartimenti di ſtucco eccellentisſimi di mano di Meſſer Bartolameo Ridolfi Scultore Veroneſe; & di pitture di mano di Meſſer Domenico Rizzo, & di Meſſer Battiſta Venetiano, huomini ſingolari in queſte profesſioni. La ſala è di ſopra nel mezo della facciata: & occupa della loggia di ſotto la parte di mezo. La ſua altezza è fin ſotto il tetto: e perche eſce alquanto in fuori; ha ſotto gli Angoli le colonne doppie, dall'una e l'altra parte di queſta ſala ui ſono due loggie, cioè una per banda; lequali hanno i ſoffitti loro, ouer lacunari ornati di bellisſimi quadri di pittura, e fanno bellisſima uiſta. Il primo ordine della facciata è Dorico, & il ſecondo è Ionico.

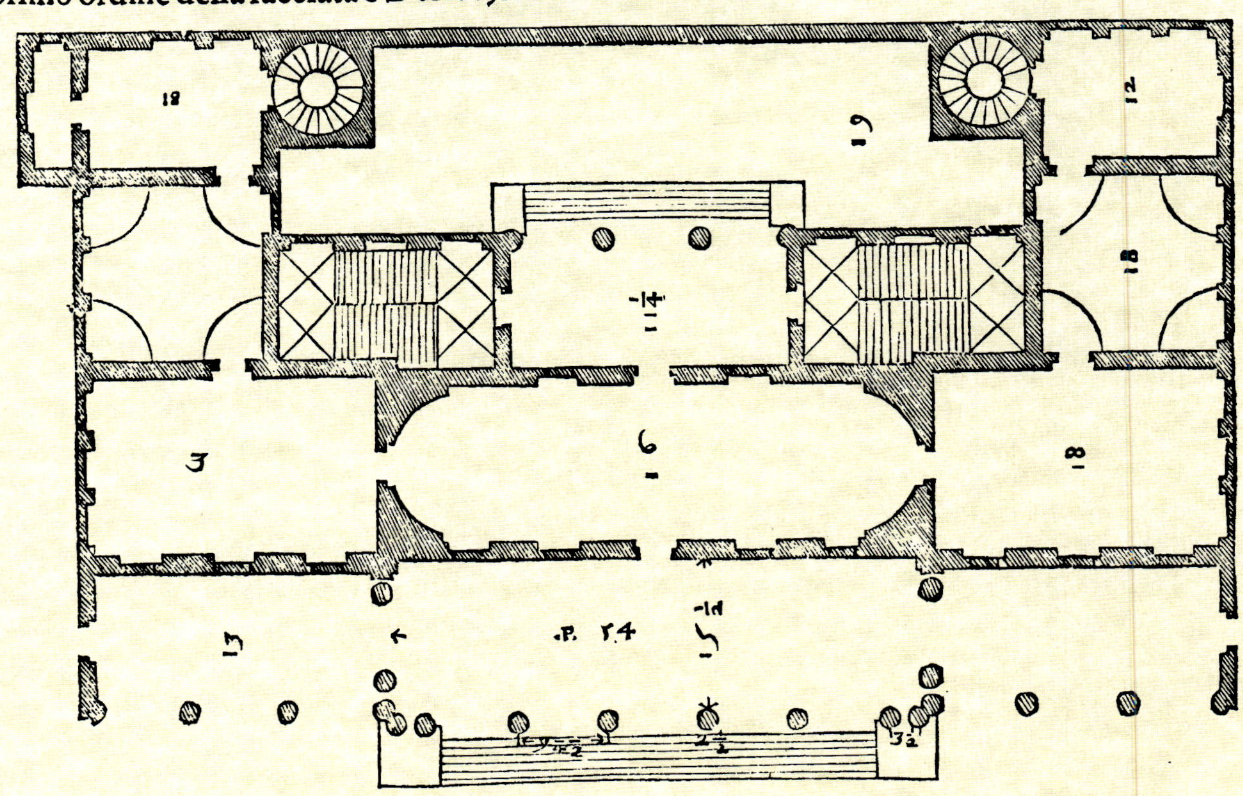

SEGVE il diſegno di parte della facciata in forma maggiore.

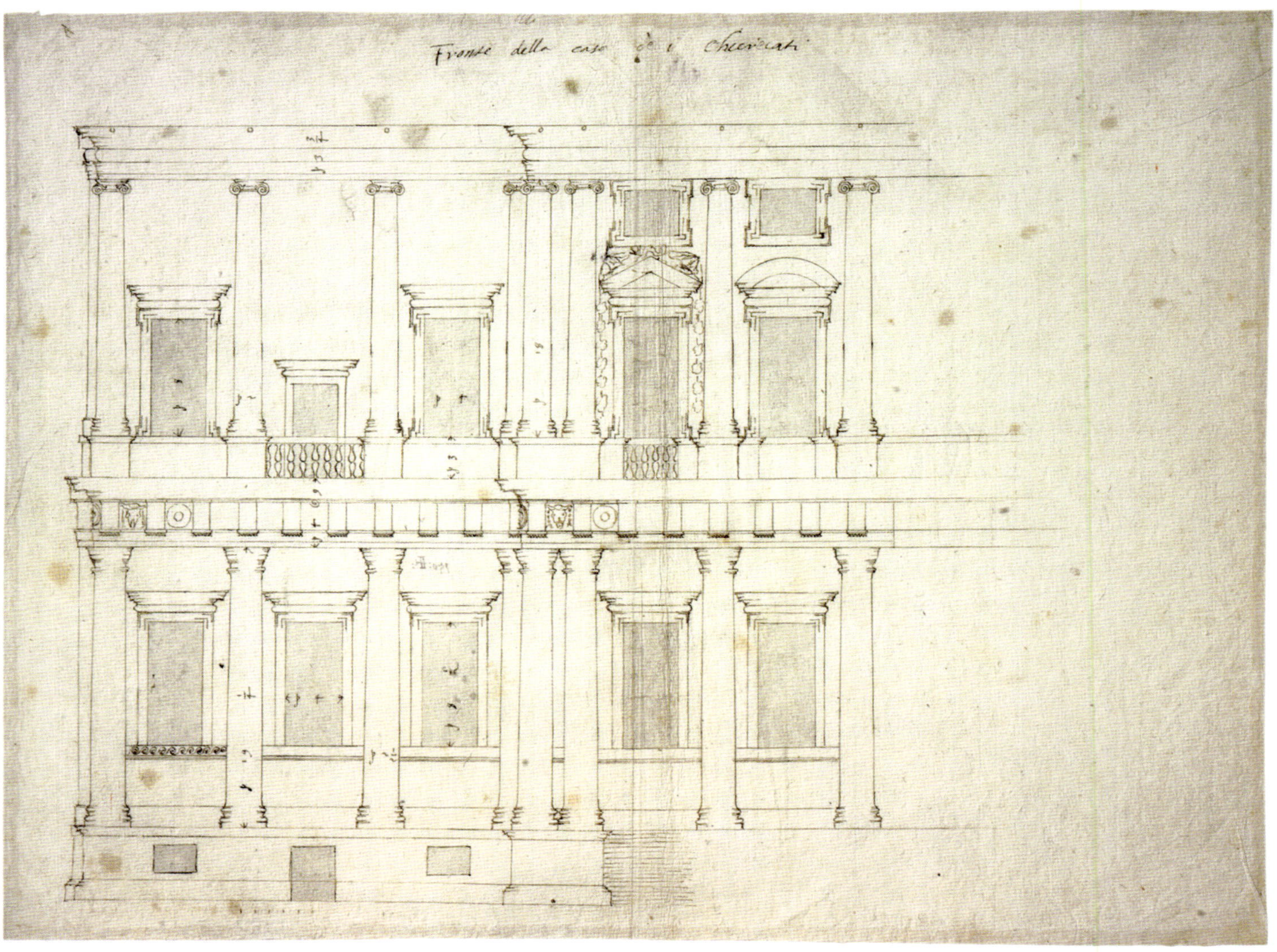

Palladio. Drawings for Palazzo Chiericati.

Palladio. Entwürfe für den Palazzo Chiericati.

Palladio. Dessins pour le palais Chiericati.

Palladio. Bouwtekeningen voor Palazzo Chiericati.

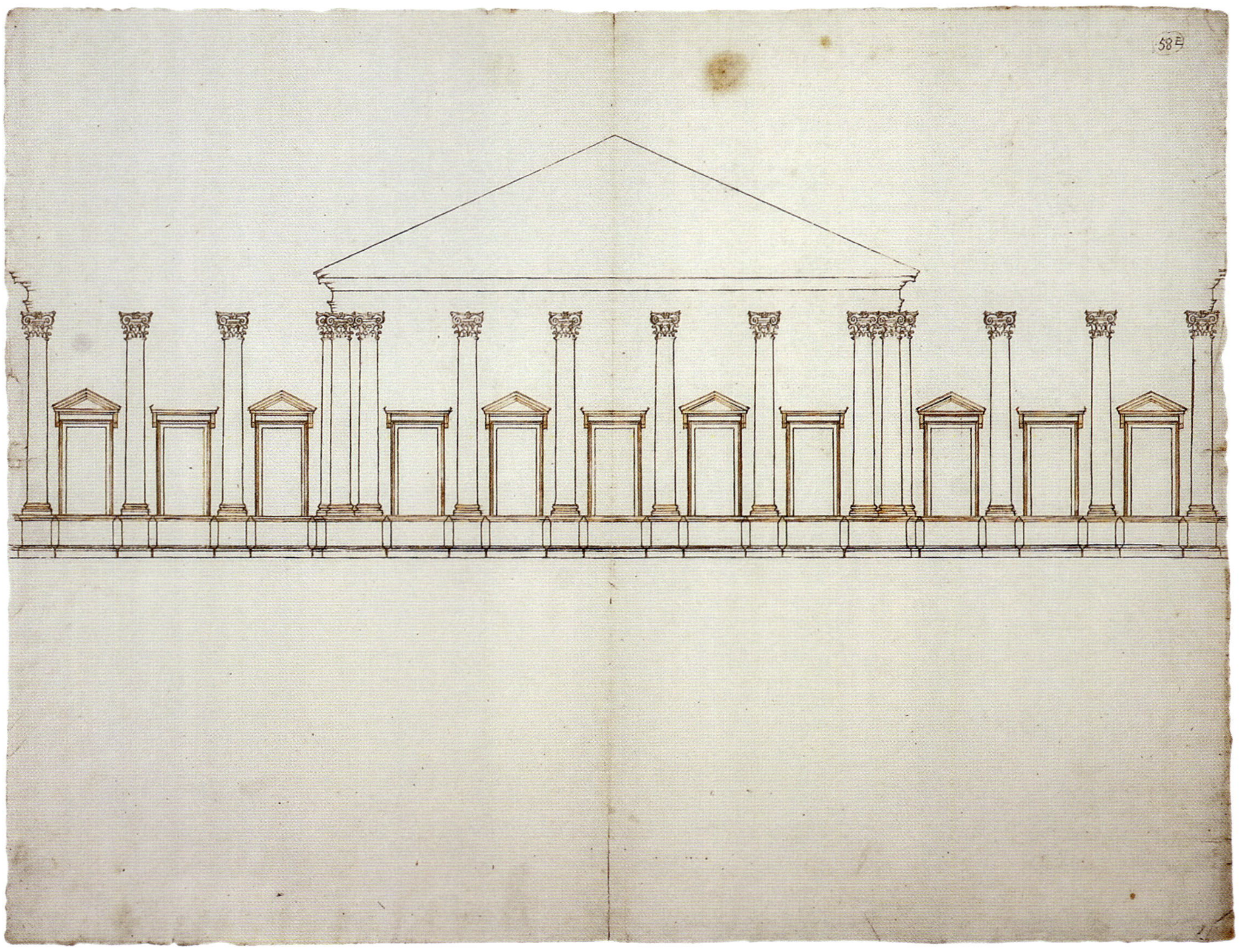

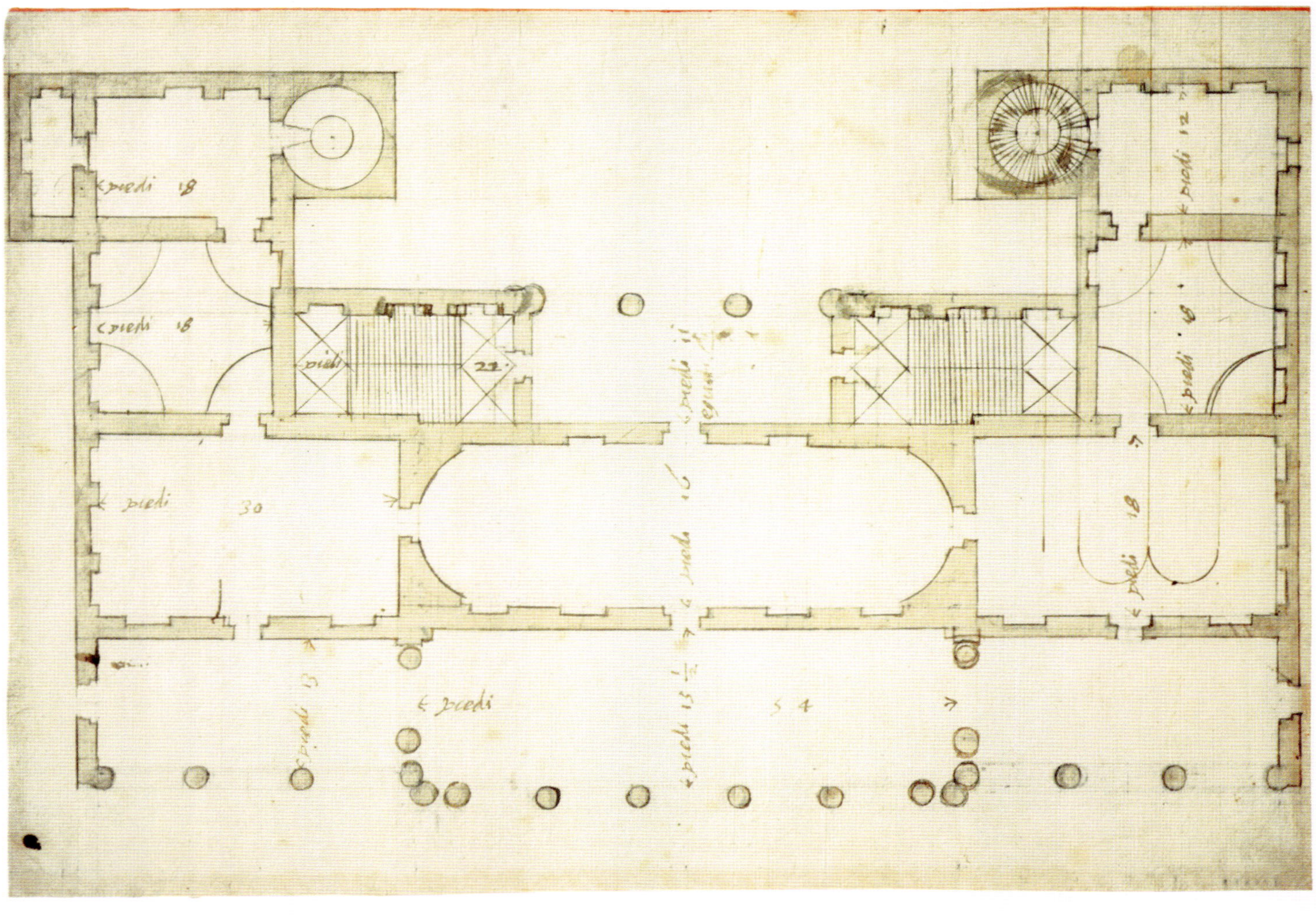

Loggia overlooking the courtyard
and the wooden model.

Die Loggia mit Blick auf den
Innenhof und das Holzmodell.

Loggia sur la cour intérieure
et maquette en bois.

De loggia aan de binnenplaats
en het houten model.

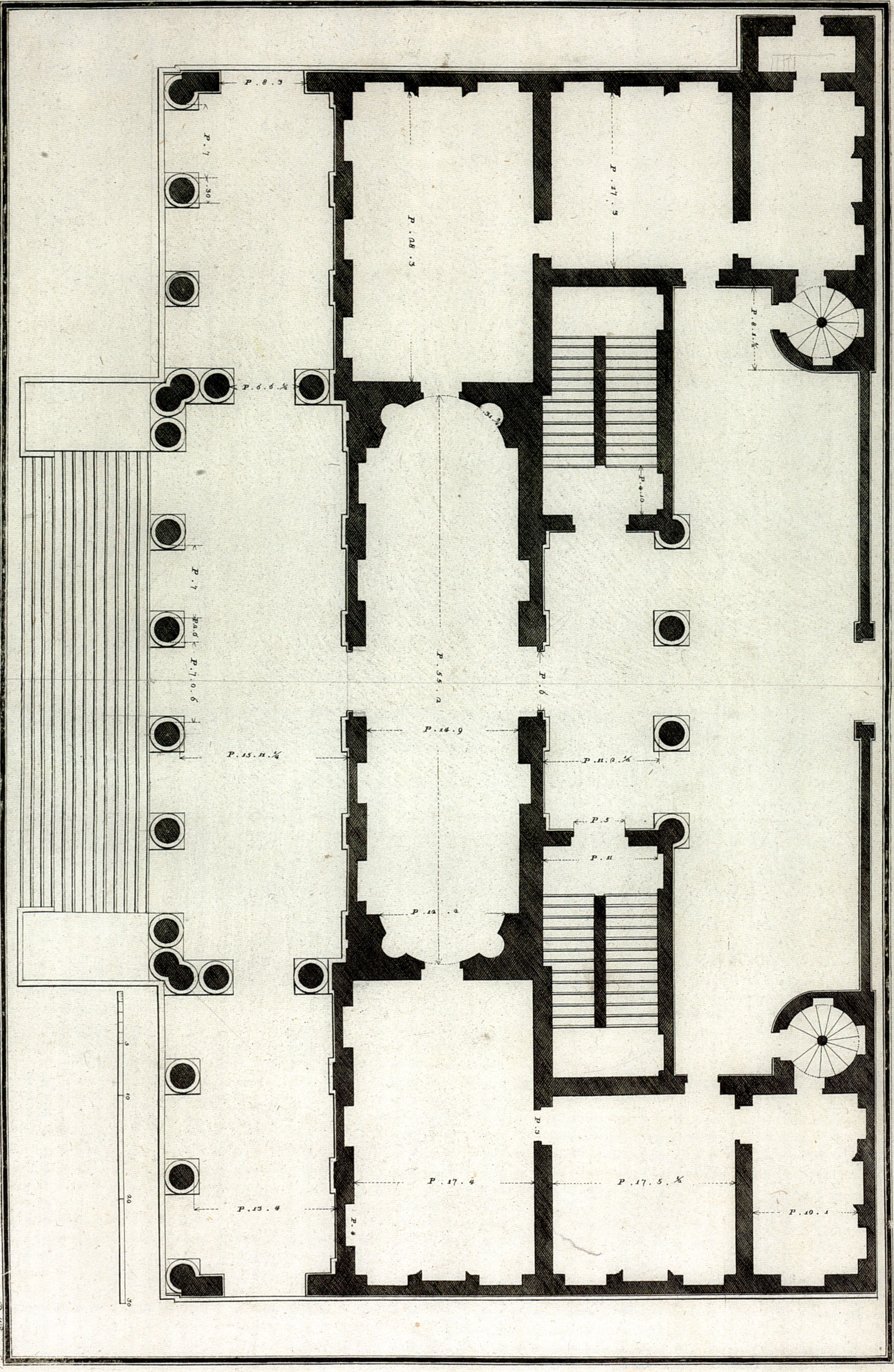

Vichy del.

Dall'Acqua sc.

Tª XI

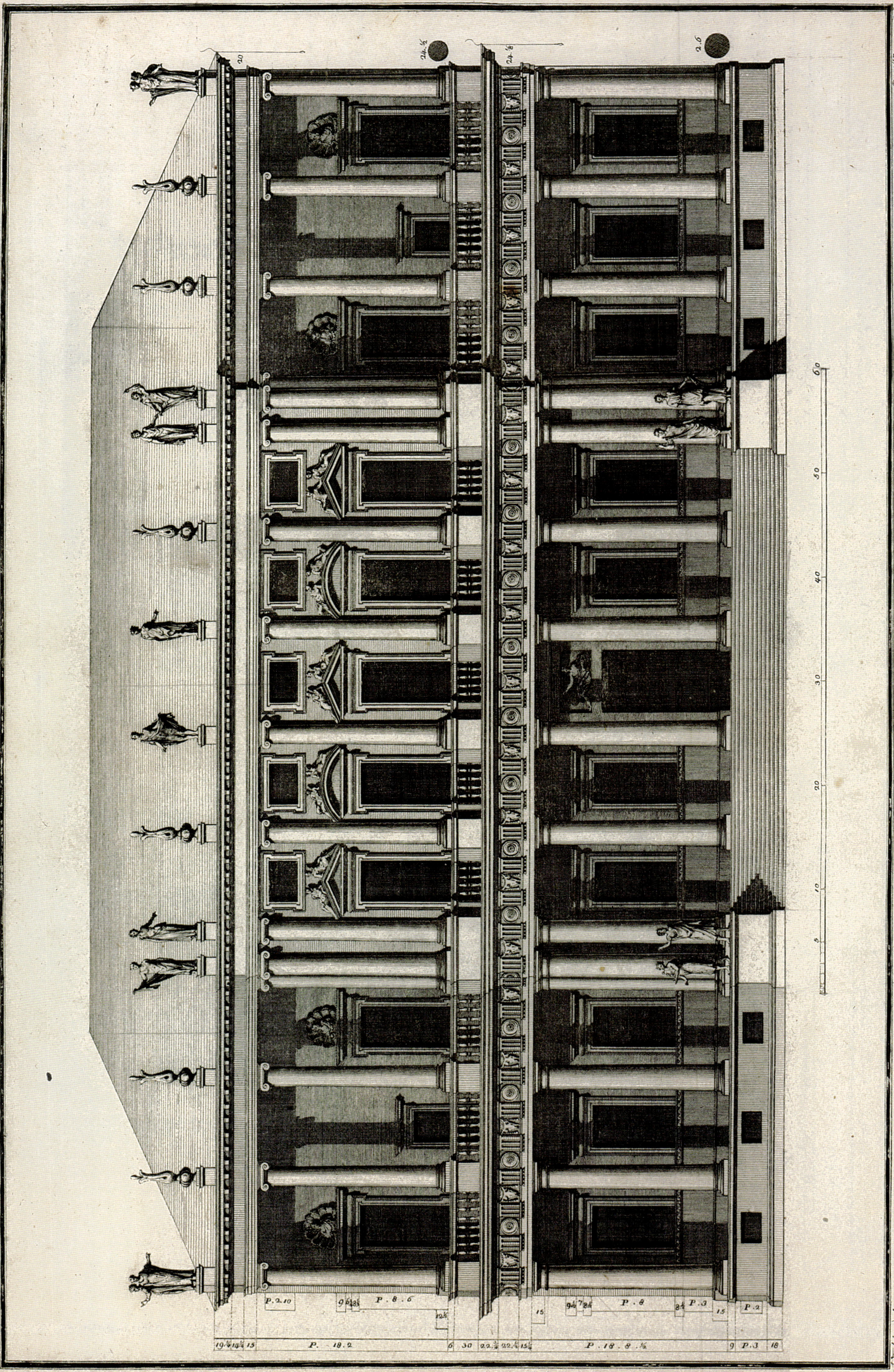

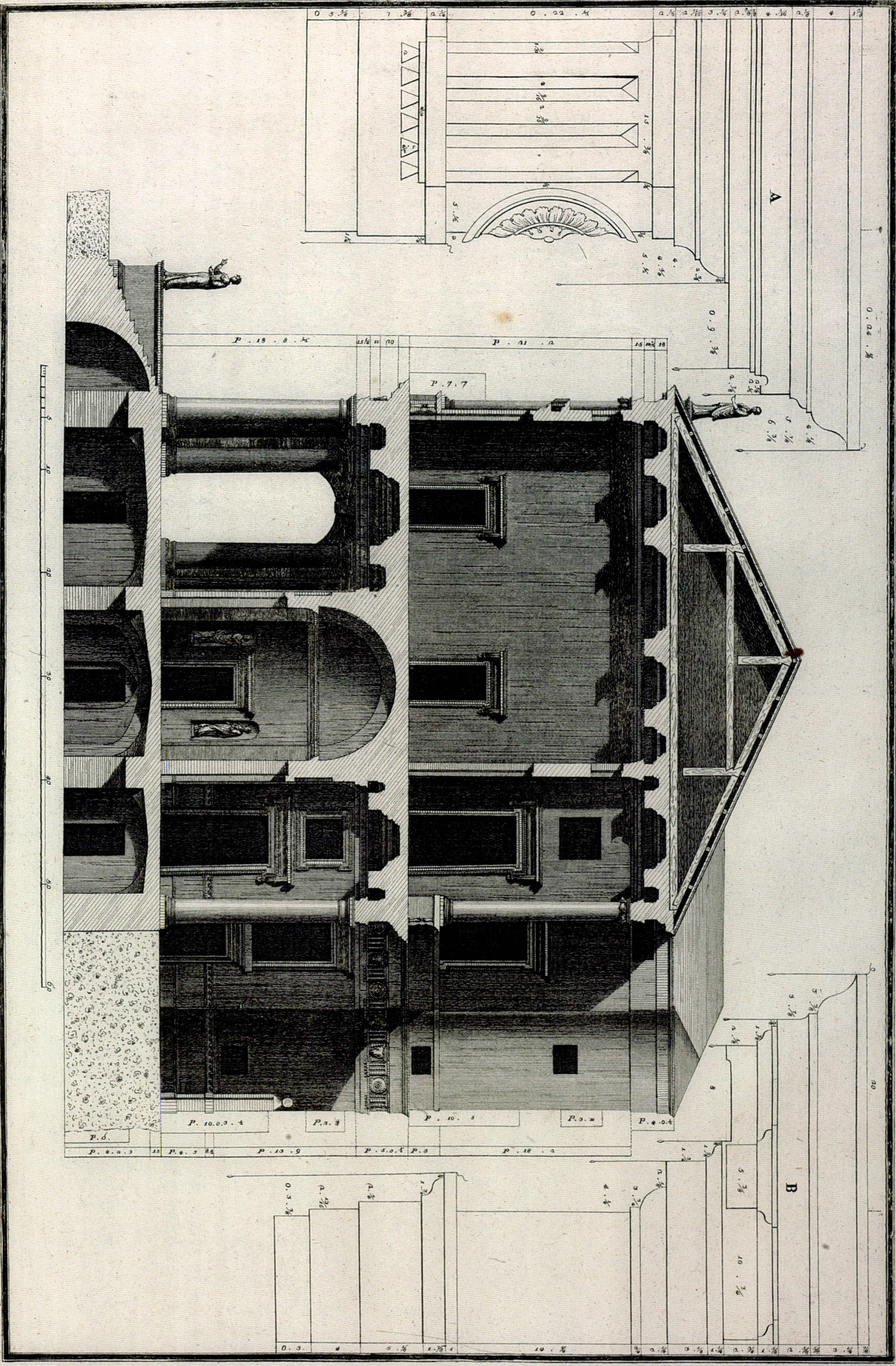
A
B

The façade of the palazzo, designed for Bernardo Schio in 1560.

Die Fassade des 1560 für Bernardo Schio entworfenen Palastes.

Façade du palais conçu en 1560 pour Bernardo Schio.

De voorgevel van het palazzo dat in 1560 ontworpen werd voor Bernardo Schio.

Palazzo Schio

VICENZA

Giovanni Alvise Valmarana had publicly endorsed Palladio's proposal for the loggia of the basilica. It is then to be expected that he entrusted Palladio with the design for his city residence (1566).

Giovanni Alvise Valmarana hatte öffentlich Palladios Projekt für die Loggien der Basilika unterstützt. Es war daher logisch, dass er ihm auch den Auftrag für seinen Stadtpalast erteilte (1566).

Giovanni Alvise Valmarana avait soutenu publiquement le projet que Palladio avait proposé pour l'ajout de loggias au Palazzo della Regione, qui porta ensuite le nom de Basilique. Il était donc logique qu'il lui confiât la réalisation de son palais de ville (1566).

Giovanni Alvise Valmarana had het ontwerp van Palladio voor de loggia's van de Basilica publiekelijk gesteund. Vanzelfsprekend wees hij hem dan ook de opdracht toe voor zijn stadspaleis (1566).

PALAZZO VALMARANA
VICENZA

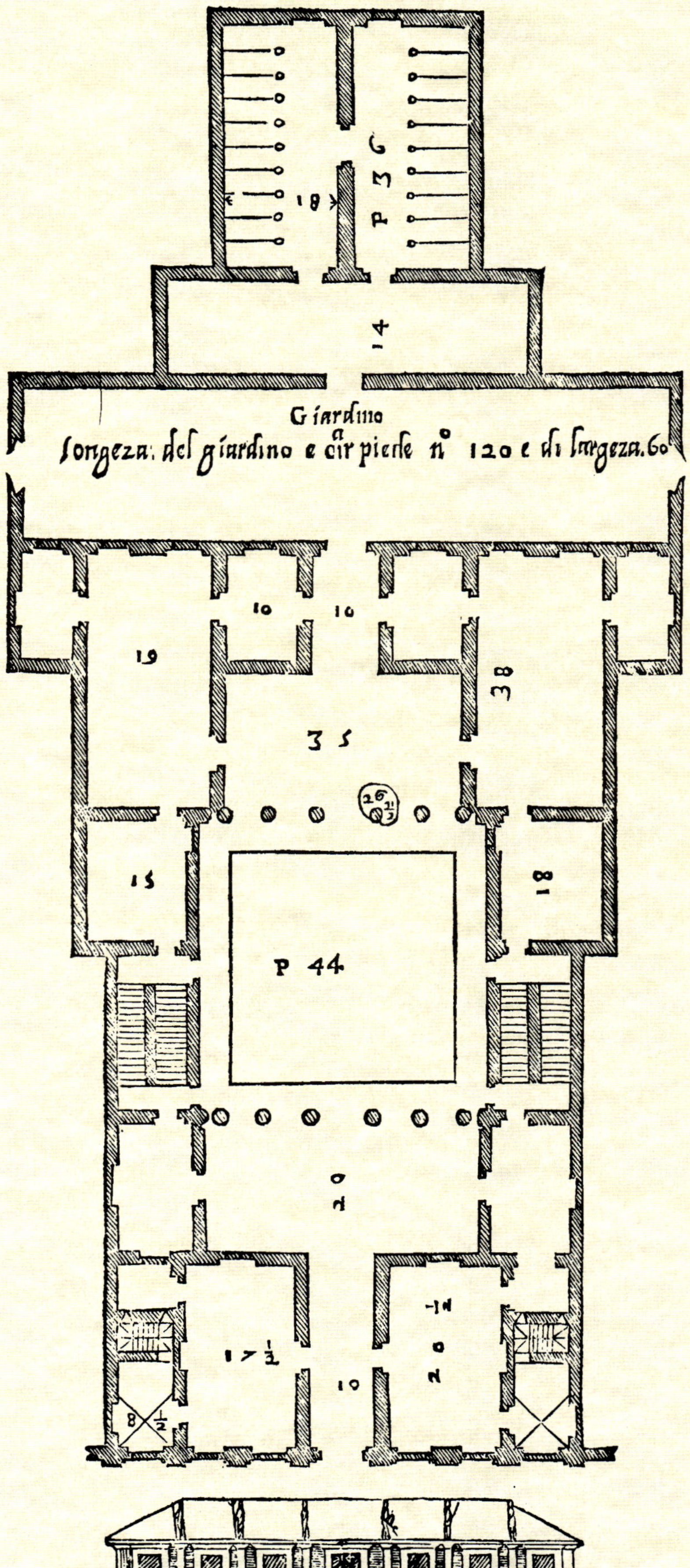

HANNO ancho nella ſopradetta Città i Conti Valmarana Gentil'huomini honoratiſsimi per proprio honore, & commodo, & ornamento della loro patria fabricato ſecondo i diſegni, che ſeguono: nella qual fabrica eſsi non mancano di tutti quegli ornamenti, che ſe le ricercano, come ſtucchi, e pitture. E' queſta caſa diuiſa in due parti dalla corte di mezo: intorno la quale è vn Corritore, ò Poggiuolo, che porta dalla parte dinanzi à quella di dietro. Le prime ſtanze ſono in uolto: le ſeconde in ſolaro, e ſono queſte tanto alte, quanto larghe. Il Giardino che ſi troua auanti che ſi entri nelle ſtalle; è molto maggiore di quel ch'egli è ſegnato: ma ſi ha fatto coſi picciolo perche altramente il foglio non ſaria ſtato capace di eſſe ſtalle, e coſi di tutte le parti. E tanto baſti hauer detto di queſta fabrica, eſſendo che, come ancho nelle altre, ho poſto ne i diſegni le miſure della grandezza di ciaſcuna parte.

IL DISEGNO in forma grande, che ſegue, è di meza la facciata.

FRA MOLTI

SECONDO.
17
C C

Tª XXI

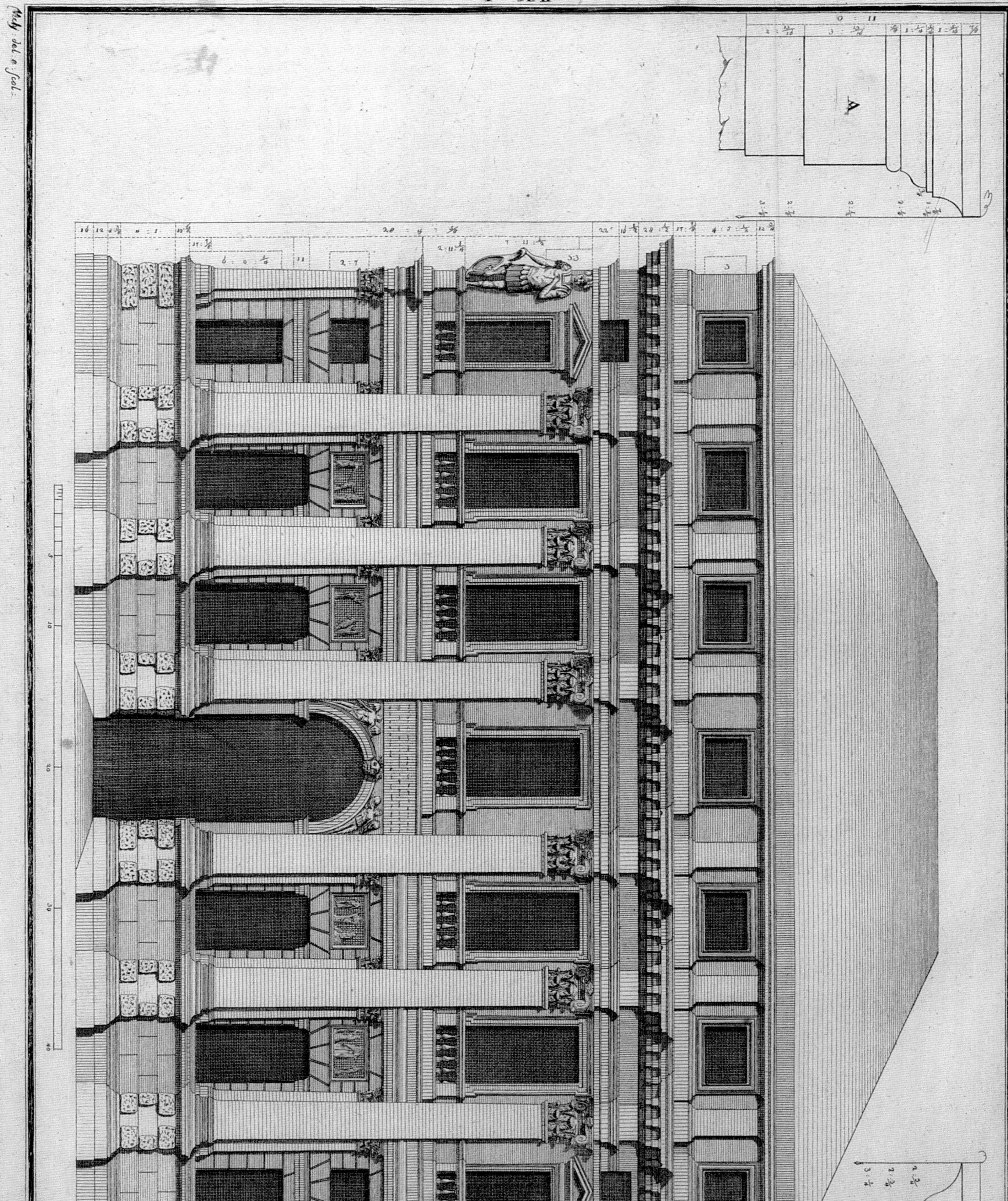

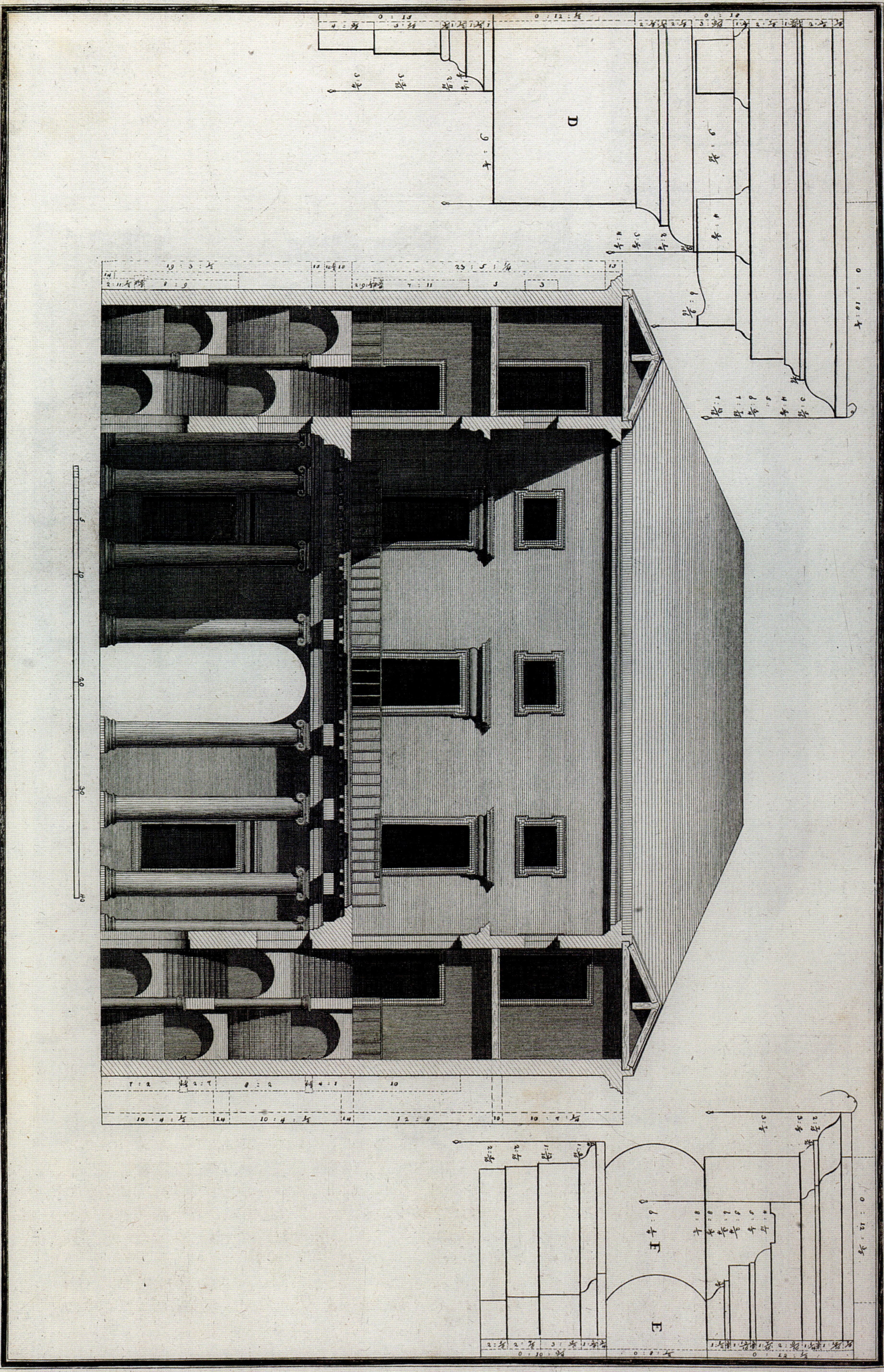
D
E

This grandiose structure was built between 1569 and 1575 for the nobleman Montano Barbarano.

Das prachtvolle Gebäude wurde zwischen 1569 und 1575 für den Edelmann Montano Barbarano erbaut.

Ce fastueux édifice a été construit entre 1569 et 1575 pour le noble Montano Barbarano.

Dit luxueuze gebouw werd tussen 1569 en 1575 gerealiseerd voor de edelman Montano Barbarano.

Palazzo Barbaran Da Porto

Vicenza

The four-columned atrium.

Die Vorhalle des Palastes mit vier Säulen.

L'atrium du palais, avec ses quatre colonnes.

De hal van het palazzo met vier zuilen.

The date of the project is uncertain, but doubtless after 1570. It was intended to develop over seven spans, but construction was never completed.

Die Datierung des Bauvorhabens ist undeutlich, aber sicherlich nach 1570. Vorgesehen waren sieben Säulenjoche, aber der Bau wurde nie vollendet.

La datation du projet est incertaine, de toute façon postérieure à 1570. Palladio prévoyait un développement en sept travées, mais le chantier ne fut jamais terminé.

Van wanneer dit project stamt is onzeker, maar in elk geval is het later dan 1570. Er stonden zeven overspanningen gepland, maar het bouwwerk werd nooit voltooid.

Tc XVI

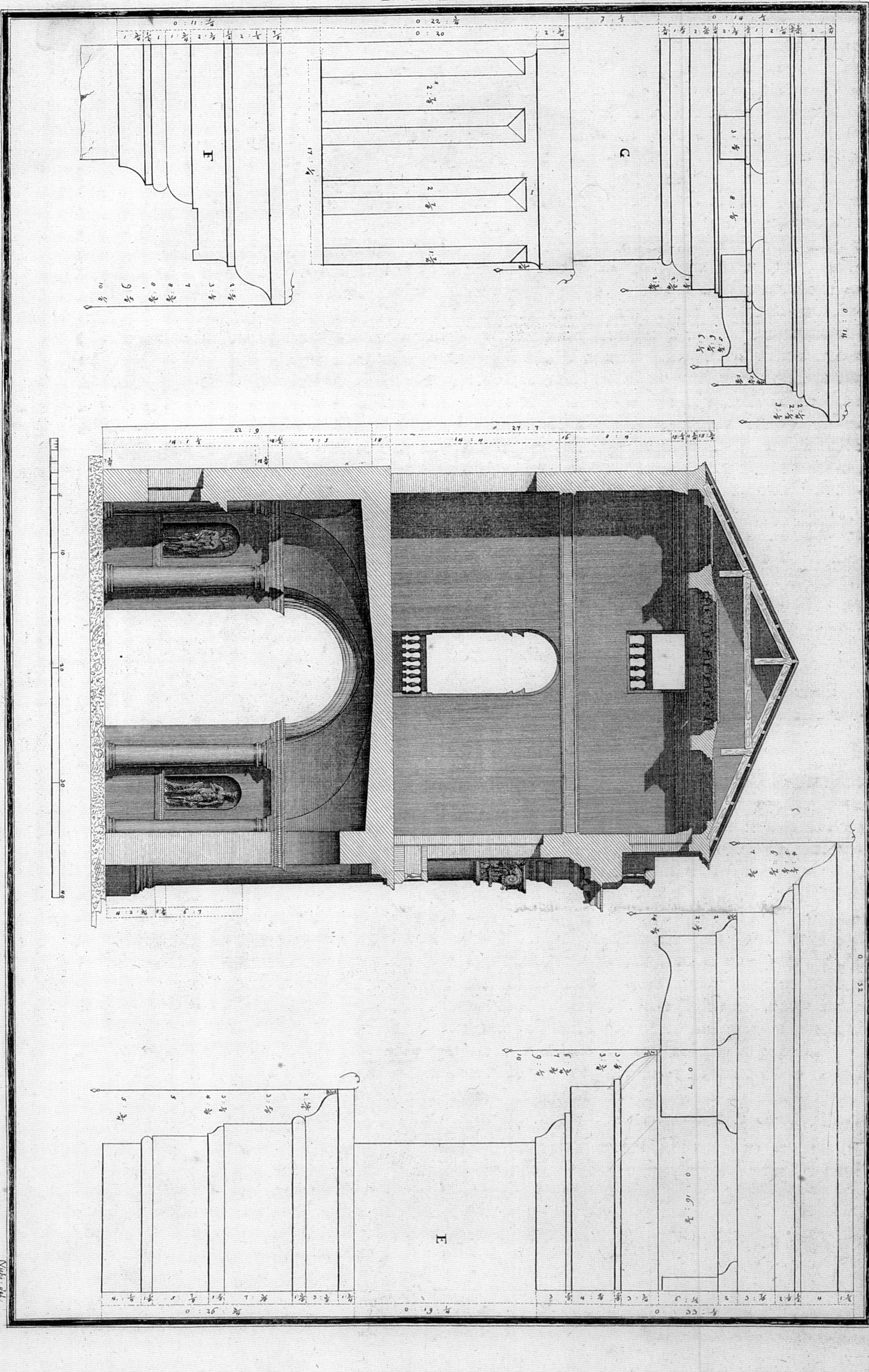

David Rossi del. e scol.

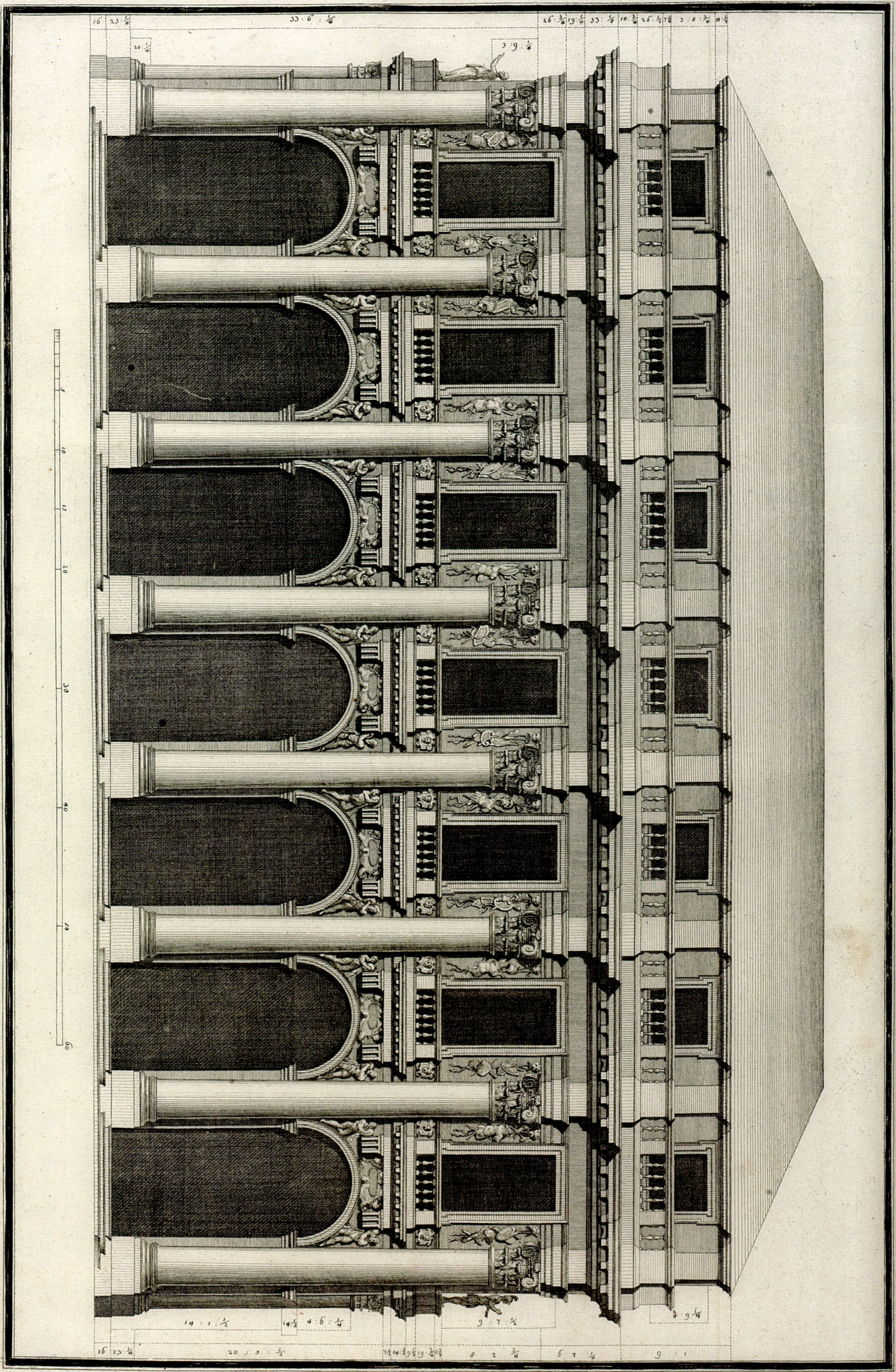
Gaetano Vichi del. e scol.

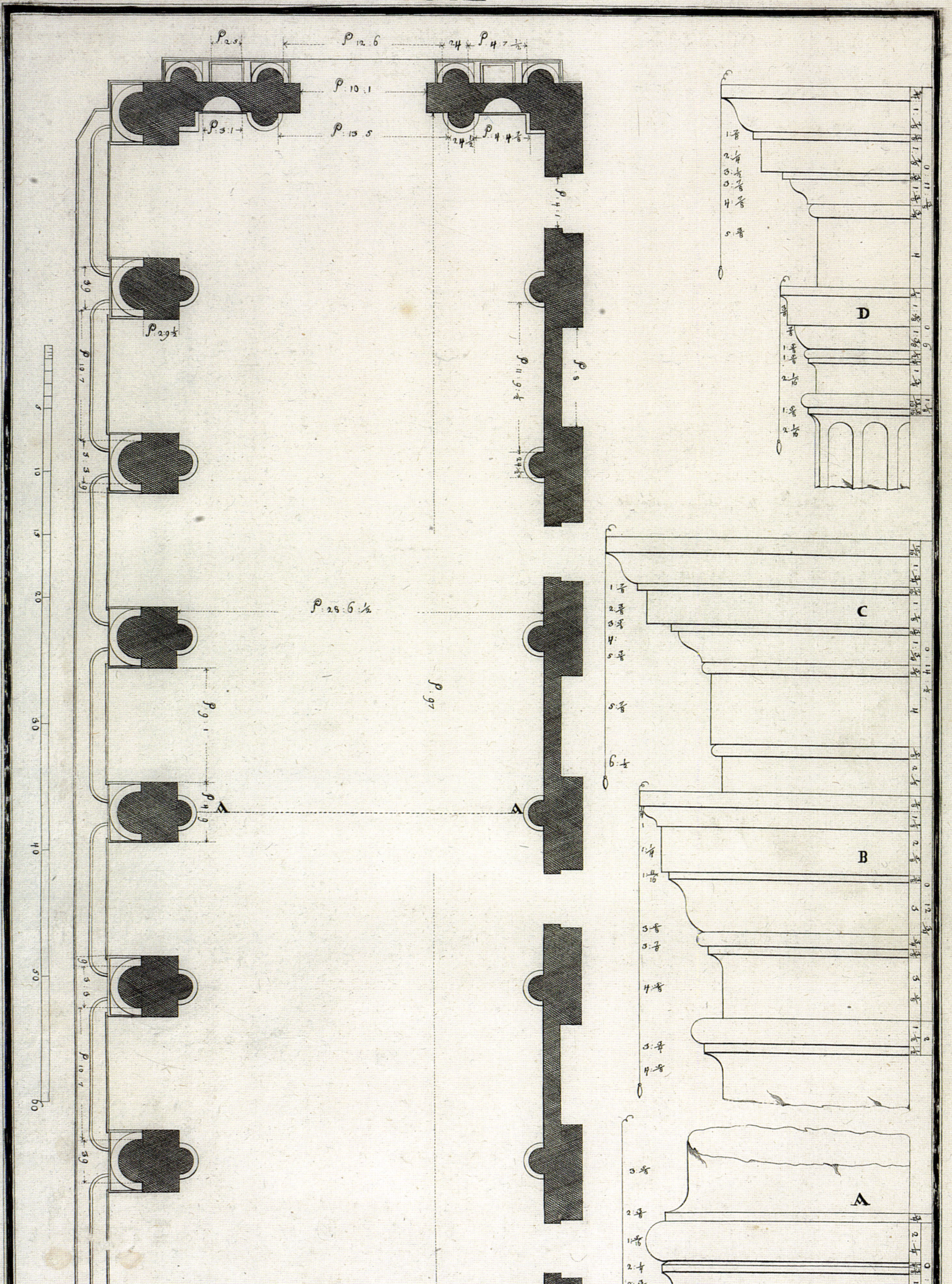
A
B
C
D

Loggia del Capitaniato

VICENZA

The four colossal semi-columns in composite material, an ingenious invention of Palladio, characterize the front of the loggia.

Die vier kolossalen Komposit-Halbsäulen, die die Fassade der Loggia kennzeichnen, sind eine geniale Erfindung Palladios.

Le trait de génie de Palladio réside dans les quatre colonnes engagées, en matériau composite, qui caractérisent l'avant de la loggia.

Een geniale vondst van Palladio zijn de vier reusachtige composieten halfzuilen die bepalend zijn voor de voorkant van de loggia.

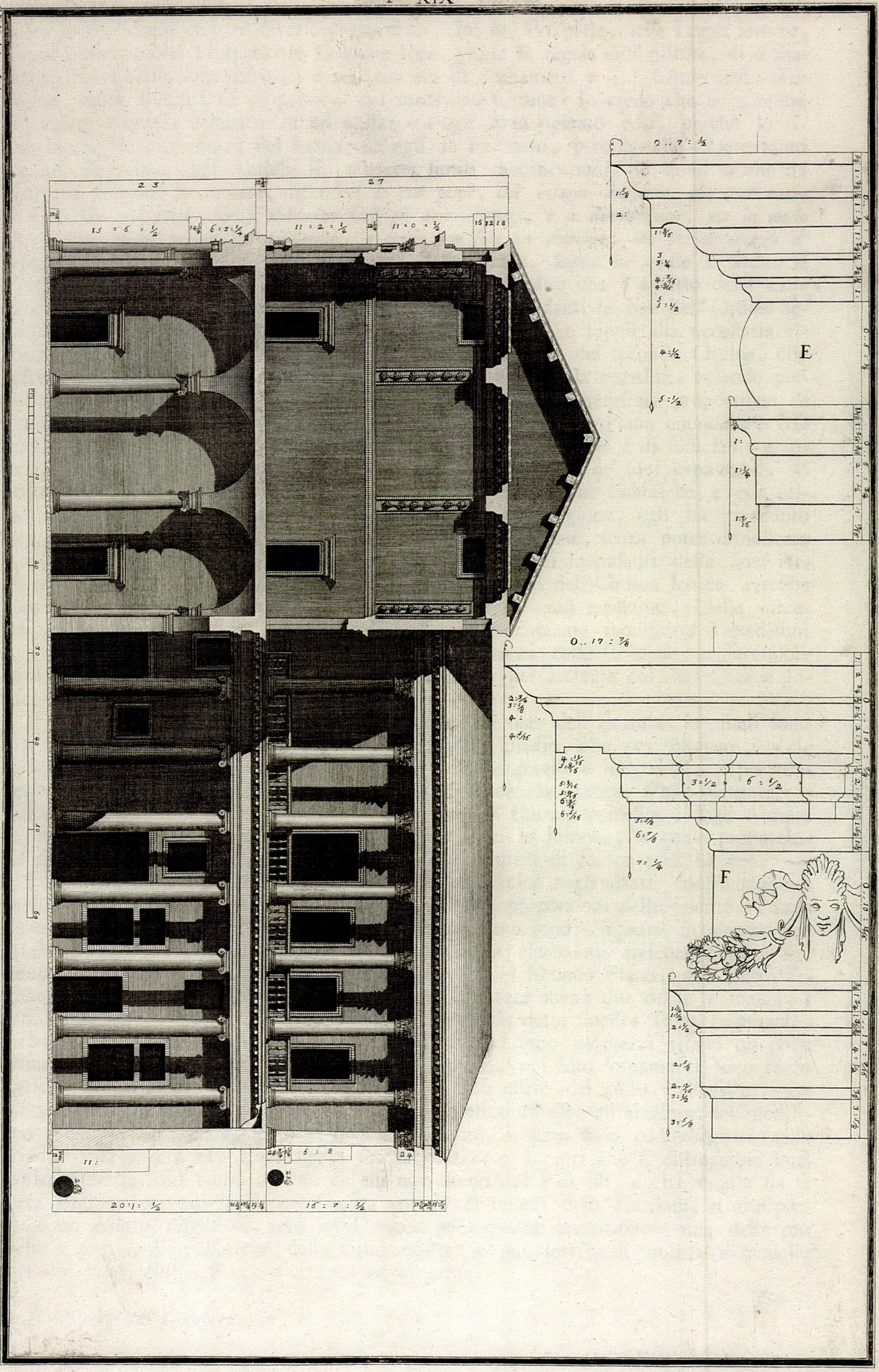
E
F

Dicly del. e Scol

The courtyard and loggia with a double order of ionic columns.

Innenhof und Loggia mit einer zweigeschossigen ionischen Säulenreihe.

Cour intérieure et loggia ionique à colonnes superposées.

De binnenplaats en de Ionische, tweeledige loggia.

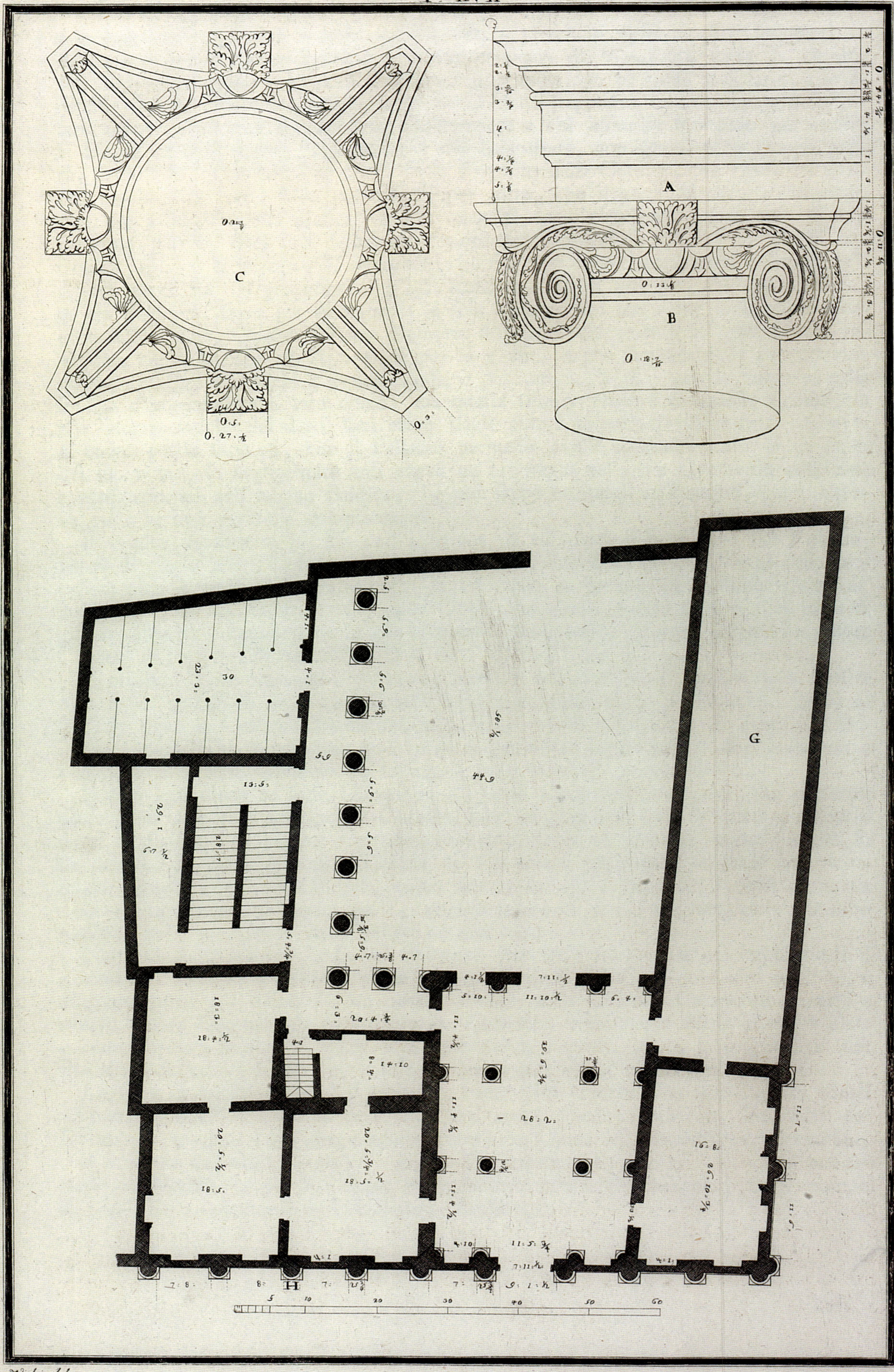

Vichi del.

Tª XLVII

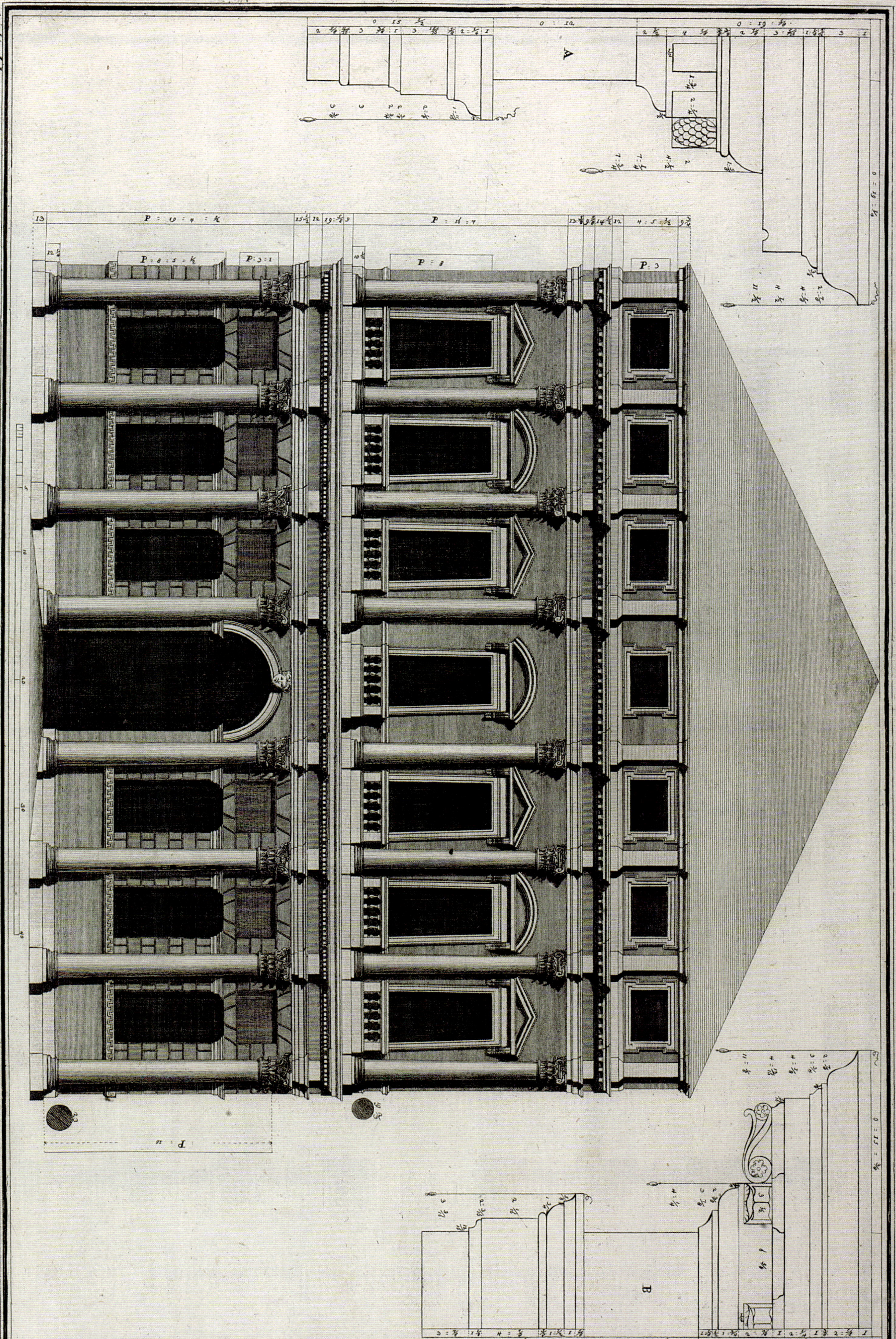

Dietti del:

M: Seb: Giampiccoli Scol:

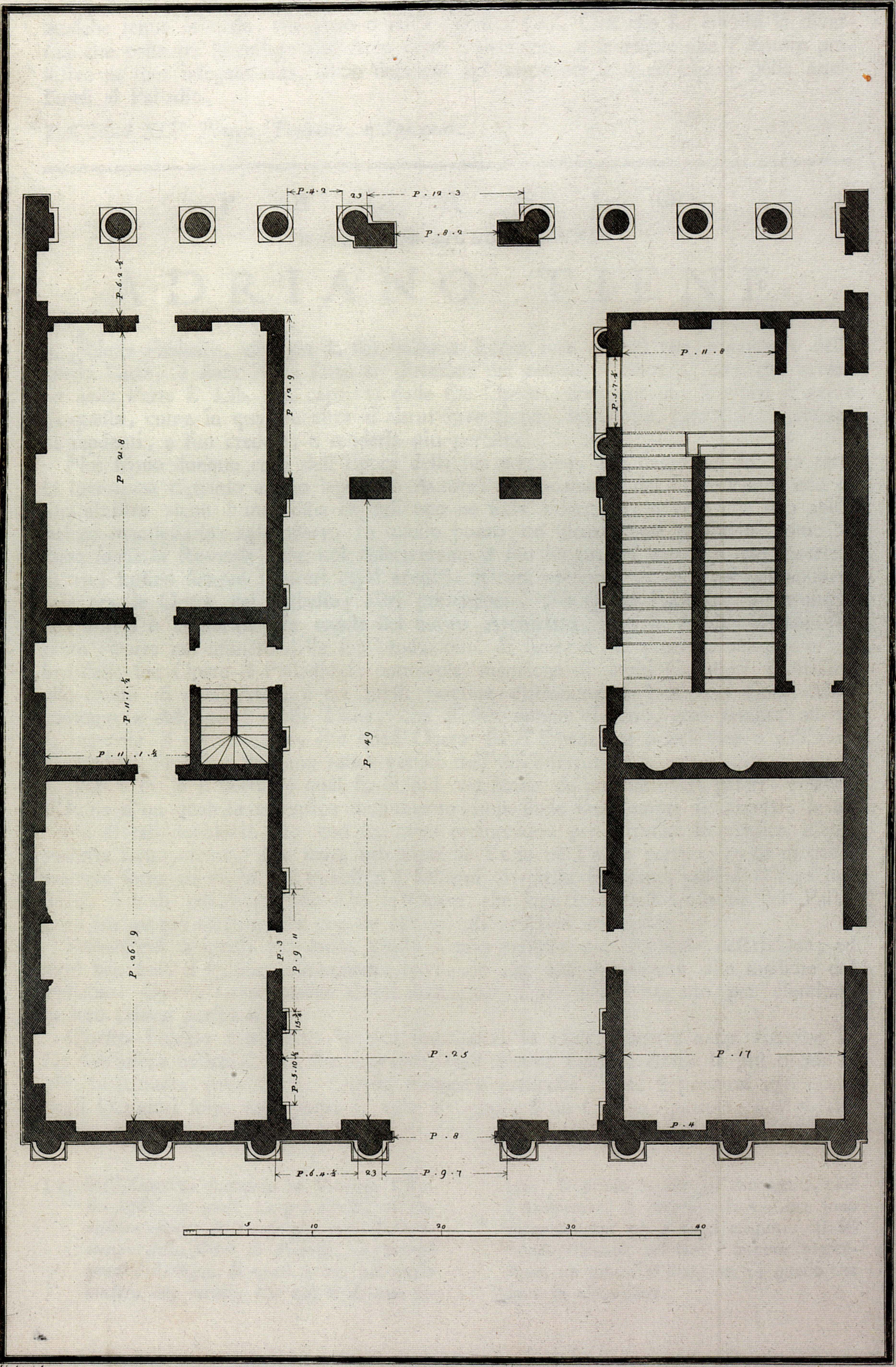
P. 4. 2
23
P. 12. 3
P. 8. 2
P. 6. 2. ½
P. 11. 8
P. 12. 9
P. 3. 7. ½
P. 21. 8
P. 11. 1. ½
P. 11. 1. ½
P. 49
P. 26. 9
P. 3
P. 9. 11
P. 25
P. 17
P. 8
P. 4
P. 6. 4. ½
23
P. 9. 7
5
10
20
30
40

Sichj del.

The grand loggia with a double order
of columns overlooking the courtyard.

Die grosse Loggia mit einer zweigeschossigen
Säulenreihe und Blick auf den Innenhof.

La grande loggia à colonnes superposées,
sur la cour intérieure.

De grote tweeledige loggia die uitkijkt
op de binnenplaats.

Palazzo Thiene-Bonin
VICENZA

The building was not yet constructed before Palladio's death (1580), but there are two extant sheets referring to it with Andrea Palladio's autograph.

Beim Tode Palladios (1580) war das Gebäude noch nicht realisiert, aber es existieren zwei Autographen Andrea Palladios, die den Palast erwähnen.

À la mort de Palladio (1580), l'édifice n'est pas encore réalisé, mais il existe deux feuilles autographes de l'architecte qui s'y réfèrent.

Wanneer Palladio overlijdt (1580), is dit gebouw nog niet af, maar in twee tekeningen van Andrea Palladio wordt er verwezen naar dit palazzo.

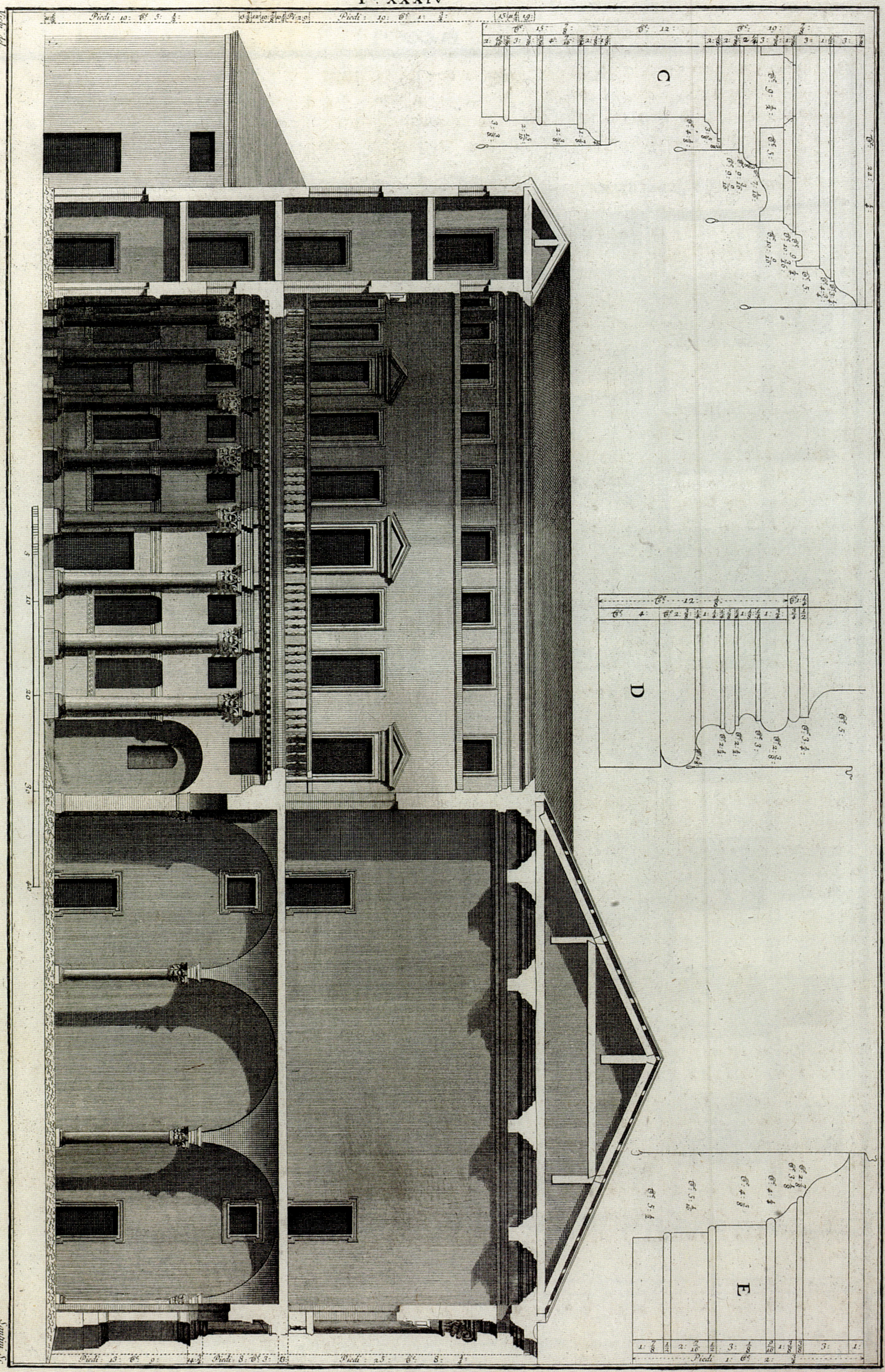
C
D
E

Tª XXXIII

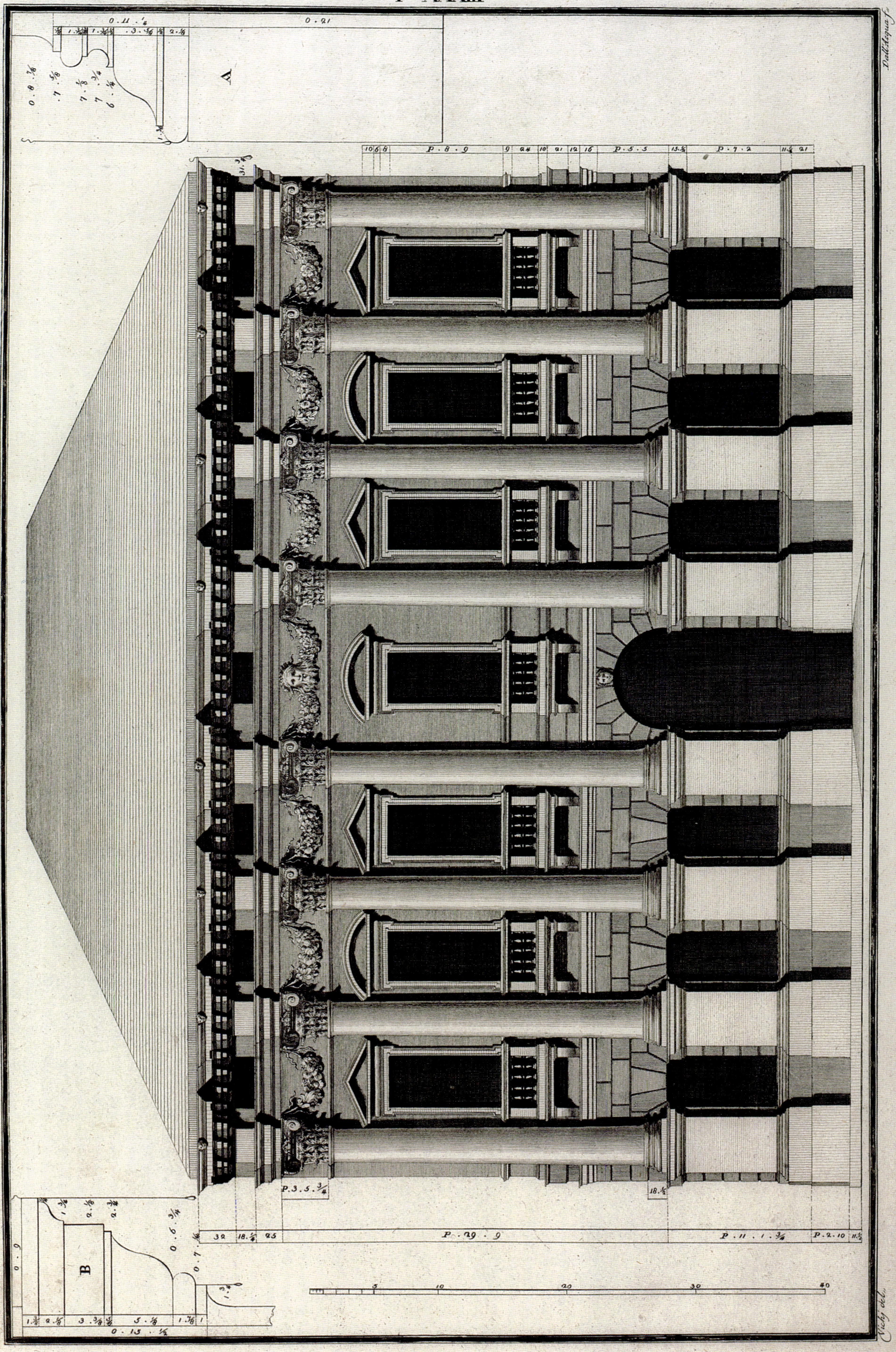

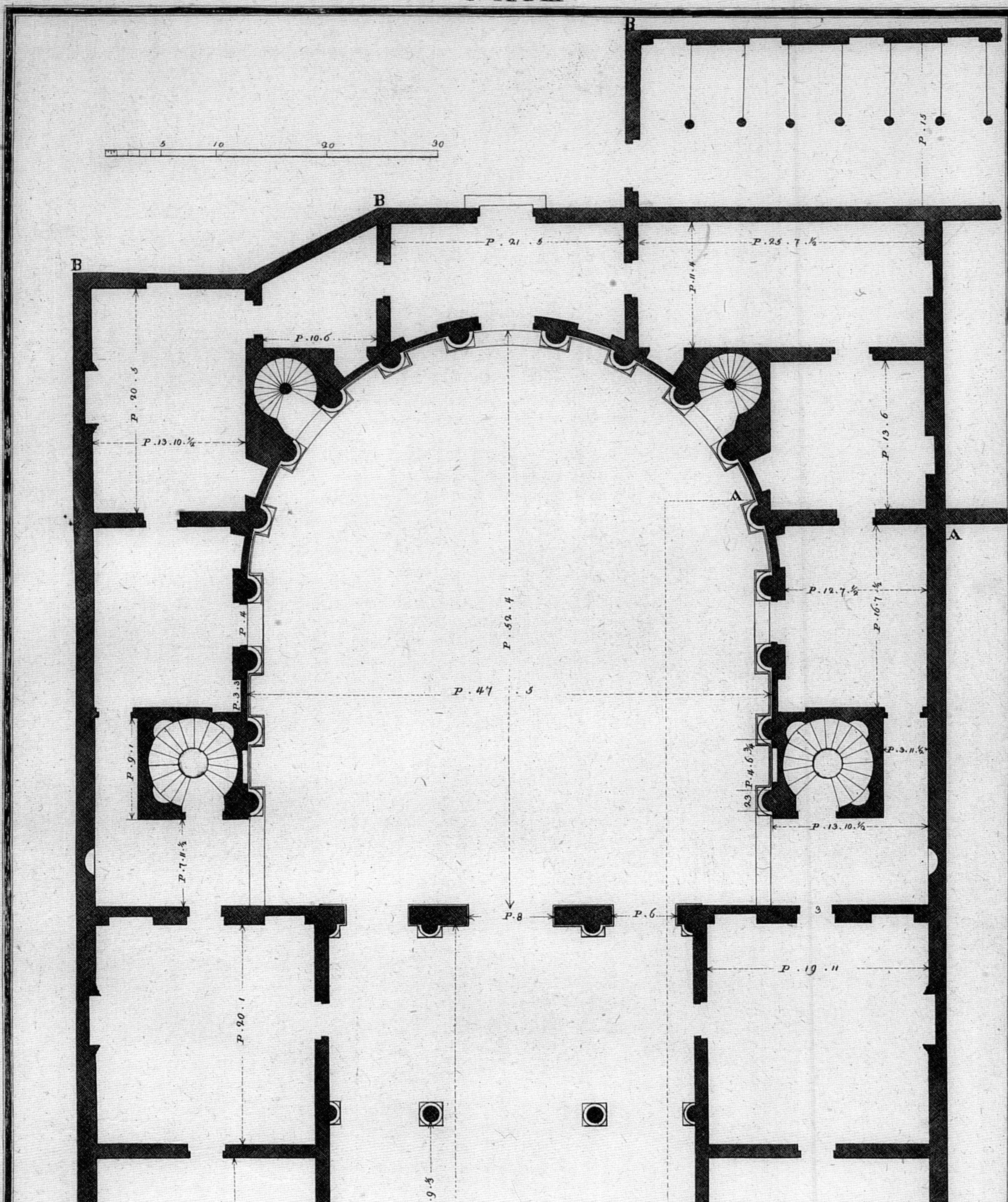

Vichi del. Dall'Acqua Scolp.

Palazzo Porto in piazza Castello

VICENZA

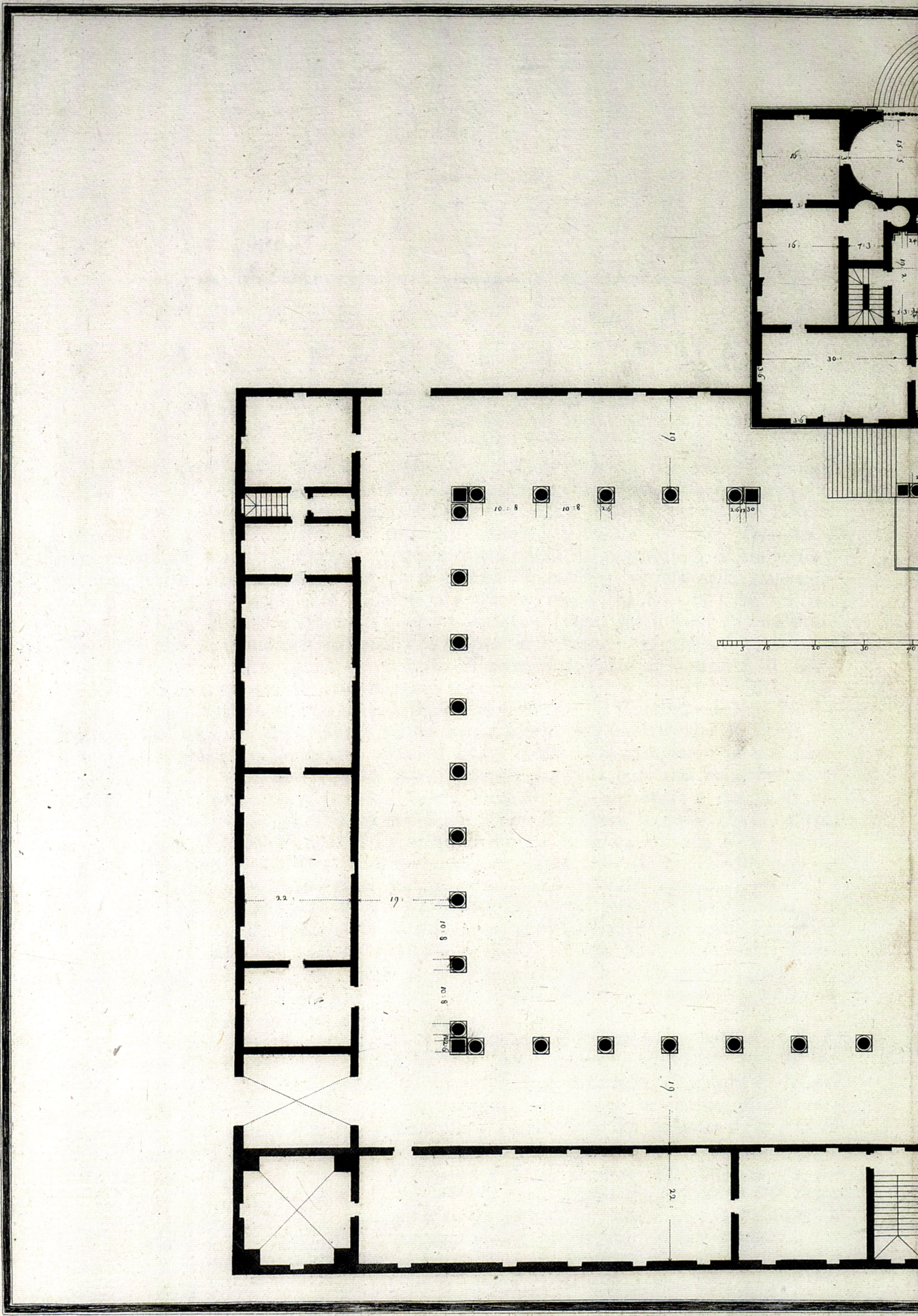

Vichj del. e scol.

4:9
19
100

Vichj del. e scol.

19
100

Vicĥy del: scol:

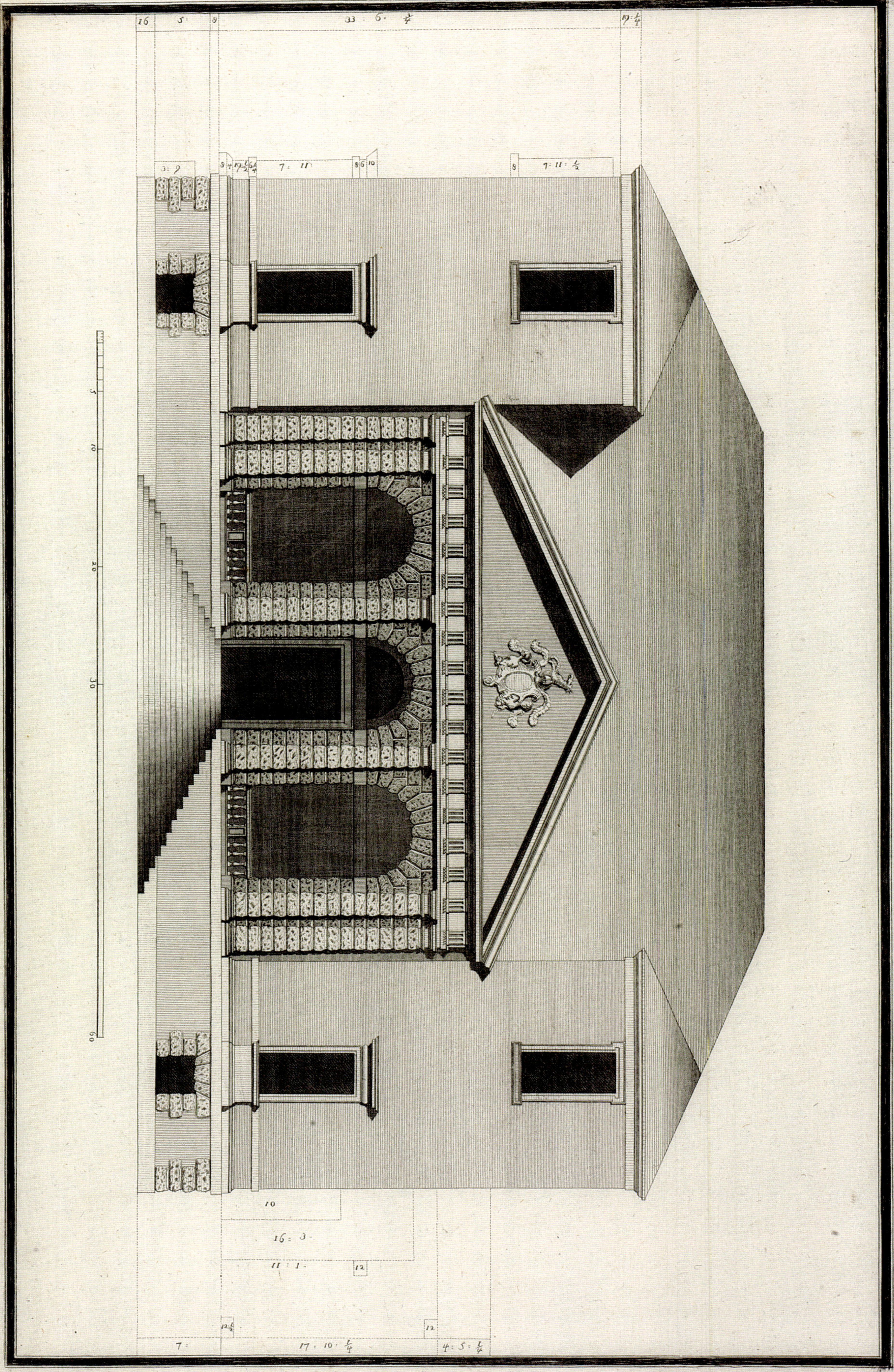
16
5
8
33 : 6 : 3/4
10
16 : 3
11 : 1
12
7
17 : 10 : 1/4
4 : 5 : 1/4

DE I DISEGNI DELLE CASE DI VILLA DI ALCVNI nobili Venetiani. Cap. XIIII.

LA FABRICA, che ſegue è in Bagnolo luogo due miglia lontano da Lonigo Caſtello del Vicentino,& è de' Magnifici Signori Conti Vittore,Marco,e Daniele fratelli de' Piſani. Dall'vna,e l'altra parte del cortile ui ſono le ſtalle, le cantine, i granari,e ſimili altri luoghi per l'uſo della Villa. Le colonne de i portici ſono di ordine Dorico. La parte di mezo di queſta fabrica è per l'habitatione del Padrone: il pauimento delle prime ſtanze è alto da terra ſette piedi: ſotto ui ſono le cucine, & altri ſimili luoghi per la famiglia. La Sala è in uolto alta quanto larga,e la metà più: à queſta altezza giugne ancho il uolto delle loggie: Le ſtanze ſono in ſolaro alte quanto larghe: le maggiori ſono lunghe un quadro e due terzi: le altre un quadro e mezo. Et è da auertirſi che non ſi ha hauuto molta conſideratione nel metter le ſcale minori in luogo,che habbiano lume viuo (come habbiamo ricordato nel primo libro) perche non hauendo eſſe à ſeruire,ſe non à i luoghi di ſotto, & à quelli di ſopra, i quali ſeruono per granari ouer mezati; ſi ha hauuto riſguardo principalmente ad accommodar bene l'ordine di mezo: il quale è per l'habitatione del Padrone,e de' foreſtieri: e le Scale,che à queſt'ordine portano; ſono poſte in luogo attiſsimo, come ſi uede ne i diſegni. E ciò ſarà detto ancho per auertenza del prudente lettore per tutte le altre fabriche ſeguenti di un'ordine ſolo: percioche in quelle,che ne hanno due belli,& ornati; ho curato che le Scale ſiano lucide,e poſte in luoghi commodi: e dico due; perche quello,che uà ſotto terra per le cantine, e ſimili uſi, e quello che và nella parte di ſopra,e ſerue per granari,e mezati non chiamo ordine principale, per non darſi all'habitatione de' Gentil'huomini.

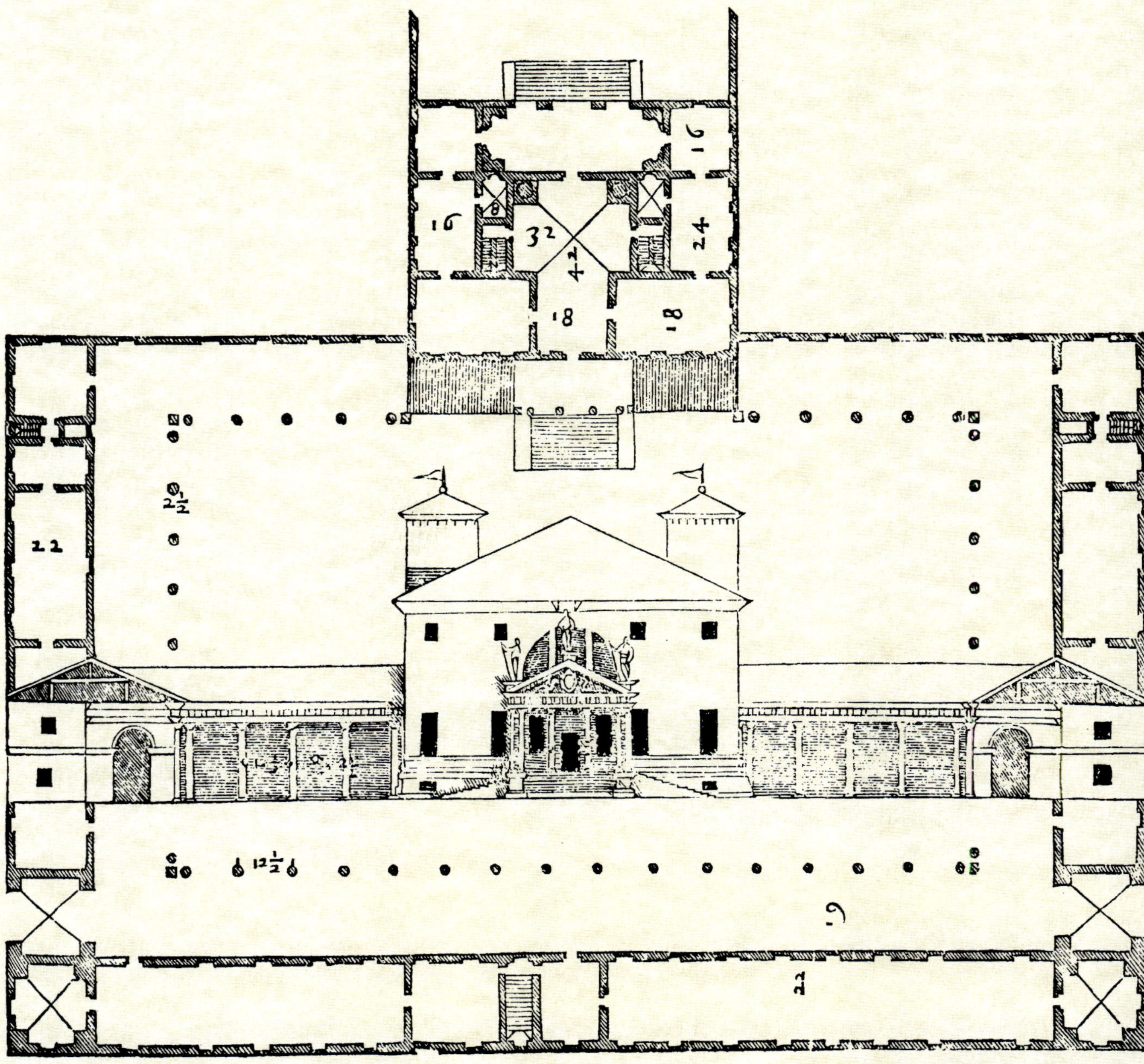

LA SEGVENTE

Rear façade.

Hintere Fassade.

Façade arrière.

De achtergevel.

> The villa's interior, completed after 1545, is dominated by a large thermal room with a frescoed vault.

Die Innenausstattung der Villa, die 1545 vollendet wurde, wird durch einen große Baderaum mit Fresken in dem Gewölbe dominiert.

L'intérieur de la villa, terminé après 1545, est dominé par une grande salle décorée de fresques sur la voûte.

De villa, voltooid na 1545, wordt aan de binnenkant gedomineerd door een grote thermale ruimte met fresco's op het gewelf.

Villa Pisani

BAGNOLO DI LONIGO, VICENZA

Designed for the Pisani brothers as an agricultural villa, it was built on the banks of a canal that was then navigable. Resting on a high foundation, the villa is distinguished by the loggia bracketed by two small towers.

Die Villa, die als Landhaus für die Gebrüder Pisani bestimmt war, ist am Ufer eines damals schiffbaren Kanals gelegen. Auf einem hohen Fundament ruhend, kennzeichnet sich die Villa durch die von zwei Türmen flankierte Loggia.

Conçue comme villa de campagne pour les frères Pisani, elle est construite au bord d'un canal alors navigable. Posée sur un soubassement élevé, la villa se distingue par sa loggia enserrée entre deux petites tours.

Deze villa was bedoeld als agrarische villa voor de gebroeders Pisani en is daarom gebouwd op de oever van een, toen nog, bevaarbare rivier. Het gebouw rust op een hoog basement en kenmerkt zich door een afgesloten loggia tussen twee torens.

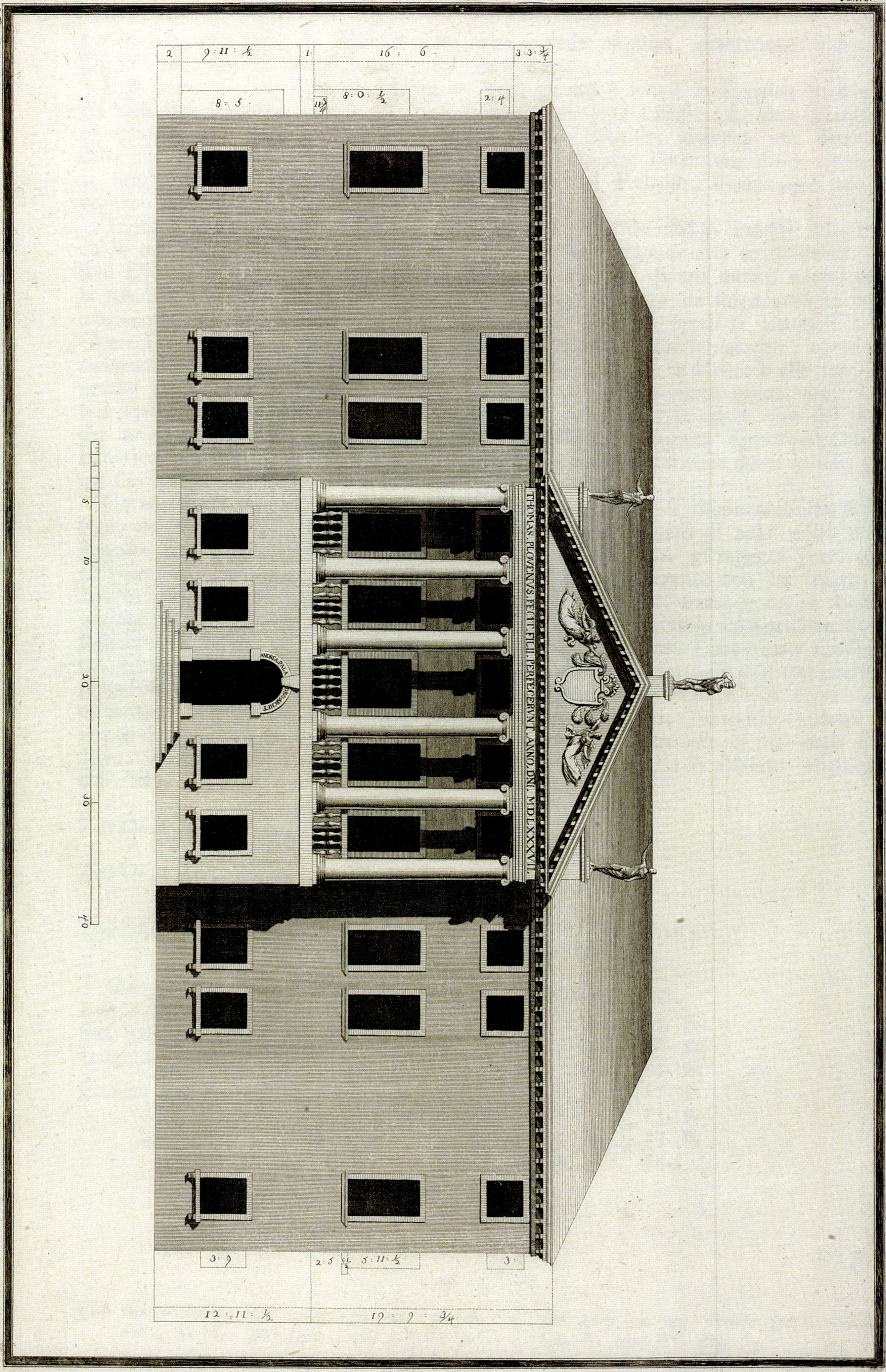
THOMAS. PLOVENVS. FECIT. FILII. PERFECERVNT. ANNO. DNI. MDLXXXVII.
2
9 : 11 : ½
1
16 : 6
3 : 3 : ¾
8 : 5
8 : 0 : ½
2 : 4
3 : 9
5 : 11 : ½
3
12 : 11 : ⅓
19 : 9 : ¾
5
10
20
30
40

Visoj del: scul:

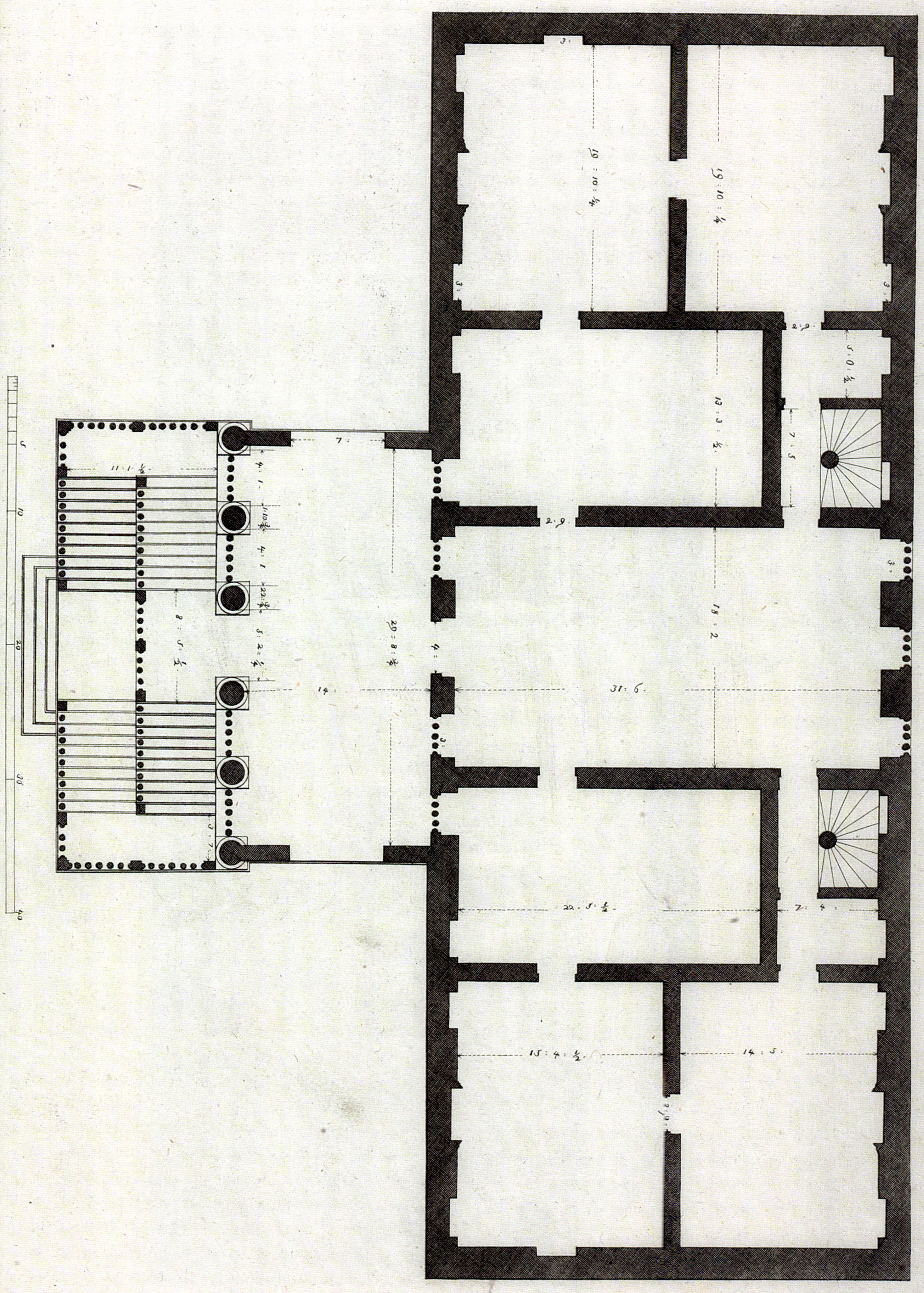

The sobriety of the main house stands in striking contrast with the dynamic baroque style of the entry gate.

Der Kontrast zwischen der Nüchternheit des Gebäudes und der barocken Verspieltheit des Eingangsportals, ist auffällig.

Le contraste est frappant entre la sobriété de l'édifice central et la mise en scène baroque du portail d'entrée.

Wat opvalt is het scherpe contrast tussen de eenvoud van het herenhuis en de barokke weelderigheid van de toegangspoort.

Villa Piovene

Lonedo di Lugo, Vicenza

The Palladian origin is evident in the central portion of the building, especially in the pronaos (open vestibule) punctuated by six ionic columns supporting the tympanum. Francesco Muttone completed the villa much later (1740); he also designed the two airy *barchesse* (out buildings) and the monumental staircase.

Die Urheberschaft Palladios wird deutlich aus dem vorspringenden Pronaos mit sechs ionischen Säulen, die das Tympanon tragen. Die Villa wurde erst viel später (1740) von Francesco Muttoni vollendet, der die Flügelbauten und die monumentale Freitreppe schuf.

La paternité palladienne est évidente dans le corps central, notamment avec son pronaos à six colonnes ioniques, surmonté d'un tympan. La villa fut complétée beaucoup plus tard, en 1740, par Francesco Muttoni qui réalisa deux ailes harmonieuses et l'escalier monumental.

Het hoofddeel is overduidelijk palladiaans, met name het voorhof met een door zes Ionische zuilen ondersteund timpaan. De villa werd pas veel later voltooid (1740) door Francesco Muttoni, die twee enorme zijvleugels en een monumentale trap toevoegde.

D: R: del: sc:

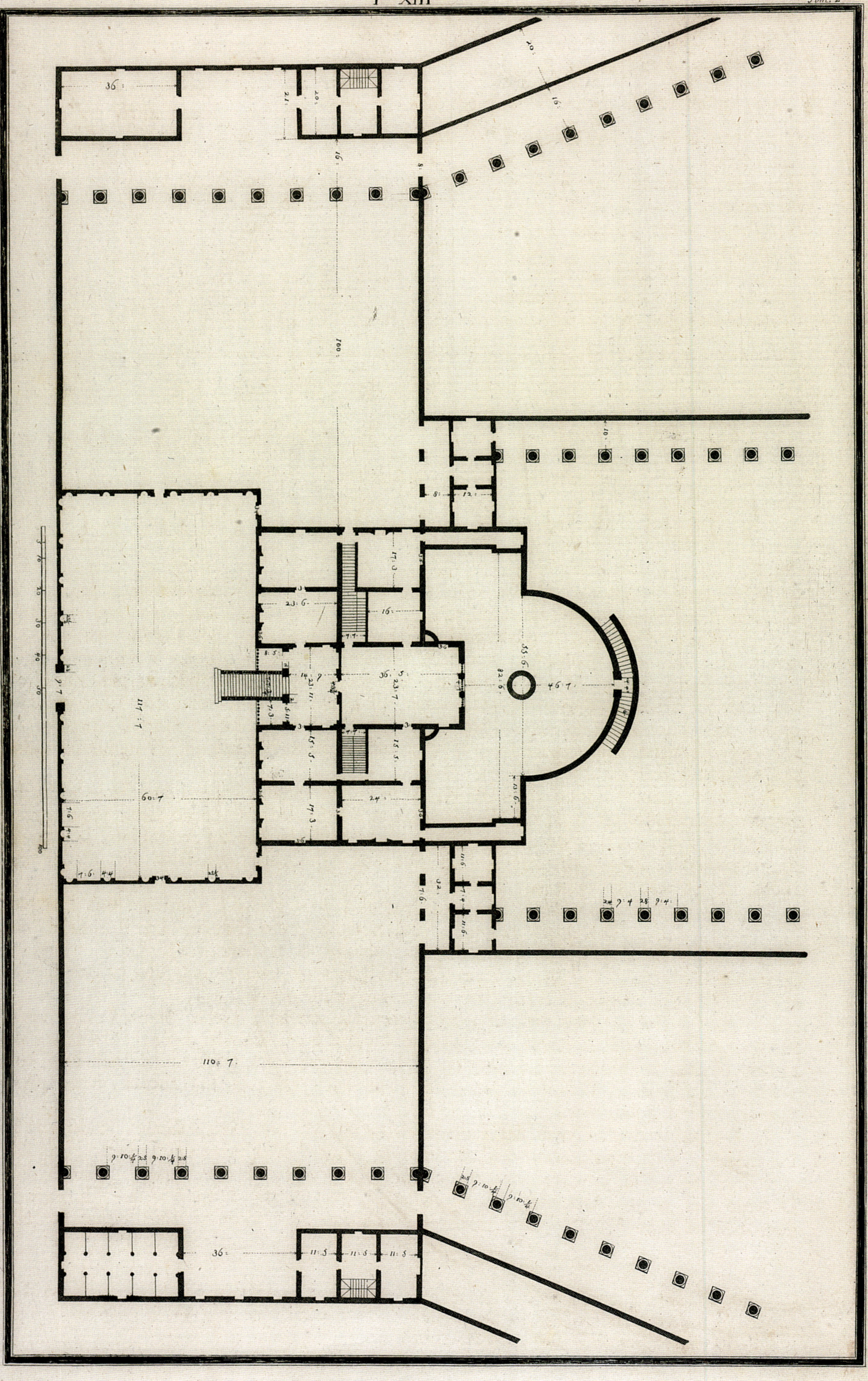

Olympus room.
Frescoes by Giambattista Zelotti.

Saal des Olymps.
Fresken von Giambattista Zelotti.

Chambre de l'Olympe.
Fresques de Giambattista Zelotti.

De Olympuskamer.
Fresco's van Giambattista Zelotti.

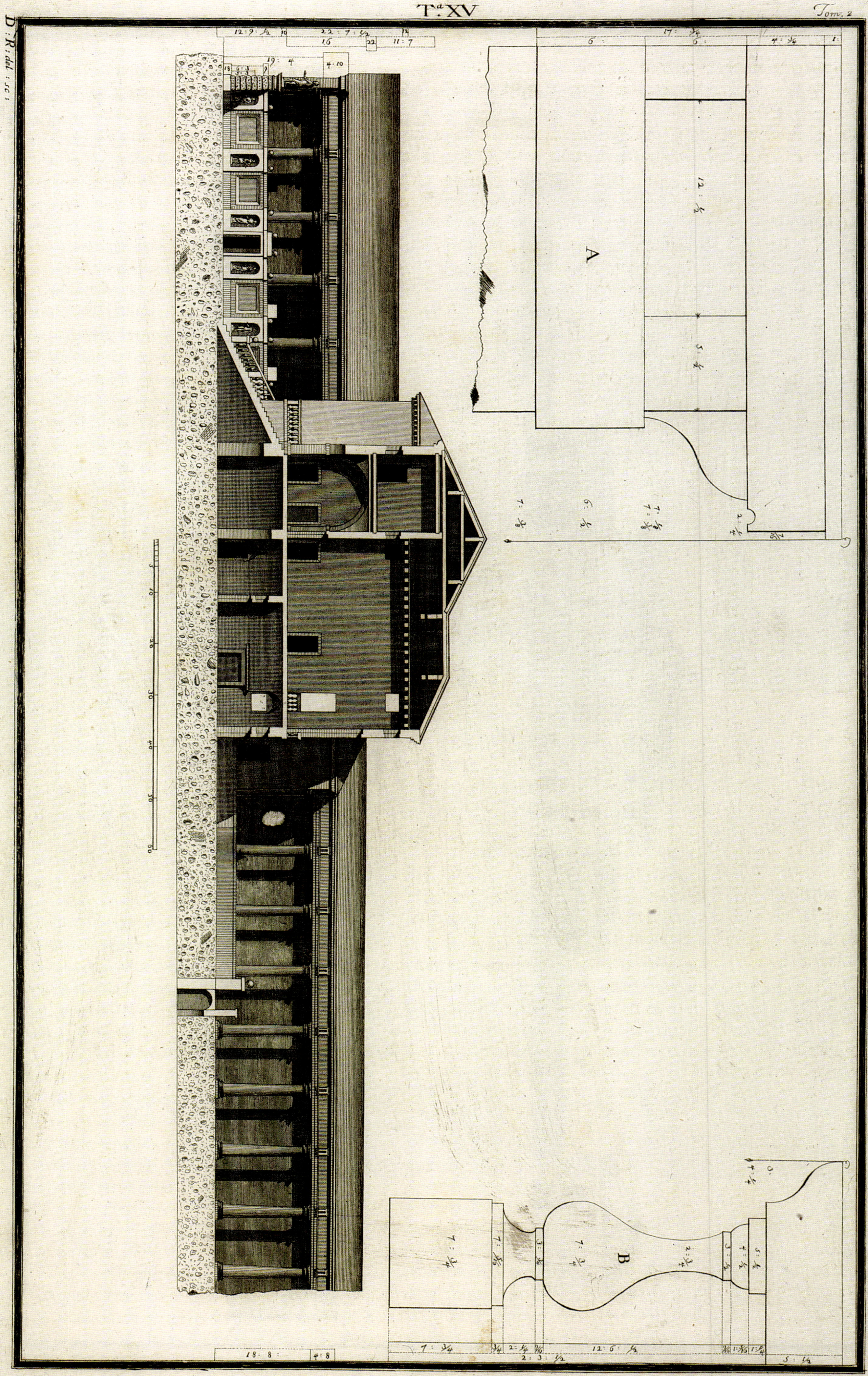
D: R: del: sc:
A
B

D: R: del: sc:

PROCVL ESTE

IN LONEDO luogo del Vicentino è la ſeguente fabrica del Signor Girolamo de' Godi poſta ſopra vn colle di belliſsima uiſta,& a canto un fiume,che ſerue per Peſchiera. Per rendere queſto ſito commodo per l'vſo di Villa ui ſono ſtati fatti cortili, & ſtrade ſopra uolti con non picciola ſpeſa. La fabrica di mezo è per l'habitatione del padrone,& della famiglia. Le ſtanze del padrone hanno il piano loro alto da terra tredici piedi,e ſono in ſolaro,ſopra queſte ui ſono i granari, & nella parte di ſotto, cioè nell'altezza de i tredeci piedi ui ſono diſpoſte le cantine,i luoghi da fare i uini, la cucina, & altri luoghi ſimili. La Sala giugne con la ſua altezza fin ſotto il tetto, & ha due ordini di feneſtre. Dall'vno e l'altro lato di queſto corpo di fabrica ui ſono i cortili, & i coperti per le coſe di Villa. E' ſtata queſta fabrica ornata di pitture di belliſsima inuentione da Meſſer Gualtiero Padouano,da Meſſer Battiſta del Moro Veroneſe, & da Meſſer Battiſta Venetiano; perche queſto Gentil'huomo, ilquale è giudicioſiſsimo, per redurla a quella eccellenza & perfettione,che ſia poſsibile; non ha guardato a ſpeſa alcuna,& ha ſcelto i più ſingolari,& eccellenti Pittori de' noſtri tempi.

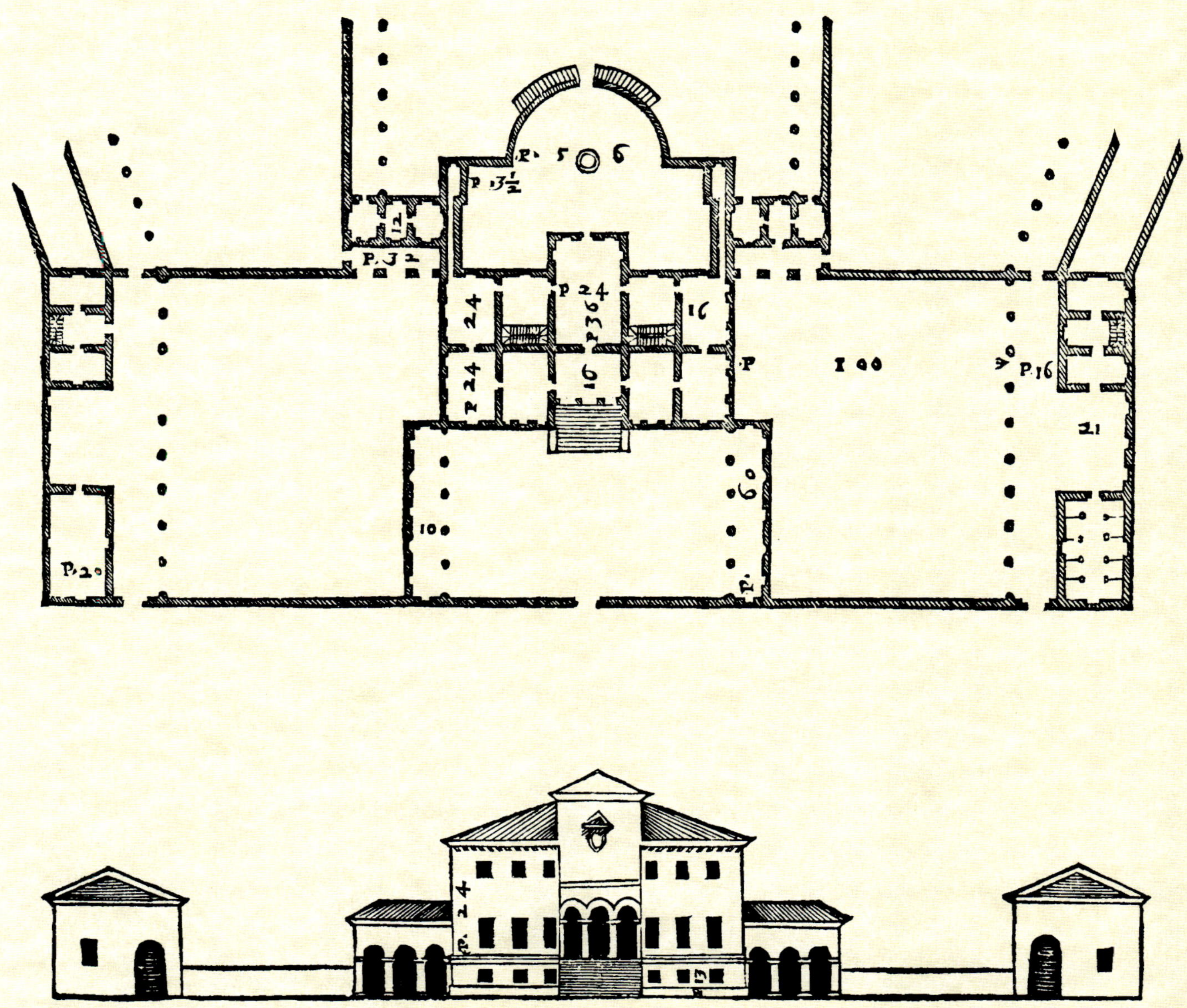

The central portion of the building is characterized by a recessed loggia with frescoes by Gualtiero Padovano.

Le corps de logis central est caractérisé par une loggia en retrait, avec des fresques de Gualtiero Padovano.

Der Mitteltrakt wird von einer eingebaute Loggia mit Fresken von Gualtiero Padovano geprägt.

Het hoofddeel wordt gekenmerkt door een terugwijkende loggia met fresco's van Gualtiero Padovano.

Villa Godi

LONEDO, VICENZA

This was probably the first villa designed by Palladio around 1542 for Girolamo Godi.

Dies war vermutlich die erste von Palladio entworfene Villa. Sie wurde um 1542 für Girolamo Godi gebaut.

Il s'agit probablement de la première villa conçue par Palladio, vers 1542, pour Girolamo Godi.

Dit was waarschijnlijk de eerste villa die Palladio ontwierp, rond 1542 voor Girolamo Godi.

Andrea Palladio

Ville

Villas
Villen
Villas
Villa's

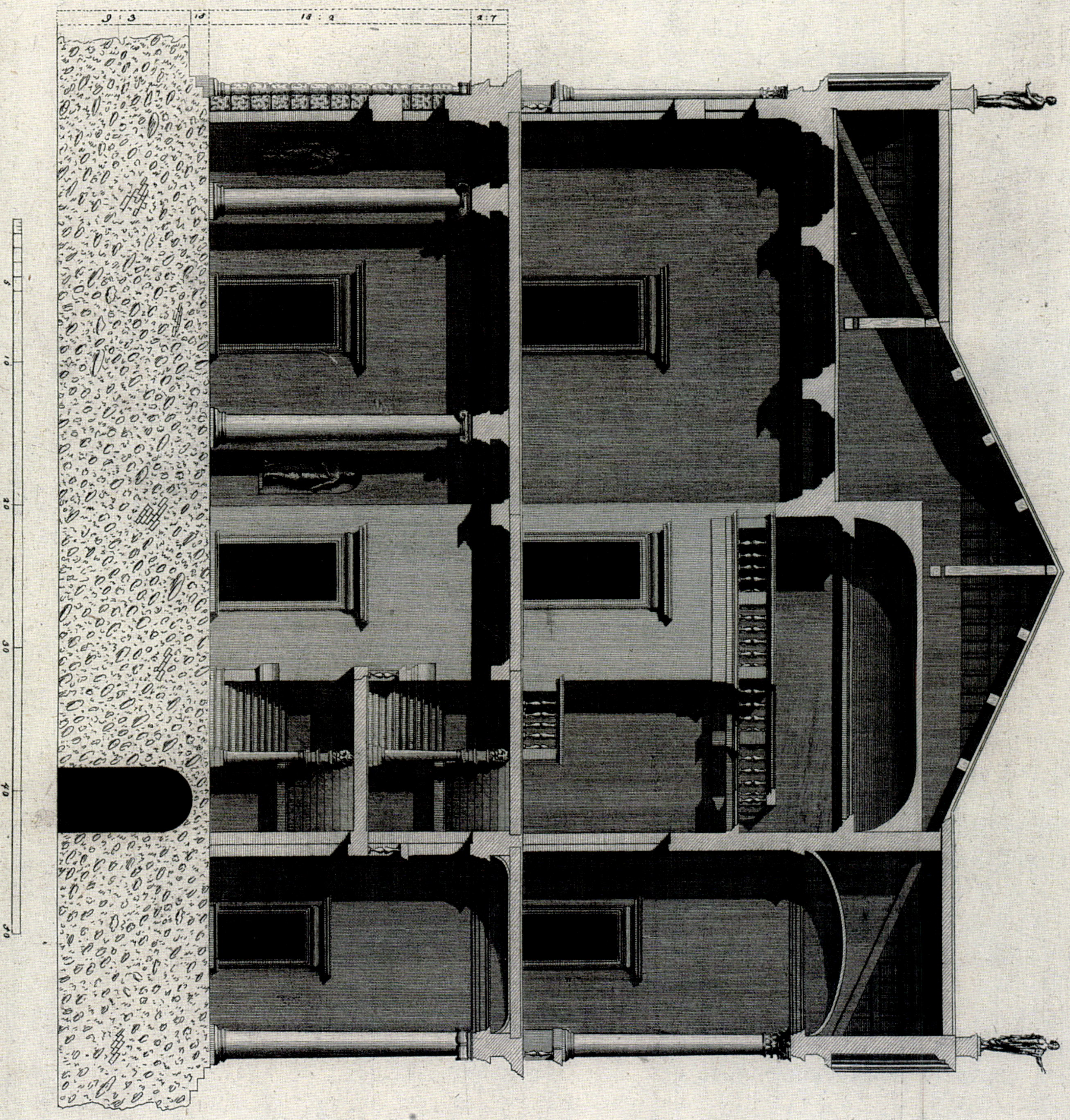

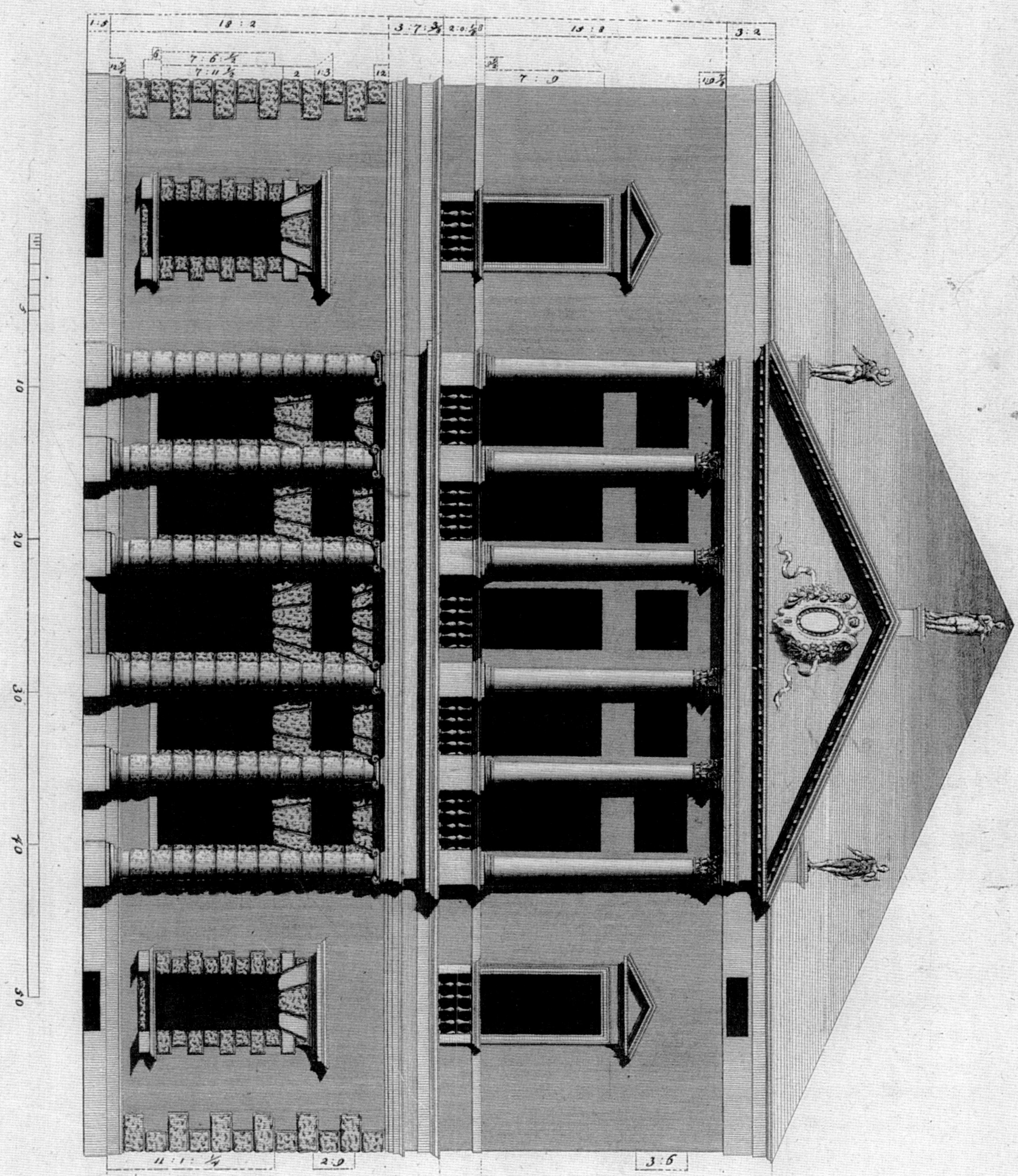

G. Tartolini inc

The two-storey loggia in back, as the one in front, ought to have been surmounted by a tympanum that was never built.

Die Loggia der Hinterfassade mit ebenfalls einer zweigeschossigen Säulenreihe, hätte eigentlich mit einem Tympanon bekrönt werden sollen, dieses wurde jedoch nie realisiert.

Sur les deux façades, chacune des loggias devait être surmontée d'un tympan qui ne fut jamais réalisé.

De tweeledige dubbele loggia aan de achterkant zou, net als die aan de voorkant, uiteindelijk een timpaan krijgen, maar dat is er nooit gekomen.

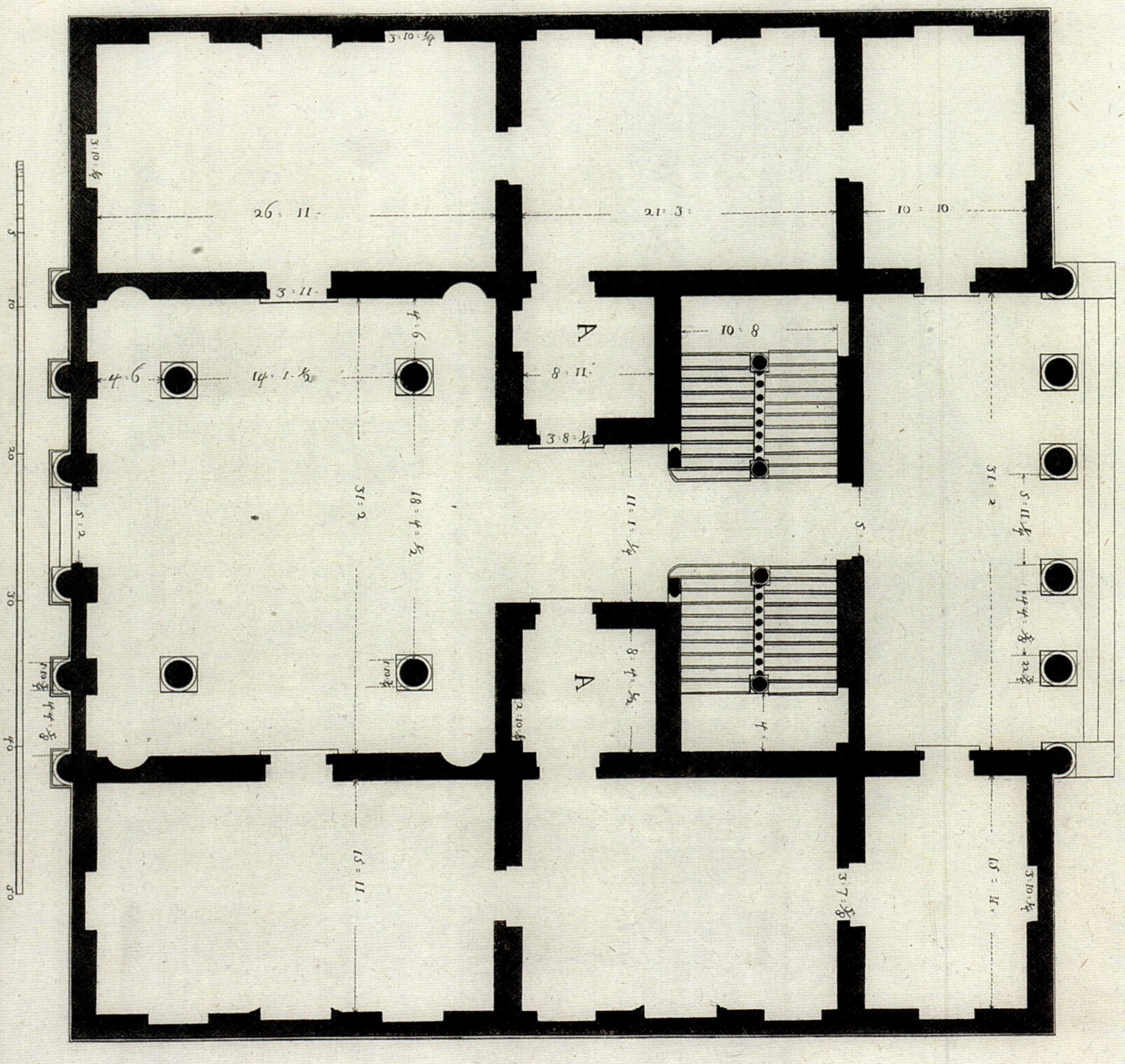
A
A
26 : 11
21 : 3
10 : 10
10 : 8
8 : 11
14 : 1 ½
4 : 6
31 : 2
18 : 4 ½
11 : 1 ¼
15 : 11

The ground floor hall with four freestanding columns, designed as a classic Palladian atrium, opens onto the double staircase and the garden.

Im Erdgeschoss öffnet sich die Empfangshalle mit vier freistehenden Säulen, die wie das klassische Palladio-Atrium konzipiert ist, auf eine zweiteilige Freitreppe in den Garten.

Au rez-de-chaussée, le grand hall à quatre colonnes libres – conçu comme un atrium palladien classique – s'ouvre sur un escalier à double rampe et sur le jardin.

Op de begane grond grenst de grote zaal met vier losstaande zuilen, het zogenoemde palladiaanse atrium, aan een trap van twee geledingen en de tuin.

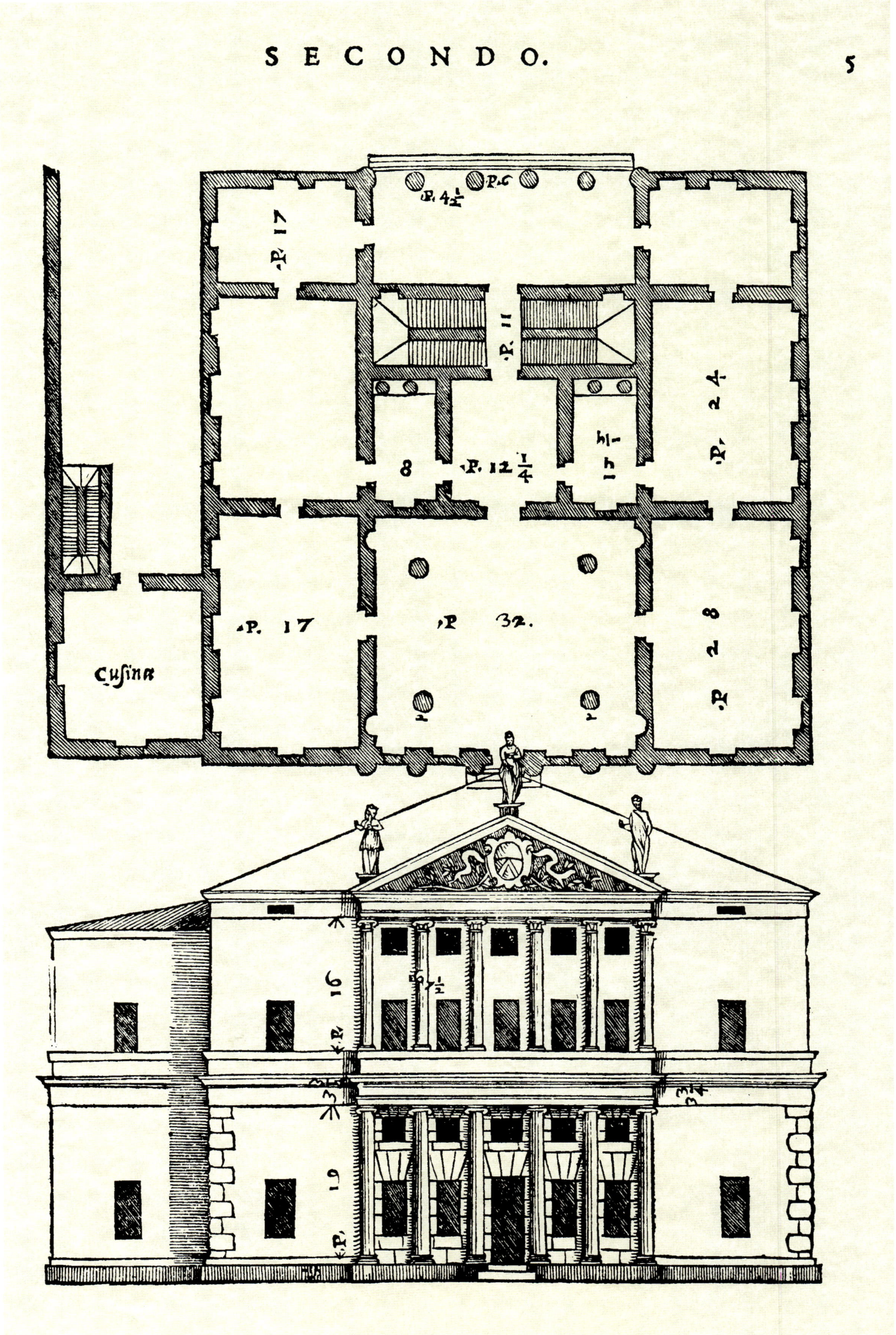
SECONDO.
5
P. 4½
P. 6
P. 17
P. 11
P. 24
8
P. 12¼
14
Cusina
P. 17
P 32
P. 28
P. 16
P. 19

Palazzo Antonini

UDINE

Construction of this building, an excellent example of an urban residence with the features of a suburban villa, began in 1556. The dual functions of palazzo and villa are emphasized by the façade's varied characteristics: in front, a massive rusticated façade with a false, two-storey loggia whose function is purely aesthetic; in back, a true loggia gives on to the garden.

Das 1556 begonnene Gebäude, ist ein hervorragendes Beispiel einer Kombination von städtischer Palastarchitektur mit den Merkmalen eines Landhauses. Die Doppelfunktion wird durch die Charakteristika der Fassaden unterstrichen. Das massive Bossenwerk und die vorgetäuschte Loggia der Vorderfassade sind rein ästhetisch. Die Hinterfassade besitzt eine echte Loggia die in den Garten übergeht.

Construit à partir de 1556, cet édifice est un excellent exemple d'architecture alliant palais de ville et villa suburbaine. Cette double fonction est soulignée par diverses caractéristiques des façades : bossages massifs à l'extérieur, avec une fausse loggia dont la fonction est essentiellement esthétique ; véritable loggia à l'intérieur, ouvrant sur le jardin.

Dit gebouw, dat gebouwd werd vanaf 1556, is een voortreffelijk voorbeeld van een stadspaleis met de typische kenmerken van een villa uit een buitenwijk. De dubbele functie van zowel paleis als villa wordt geaccentueerd door de diverse kenmerken van de gevels: de voorgevel met zijn massieve bossage en een valse loggia van twee verdiepingen heeft een puur esthetische functie; de echte loggia zit aan de achterkant en geeft toegang tot de tuin.

Palazzo Pretorio

CIVIDALE DEL FRIULI, UDINE

Designed by Palladio in 1565 as the residence of the Venetian *Provveditori* and completed in 1586.

Wurde 1565 von Palladio als Residenz der venezianischen Provveditori entworfen und 1586 fertiggestellt.

L'édifice a été conçu par Palladio en 1565, comme résidence des Provéditeurs de Venise, et achevé en 1586.

Dit gebouw werd in 1565 door Palladio ontworpen als onderkomen voor Venetiaanse gouverneurs en voltooid in 1586.

Tª XLVIII

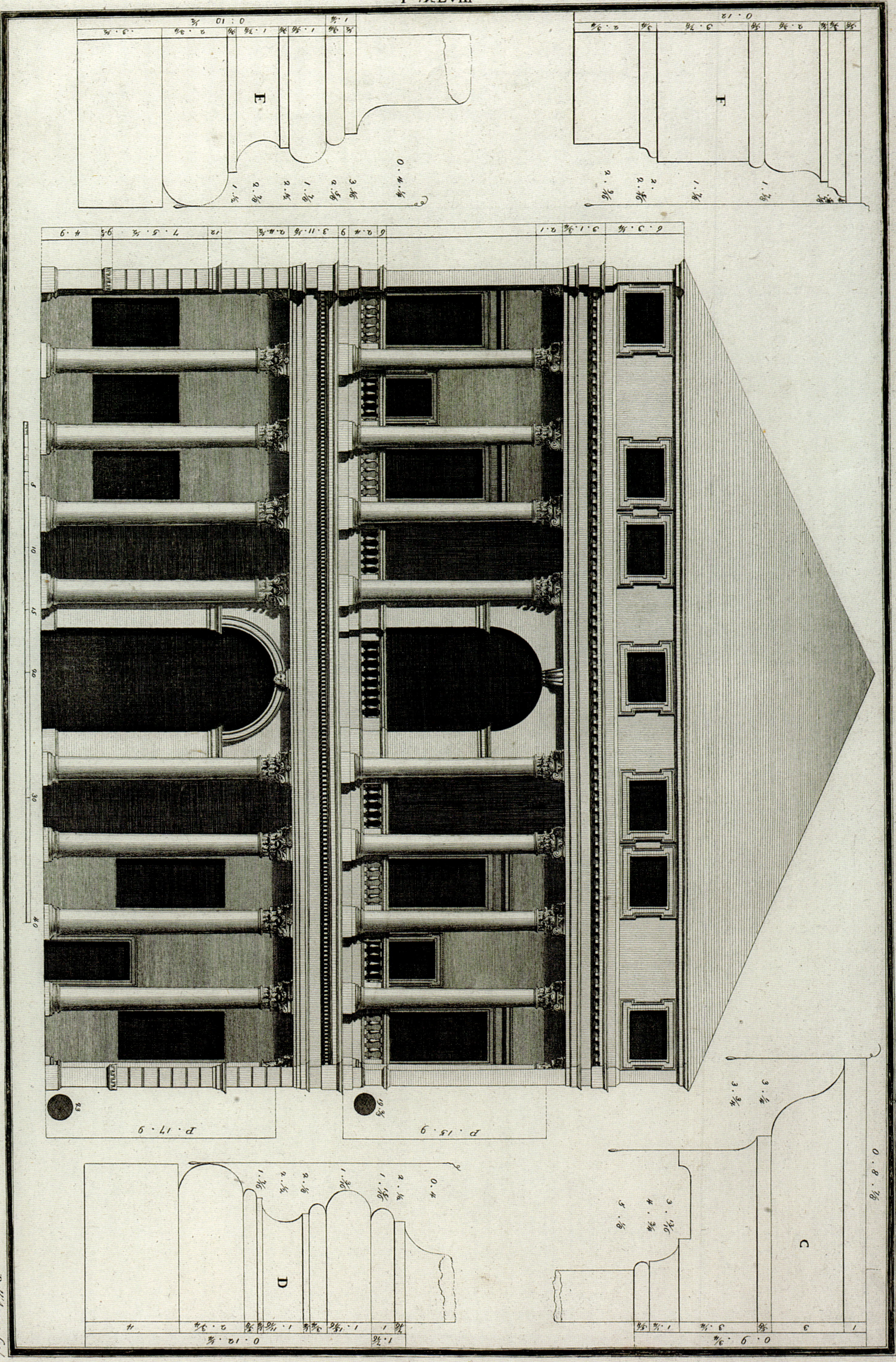

Volpi del.

Dall'Acqua scol.

Tª XLIX

Dall Acqua scol.

T.a XLIV

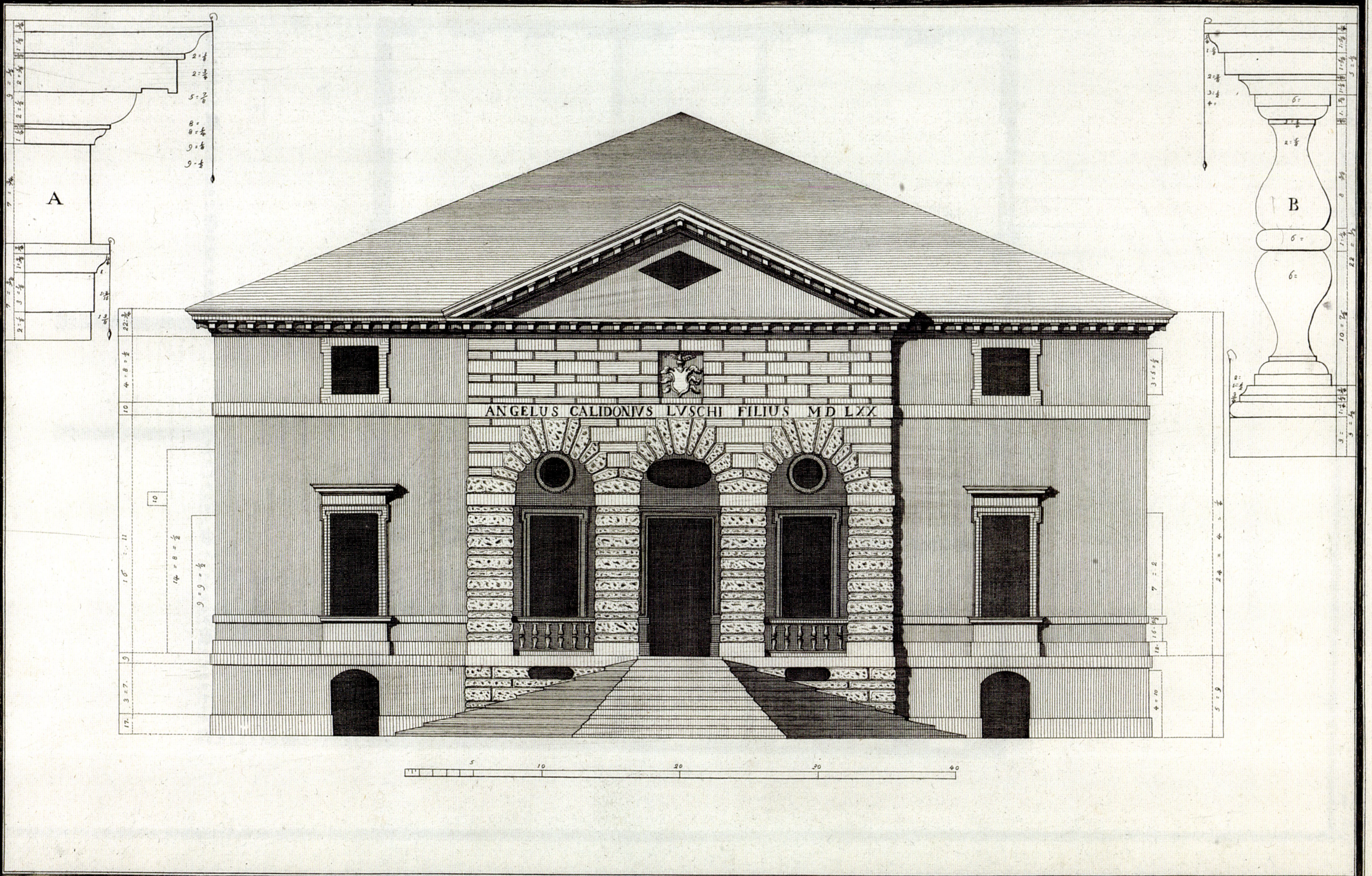

Vicky del: sc.

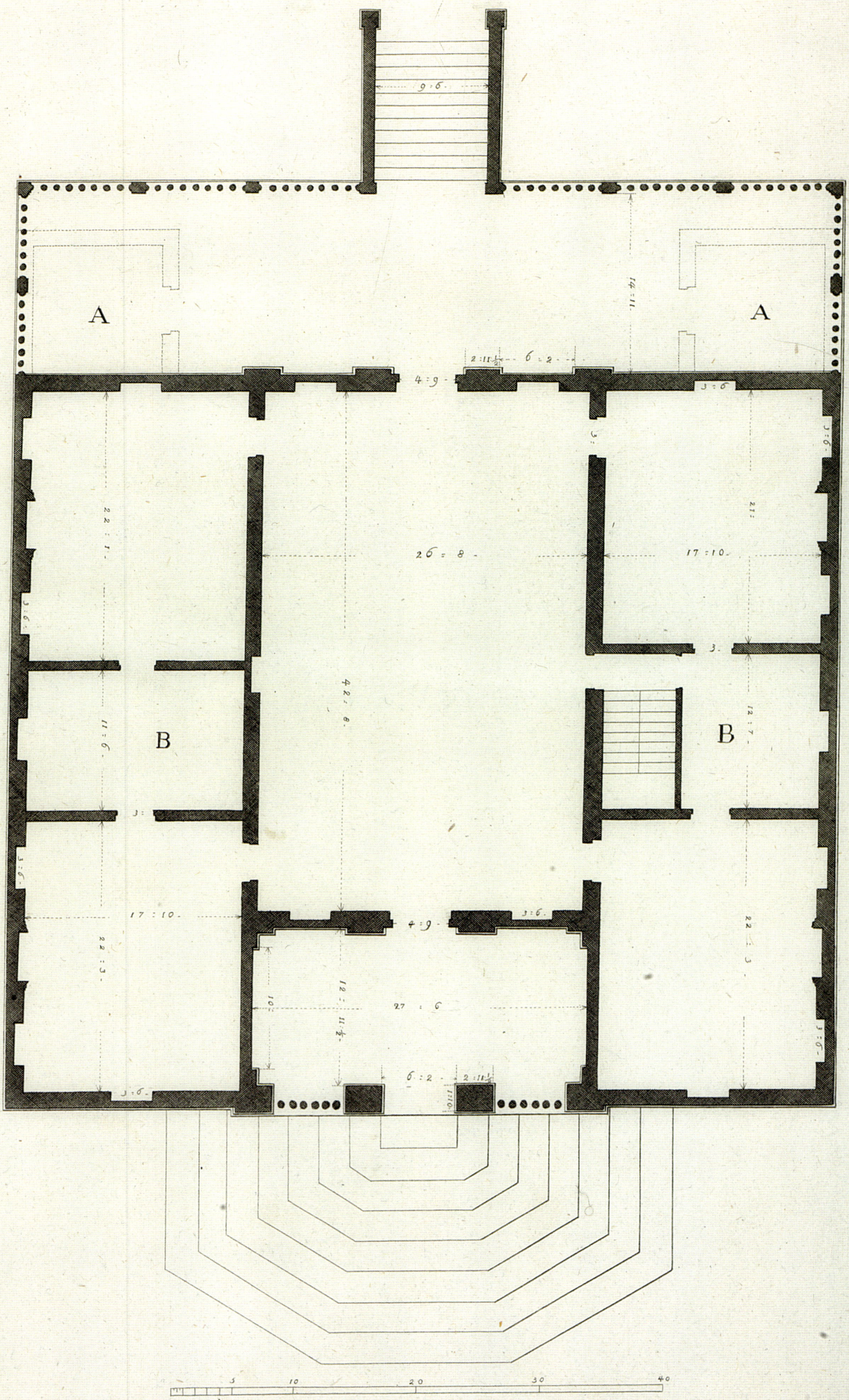
9 : 6
A
A
14 : 11
2 : 11 ½
6 : 2
4 : 9
3 : 6
22 : 1
26 : 8
17 : 10
21 :
42 : 8
B
B
11 : 6
12 : 7
17 : 10
22 : 3
27 : 6
12 : 11 ½
10
5
10
20
30
40

Vichj del: Sc.

Giovanni Antonio Fasolo.
Frescoes in the salon showing scenes from
Invitation to Dance and Playing Cards, 1570.

Giovanni Antonio Fasolo.
Fresken im Empfangssaal mit den Motiven
Tanz und Kartenspiel, 1570.

Fresques de Giovanni Antonio Fasolo,
dans le grand salon, avec les scènes de
L'Invitation à la danse et du Jeu de cartes
(1570).

Giovanni Antonio Fasolo.
Fresco's in de grote zaal met *Scènes van
het Bal en het Kaartspel,* 1570.

Villa Caldogno

CALDOGNO, VICENZA

The house was certainly habitable in 1567. Although there is no documentary proof of the design's Palladian origins, its similarities to Villa Saraceno, particularly the front elevation, provide a convincing attribution.

Das Haus war sicherlich 1567 bezugsbereit. Es gibt keine schlüssigen Beweise für die Urheberschaft Palladios, aber Ähnlichkeiten mit der Villa Saraceno, vor allem in der Frontansicht, machen die Zuordnung wahrscheinlich.

La villa est certainement habitée en 1567. Des documents sûrs attestent la paternité palladienne du projet et les analogies avec la villa Saraceno – surtout pour la façade avant – corroborent l'attribution.

Het huis was in 1567 echt bewoonbaar. Er zijn geen documenten die met zekerheid bewijzen dat dit gebouw van Palladio is, maar de gelijkenissen met Villa Saraceno, met name in het vooraanzicht, zijn overtuigend genoeg.

D: Rossi del: sc.

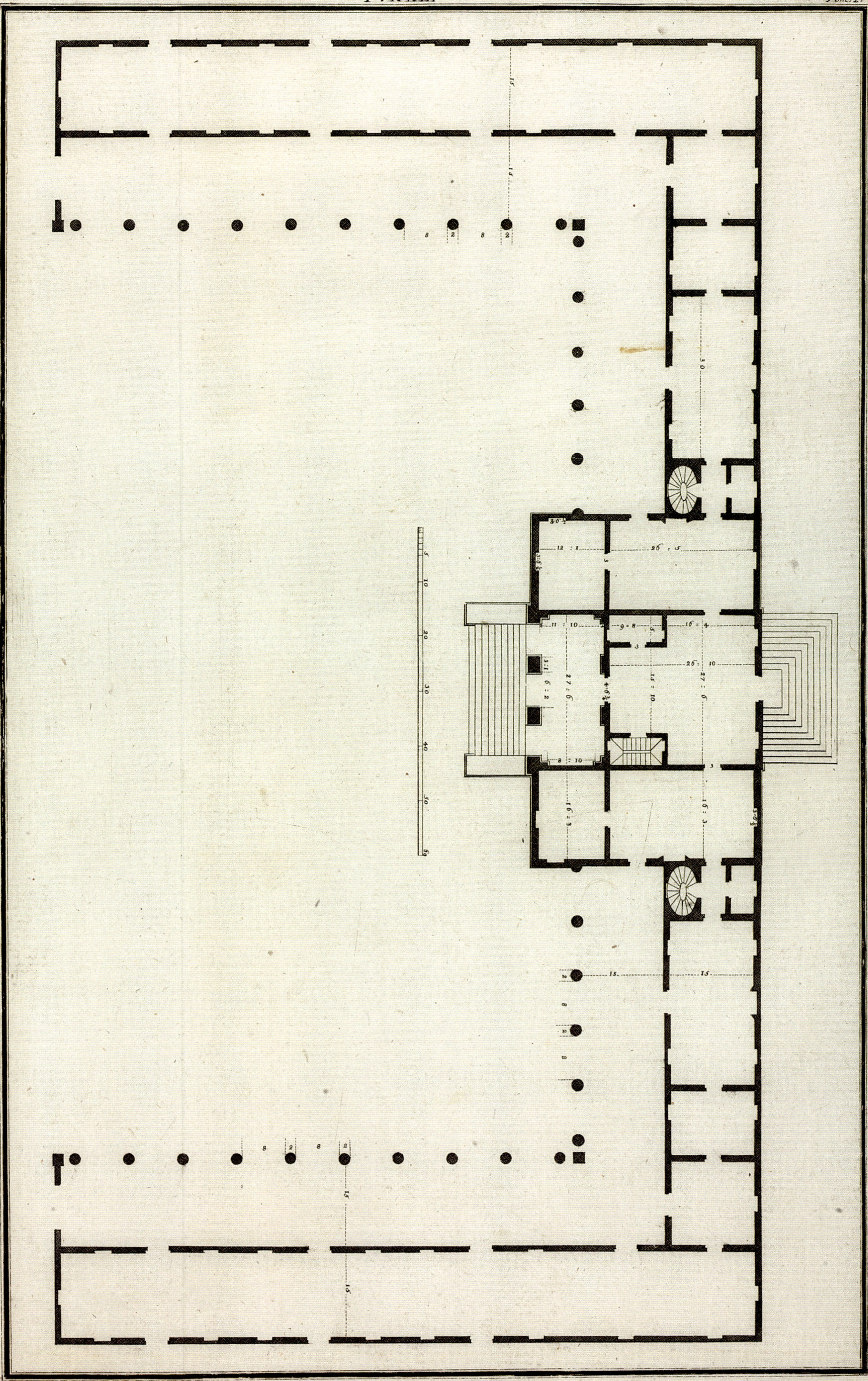

D. Rossi del. sc.

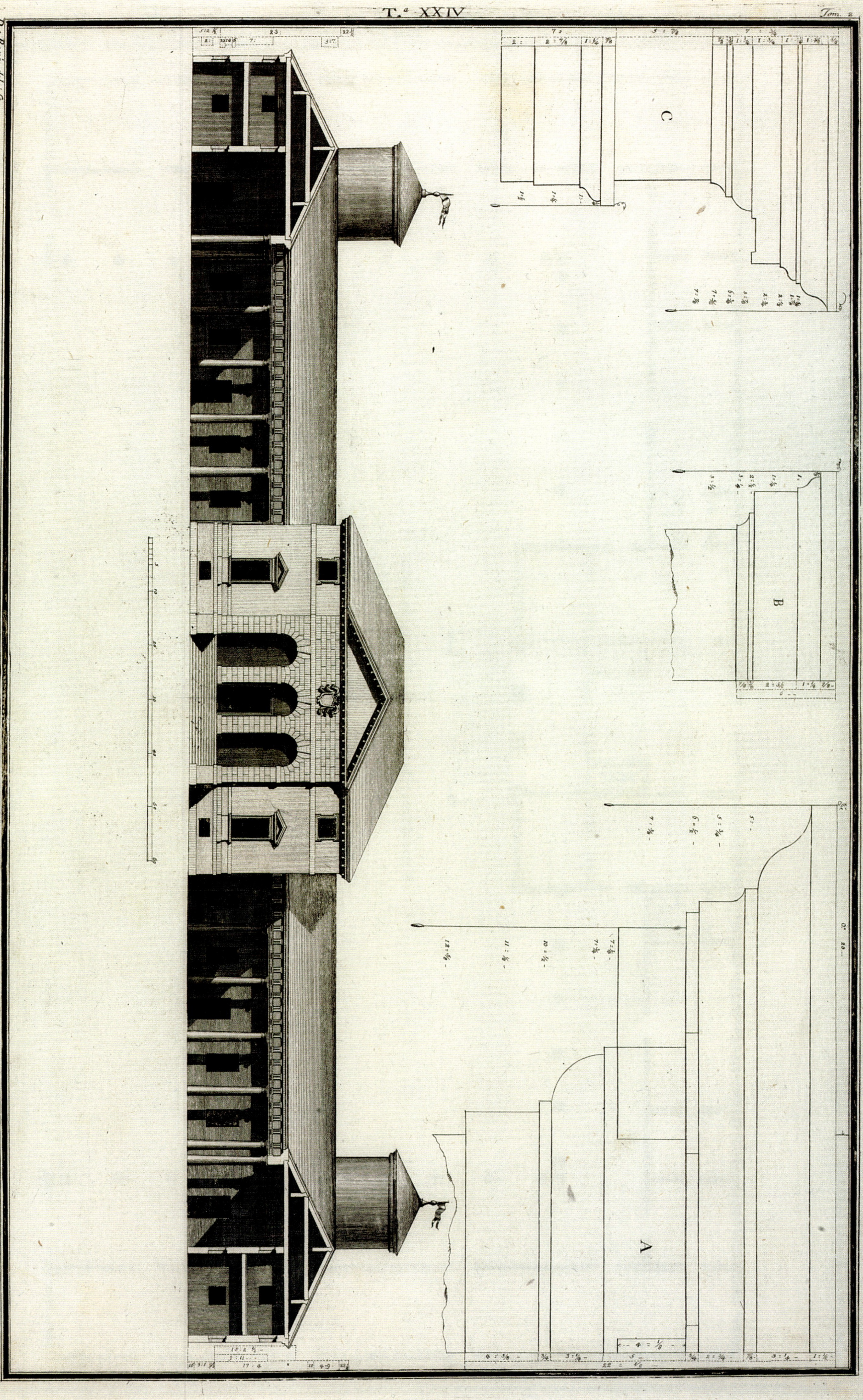

D: Rossi del. sc.

DE I DISEGNI DELLE CASE DI VILLA DI ALCVNI Gentil'huomini di Terra Ferma. Cap. XV.

AD VN luogo del Vicentino detto il FINALE, è la ſeguente fabrica del Signor Biagio Sarraceno: il piano delle ſtanze s'alza da terra cinque piedi: le ſtanze maggiori ſono lunghe vn quadro, e cinque ottaui, & alte quanto larghe, e ſono in ſolaro. Continua queſta altezza ancho nella Sala: i camerini appreſſo la loggia ſono in uolto: la altezza de' uolti al pari di quella delle ſtanze: di ſotto vi ſono le Cantine, e di ſopra il Granaro: il quale occupa tutto il corpo della caſa. Le cucine ſono fuori di quella: ma però congiunte in modo che rieſcono commode. Dall'vna, e l'altra parte ui ſono i luoghi all'vſo di Villa neceſſarij.

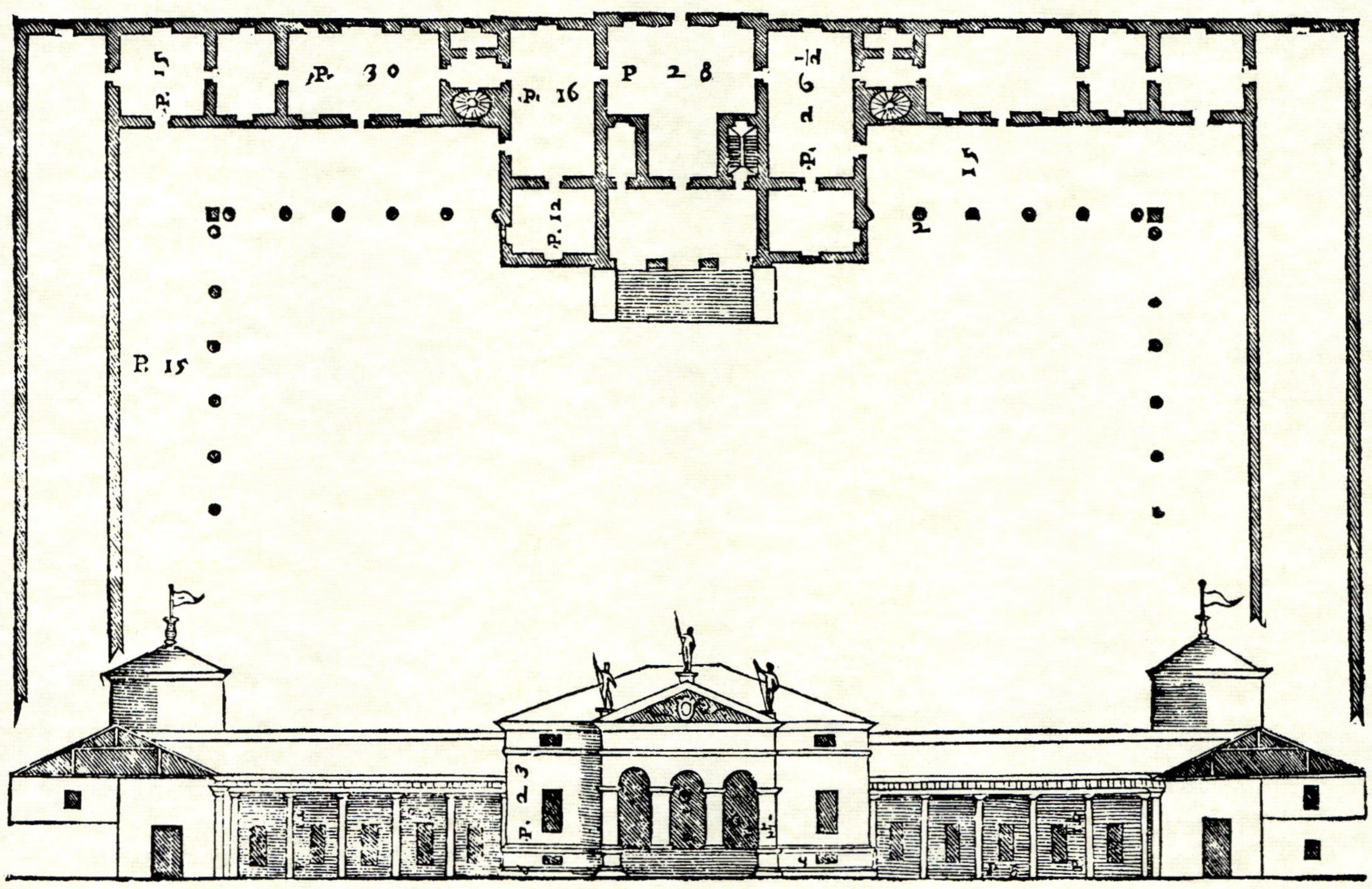

Villa Saraceno

FINALE DI AGUGLIANO, VICENZA

Simple, pure architecture bear witness to Palladio's imprint on this villa, one of his earlier works (1548-1549).

Der Stempel der Palladio auf diese Villa gedrückt hat, mutet noch ein bisschen jugendlich an (1548-49) und zeugt von einer schlichten, klaren Architekturauffassung.

On a ici la patte d'un Palladio encore jeune (1548-1549), attestée par la simplicité et la pureté de l'architecture.

De stempel die Palladio op deze villa heeft gedrukt, is betrekkelijk jeugdig (1548-1549) en wordt gekenschetst door een eenvoudige en zuivere bouwstijl.

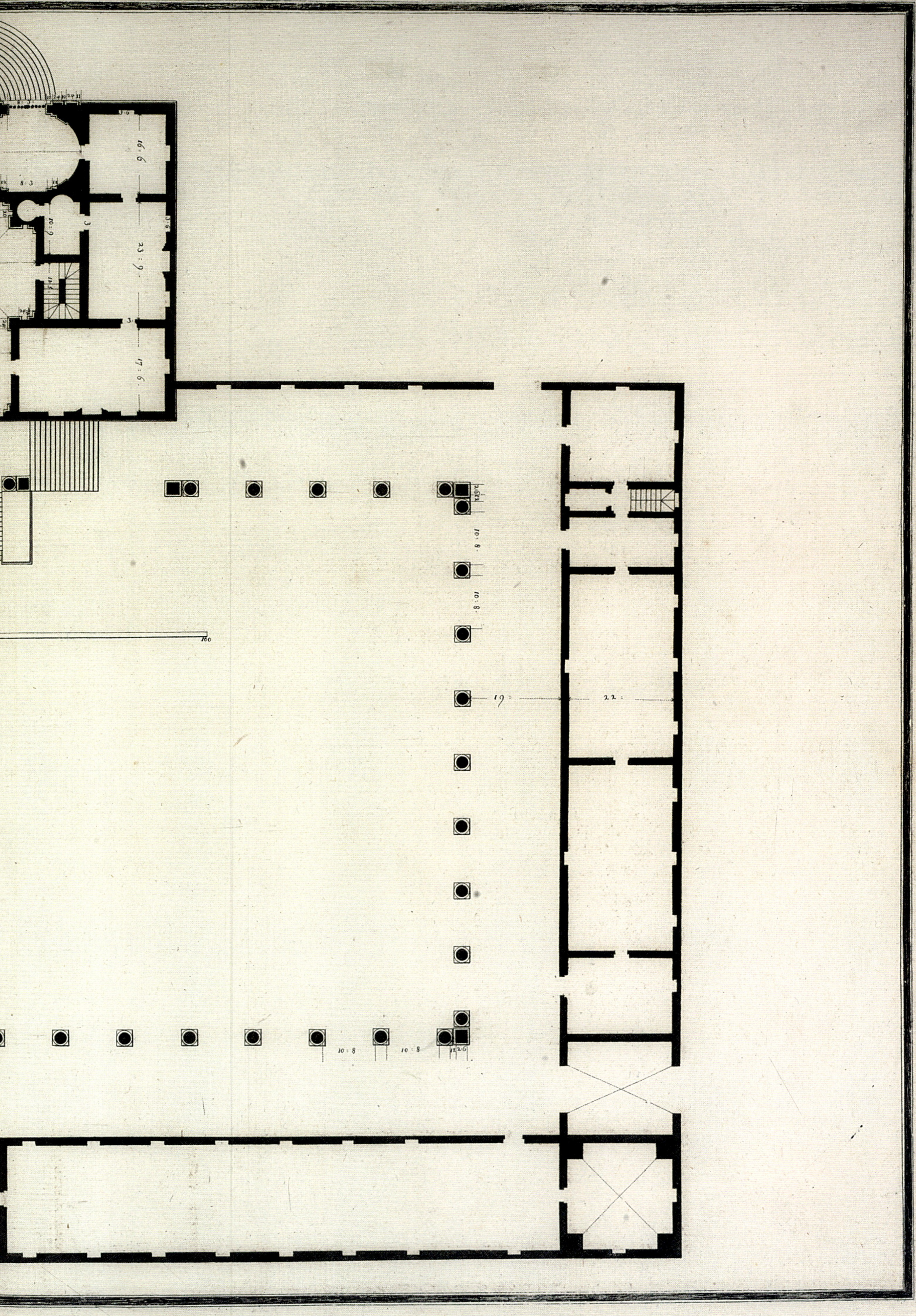

16 : 6
23 : 9
17 : 6
10 : 8
19
22
100

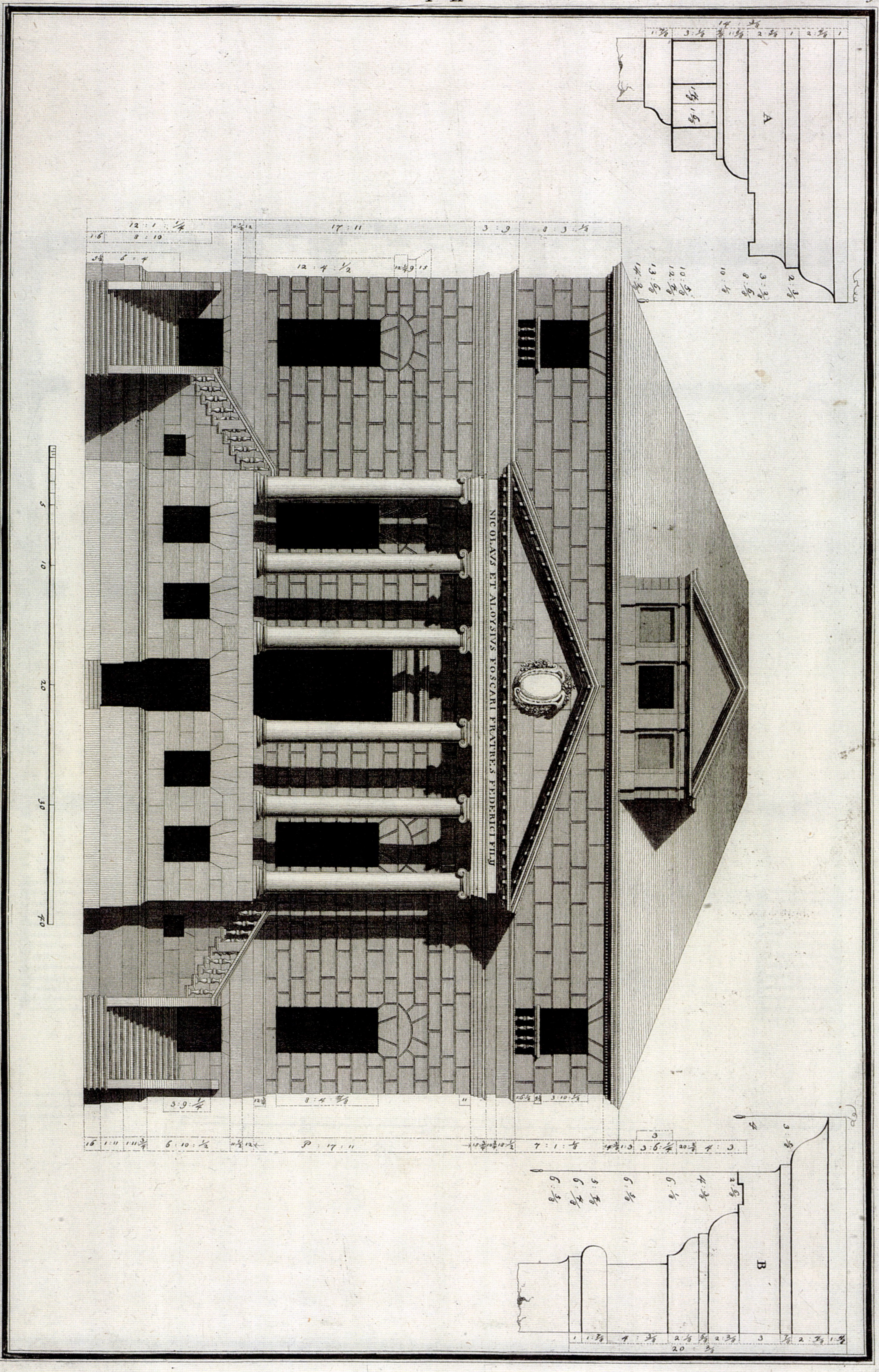

Gaetano Testolini inc.

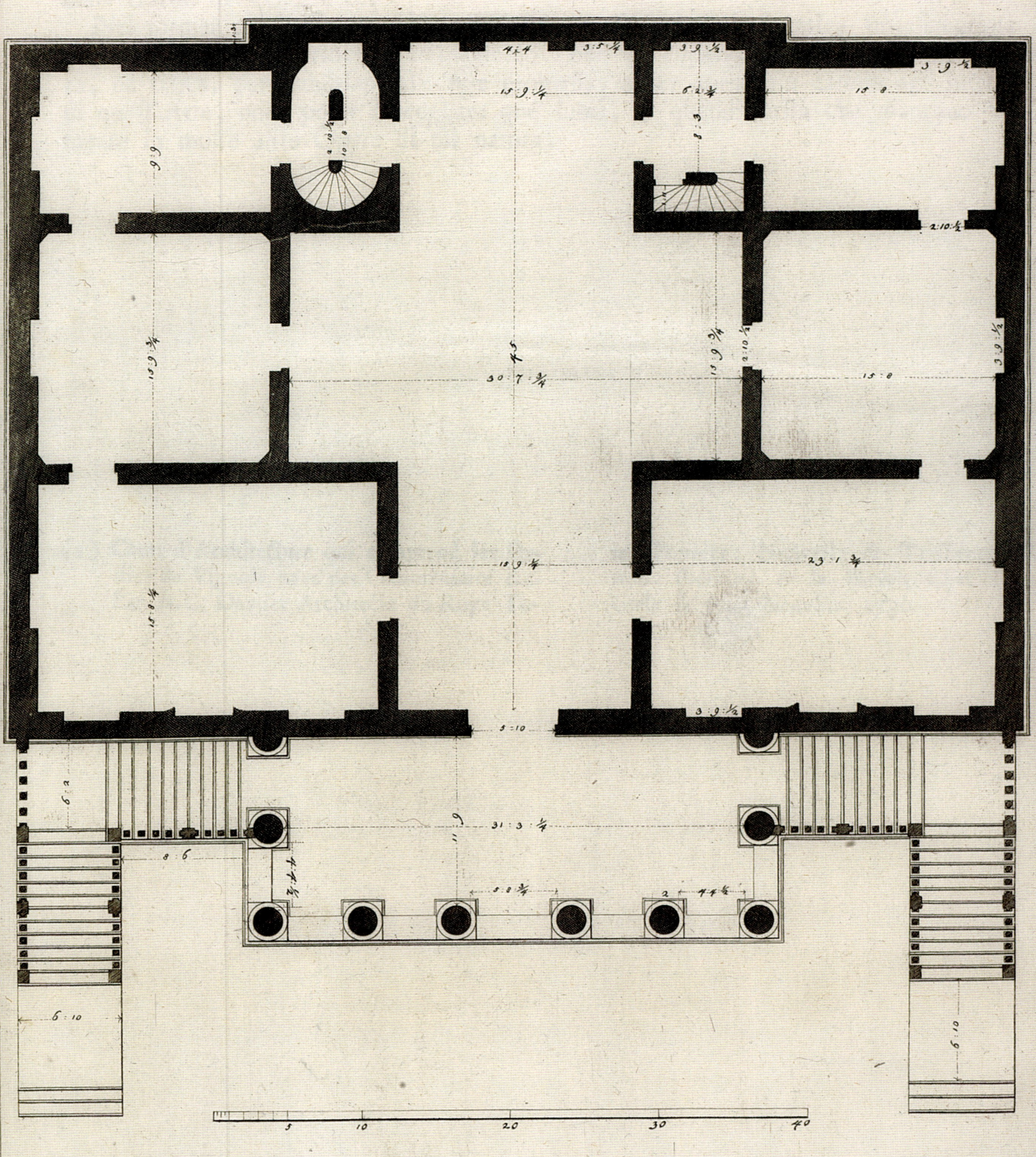

NON MOLTO lungi dalle Gambarare ſopra la Brenta è la ſeguente fabrica delli Magnifici Signori Nicolò, e Luigi de' Foſcari. Queſta fabrica è alzata da terra undici piedi, e ſotto ui ſono cucine, tinelli, e ſimili luoghi, & è fatta in uolto coſi di ſopra, come di ſotto. Le ſtanze maggiori hanno i uolti alti ſecondo il primo modo delle altezze de' uolti. Le quadre hanno i uolti à cupola: ſopra i camerini vi ſono mezati: il uolto della Sala è à Crociera di mezo cerchio: la ſua impoſta è tanto alta dal piano, quanto è larga la Sala: la quale è ſtata ornata di eccellentiſsime pitture da Meſſer Battiſta Venetiano. Meſſer Battiſta Franco grandiſsimo diſegnatore à noſtri tempi hauea ancor eſſo dato principio à dipingere una delle ſtanze grandi, ma ſoprauenuto dalla morte ha laſciata l'opera imperfetta. La loggia è di ordine Ionico: La Cornice gira intorno tutta la caſa, e fa fronteſpicio ſopra la loggia, e nella parte oppoſta. Sotto la Gronda vi è vn'altra Cornice, che camina ſopra i fronteſpicij: Le camere di ſopra ſono come mezati per la loro baſſezza, perche ſono alte ſolo otto piedi.

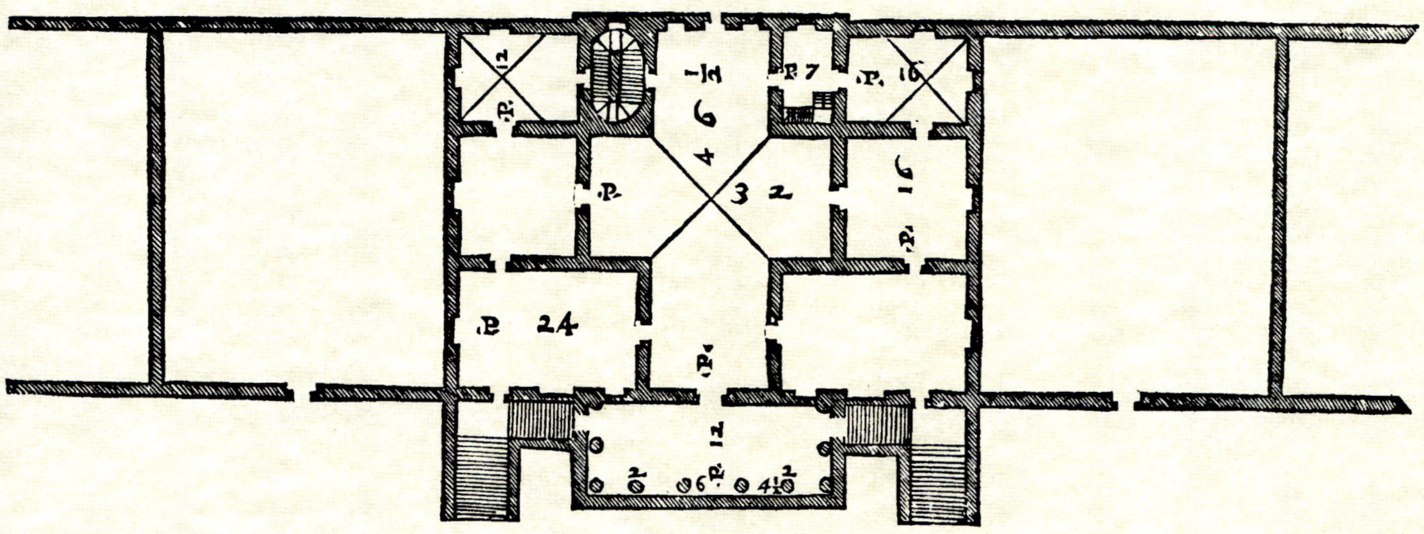

LA SOTTOPOSTA

The south-facing view, characterized by a luminous expanse of windows amongst which the large thermal window stands out.

Ansicht auf die Südfassade, deren lichtgebende Fenstereinteilung kennzeichnend ist, wobei vor allem das grosse Thermenfenster heraussticht.

La façade méridionale est caractérisée par son fenêtrage lumineux où domine la grande verrière centrale.

De voorzijde rond het middaguur, met het kenmerkende heldere vensterwerk waarin het grote diocletiaanse raam opvalt.

> The cruciform hall with frescoes by Giambattista Zelotti.

Der kreuzförmige Empfangssaal mit Fresken von Giambattista Zelotti.

Le grand salon à voûte d'arêtes a été décoré de fresques par Giambattista Zelotti.

De kruisvormige Grote Zaal met fresco's van Giambattista Zelotti.

The double staircase of the main façade leads to the solemn pronaos, reminiscent of the Pantheon of ancient Rome.

Die doppelte Freitreppe der Vorderfassade führt in eine feierliche Vorhalle, die an das Pantheon des antiken Roms erinnert.

L'escalier à double rampe de la façade principale mène au pronaos solennel rappelant le Panthéon de la Rome antique.

De grote trap van twee geledingen aan de hoofdgevel leidt naar het plechtige voorhof, dat doet denken aan het Pantheon uit het antieke Rome.

Villa Foscari "la Malcontenta"

MIRA, VENEZIA

Overlooking the Brenta River, this villa built around 1560 for brothers Nicolò and Alvise Foscari, sits on an elevated base to protect it from flooding.

Die Villa wurde um 1560 für die Brüder Nicolò e Alvise Foscari erbaut. Sie steht auf einem hohen Sockel, der sie vor dem Hochwasser des angrenzenden Flusses Brenta schützt.

Édifiée vers 1560 pour les frères Nicolò et Alvise Foscari, la villa se dresse sur un podium élevé qui la protège des inondations de la Brenta coulant à ses pieds.

Rond 1560 gebouwd voor de twee broers Nicolò e Alvise Foscari. De villa rust op een hoog basement, dat bescherming biedt tegen overstromingen van de naastgelegen rivier de Brenta.

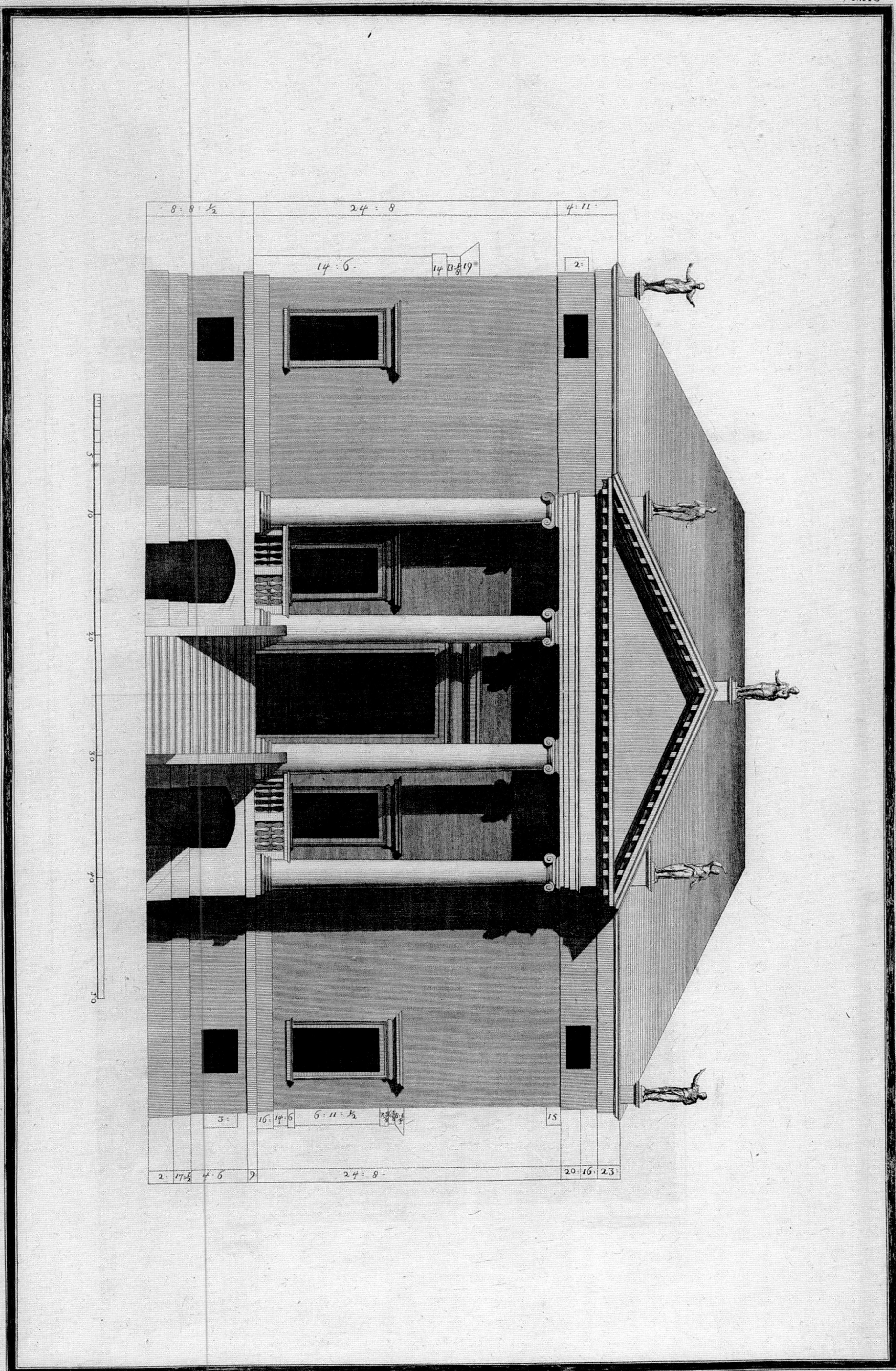

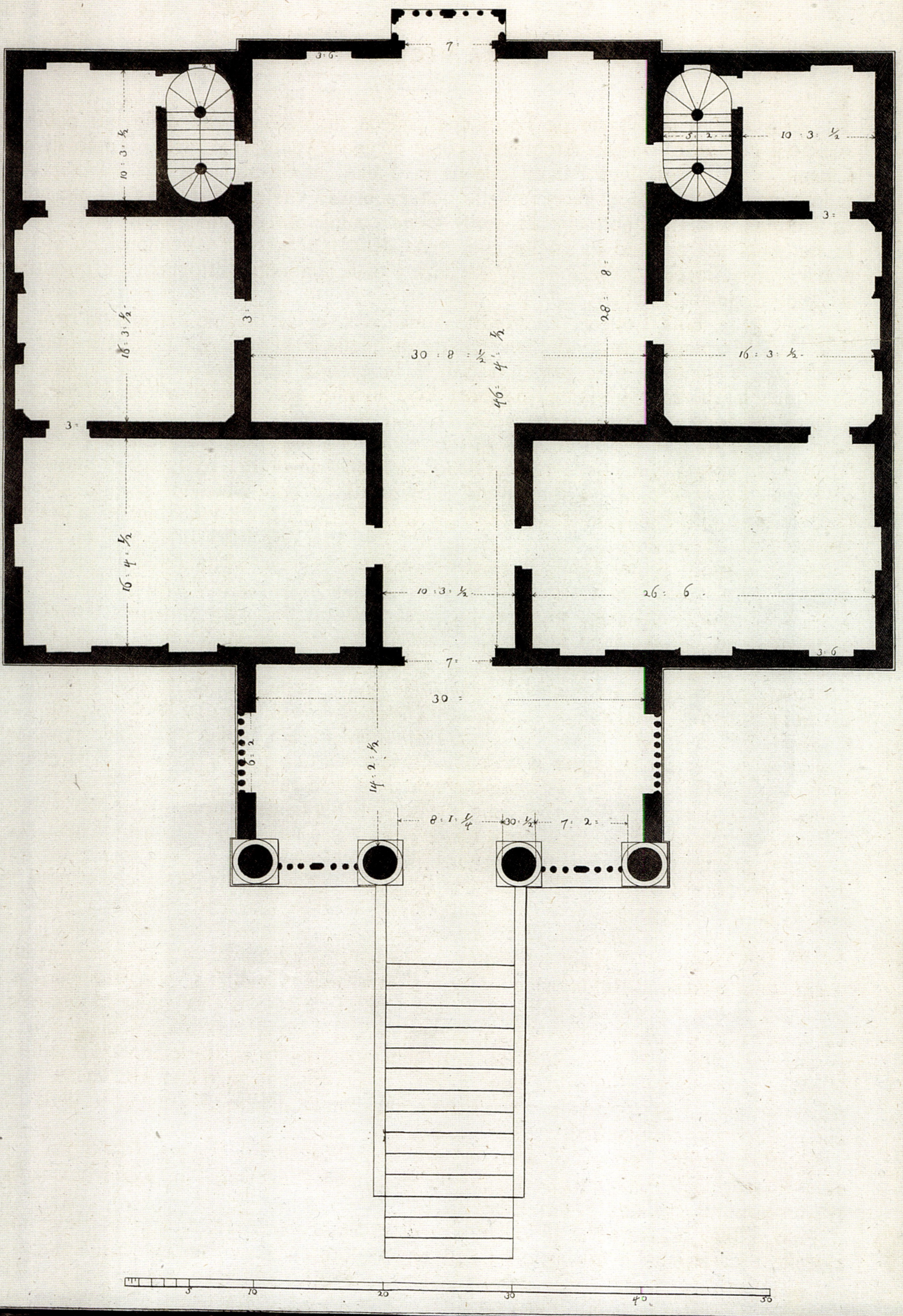
7:
3:6
10 : 3 : ½
3 : 2
10 : 3 : ½
3:
3:
28 : 8
16 : 3 : ½
30 : 8 : ½
46 : 4 : ½
16 : 3 : ½
3:
16 : 4 : ½
10 : 3 : ½
26 : 6
3:6
7:
30 :
6 : 2
14 : 2 : ½
8 : 1 : ¼
30 : ½
7 : 2 :
5
10
20
30
40
50

Vichi scol.

Villa Chiericati

VANCIMUGLIO, VICENZA

This villa represents an important step in the evolution of Palladio's artistic language because for the first time he adds to the main body of the building a proper *pronaos* in the manner of an ancient temple. This model will repeatedly resurface in Palladio's work, for example in "La Rotonda" and "La Malcontenta".

Diese Villa ist ein bedeutender Schritt in der Entwicklung der palladianischen Formensprache. Hier wird zum ersten Mal ein Pronaos eines antiken Tempels an den Baukörper angebaut. Ein Modell das Palladio mehrere Male verwendet, zum Beispiel bei der "Rotonda" und der "Unzufriedenen".

Cette villa représente un tournant important dans l'évolution du langage artistique de Palladio, parce qu'il ajoute pour la première fois au corps de l'édifice un véritable pronaos de temple antique. Palladio reprendra plusieurs fois ce schéma, par exemple dans la « Malcontenta » et la « Rotonda ».

Deze villa symboliseert een belangrijke wending in de ontwikkeling van Palladio's artistieke expressie, omdat hij voor het eerst een heuse voorhof van een antieke tempel toevoegt aan het hoofdgebouw. Dit zal Palladio vaker doen, bijvoorbeeld bij "La Rotonda" en "La Malcontenta".

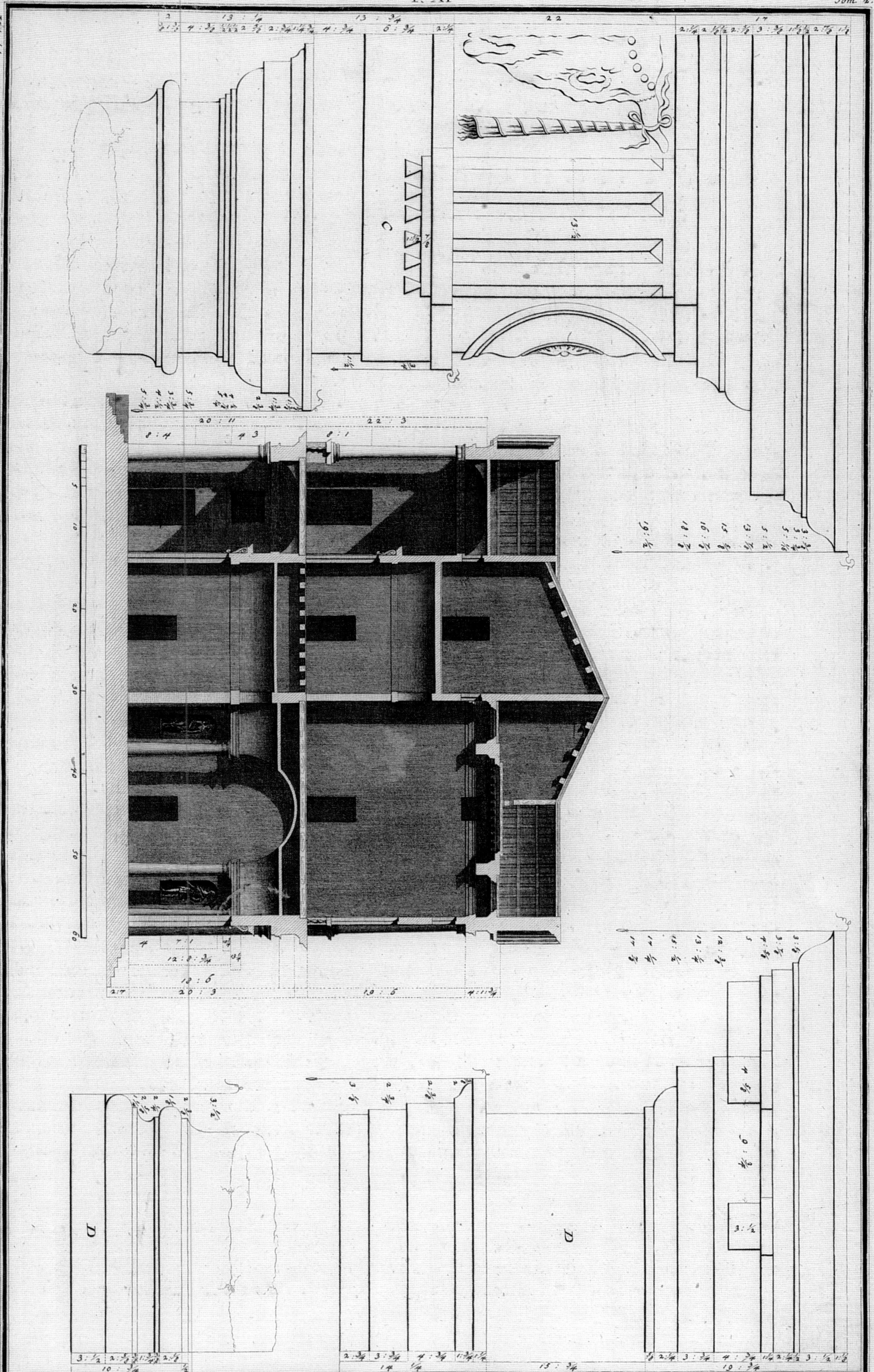
C
D
D

Volpi del.

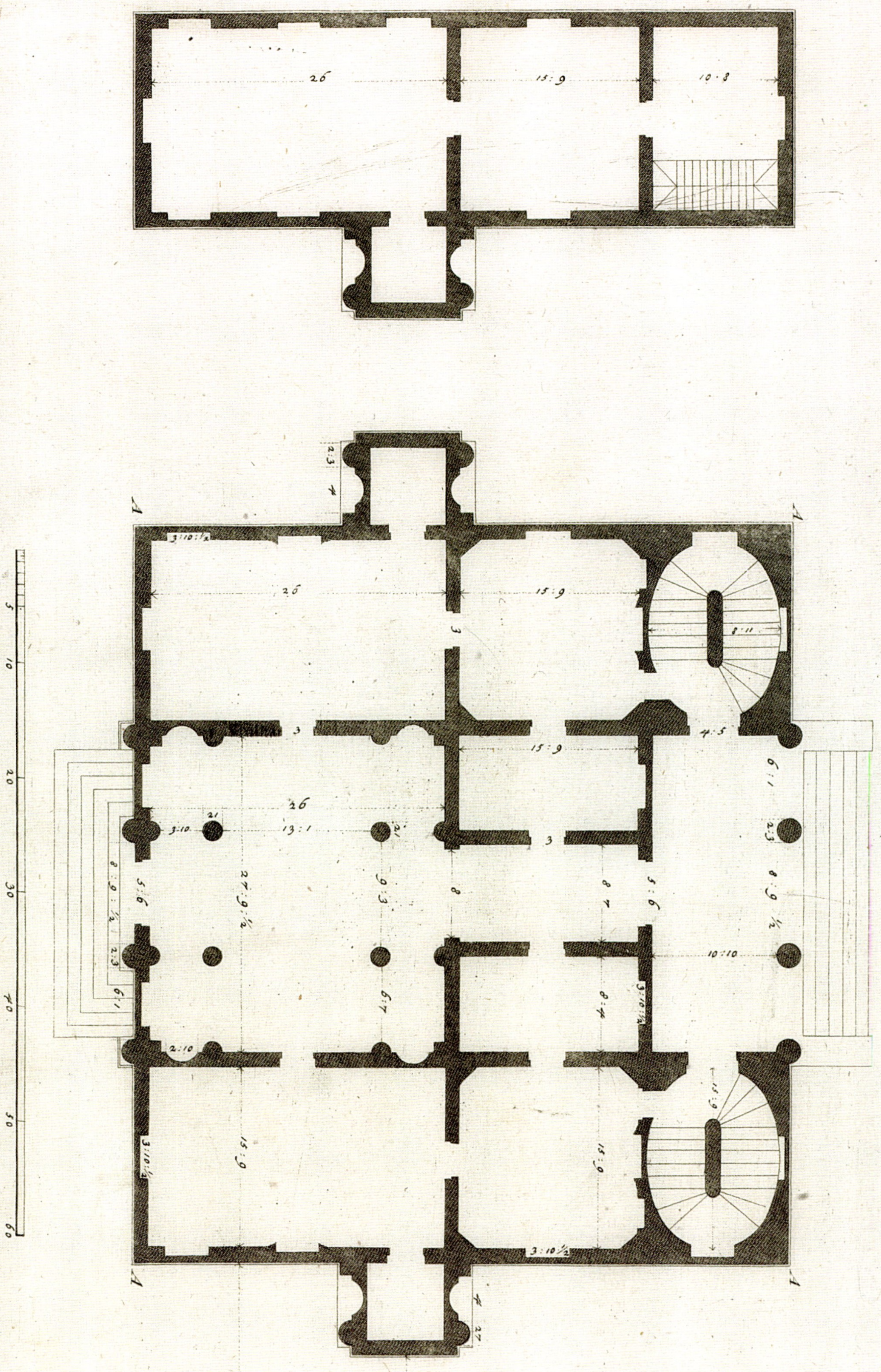

Testolin scul.

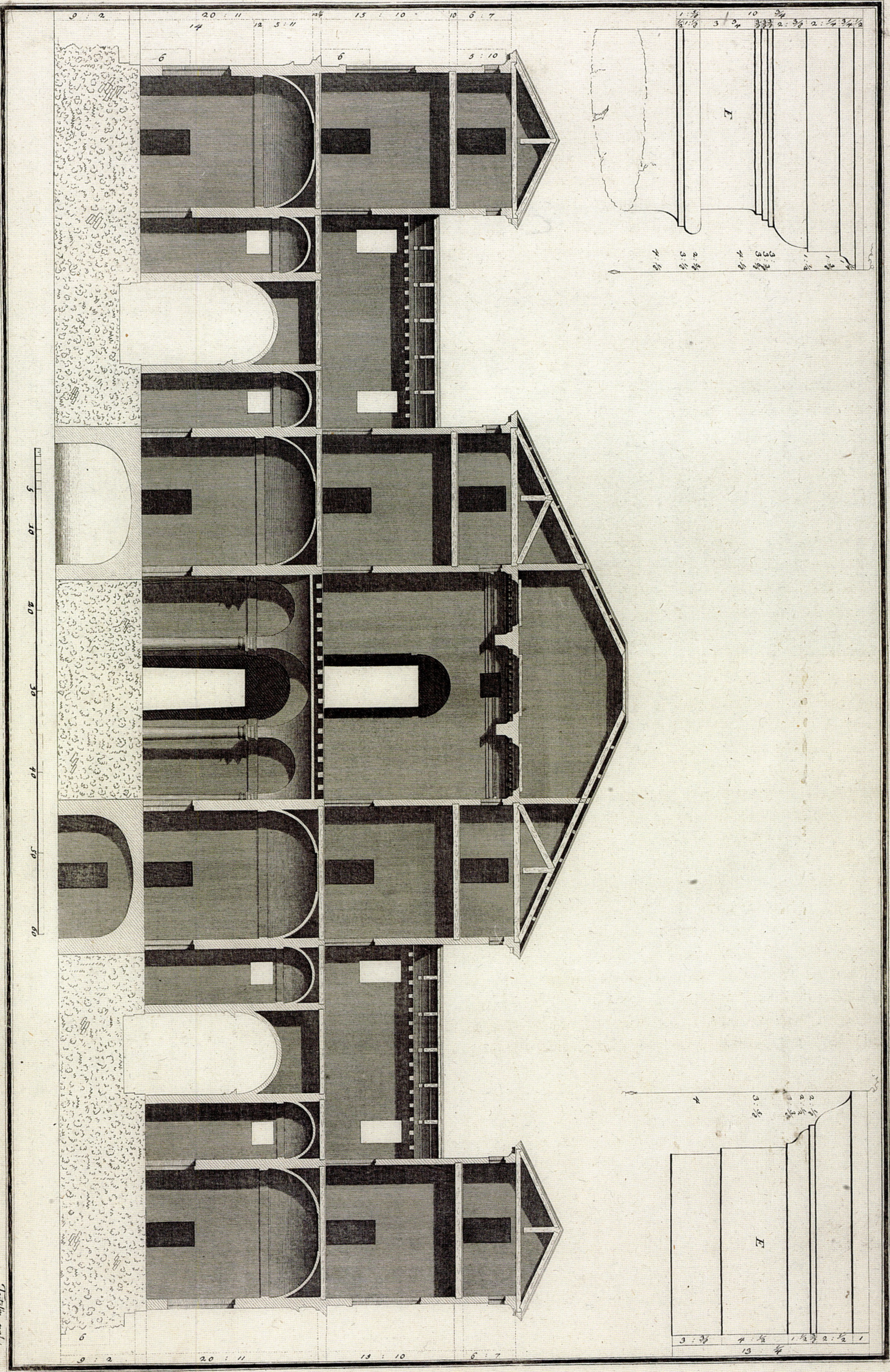

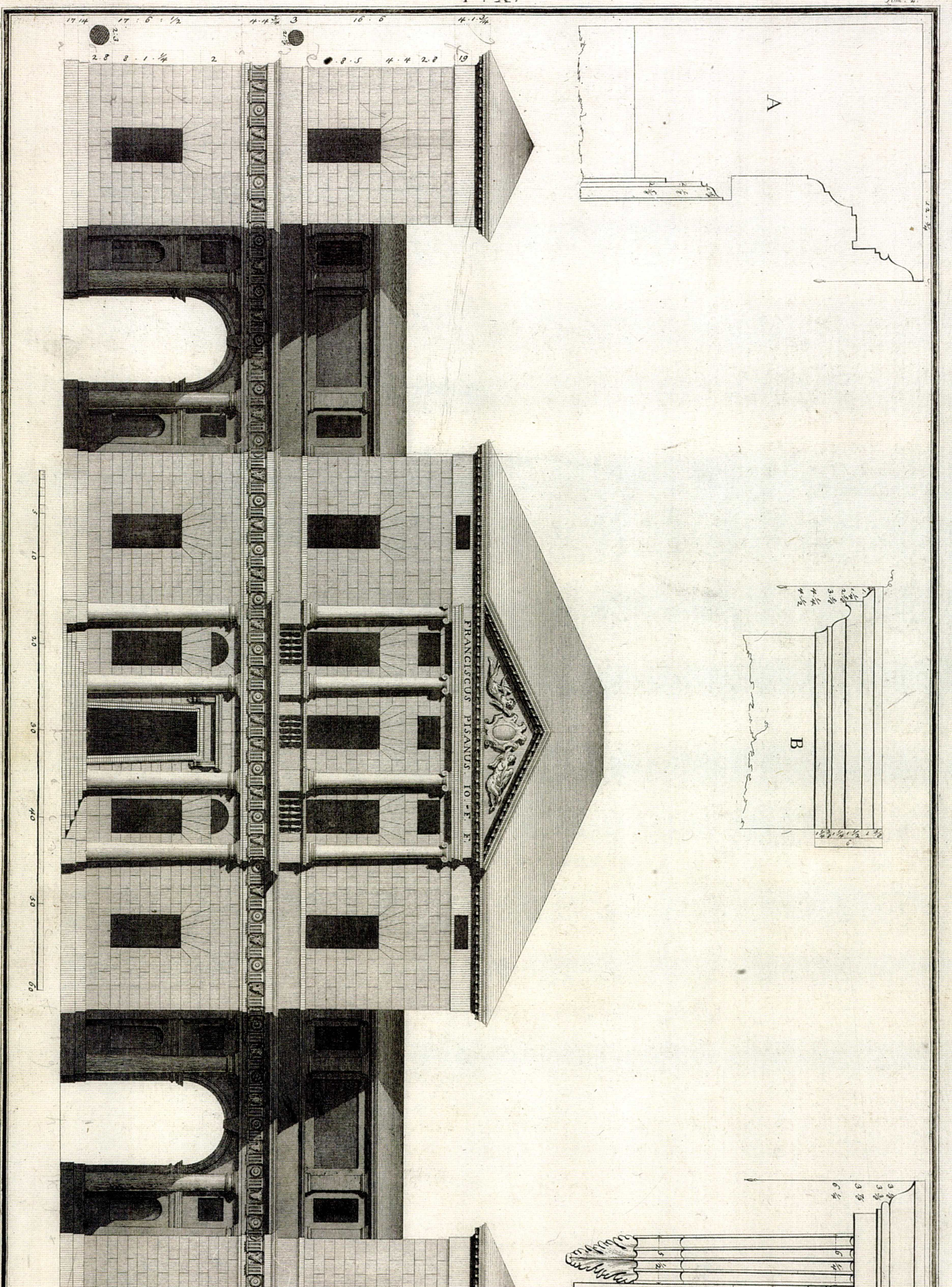
FRANCISCUS PISANUS IO·F·F.
A
B
A

LA SEGVENTE fabrica è appreſſo la porta di Montagnana Caſtello del Padoano, e fu edificata dal Magnifico Signor Franceſco Piſani: ilquale paſſato à miglior uita non la ha potuta finire. Le ſtanze maggiori ſono lunghe un quadro e tre quarti: i uolti ſono à ſchiffo, alti ſecondo il ſecondo modo delle altezze de' uolti: le mediocri ſono quadre, & inuoltate à cadino: I camerini, e l'andito ſono di uguale larghezza: i uolti loro ſono alti due quadri: La entrata ha quattro colonne, il quinto più ſottili di quelle di fuori: lequali ſoſtentano il pauimento della Sala, e fanno l'altezza del uolto bella, e ſecura. Ne i quattro nicchi, che ui ſi ueggono ſono ſtati ſcolpiti i quattro tempi dell'anno da Meſſer Aleſſandro Vittoria Scultore eccellente: il primo ordine delle colonne è Dorico, il ſecondo Ionico. Le ſtanze di ſopra ſono in ſolaro: L'altezza della Sala giugne fin ſotto il tetto. Ha queſta fabrica due ſtrade da i fianchi, doue ſono due porte, ſopra le quali ui ſono anditi, che conducono in cucina, e luoghi per ſeruitori.

LA FABRICA

For the first time, a double order of semi-columns completed with a tympanum appears in a Palladian villa.

Zum ersten Mal tritt bei dieser Villa das palladianische Stilelement von übereinander angeordneter Säulenreihen, die mit einem Tympanon bekrönt sind, auf.

C'est ici qu'apparaît, pour la première fois, un ensemble de colonnes engagées superposées, surmonté par un tympan, trait caractéristique des villas palladiennes.

Voor het eerst krijgt een palladiaanse villa een dubbele rij halfzuilen met een timpaan erbovenop.

Villa Pisani

MONTAGNANA, PADOVA

Palladio created this villa for his friend Francesco Pisani beginning in 1553. The most important space in the house is an area that is half-atrium and half-salon, ornamented with statues by Alessandro Vittoria.

1553 begann Palladio mit dem Bau dieser Villa für seinen Freund Francesco Pisani. Der zentrale Raum des Hauses ist eine Mischform von Vorhalle und Empfangssaal, der mit Statuen Alessandro Vittorias geschmückt ist.

Palladio réalisa cette villa à partir de 1553 pour son ami Francesco Pisani. L'espace le plus important de la résidence est une salle moitié atrium moitié salon, ornée de statues d'Alessandro Vittoria.

Palladio ontwierp deze villa vanaf 1553 voor zijn vriend Francesco Pisani. De belangrijkste ruimte in het huis is een vertrek dat half atrium, half grote zaal is, en versierd is met beelden van Alessandro Vittoria.

Vichi sc.

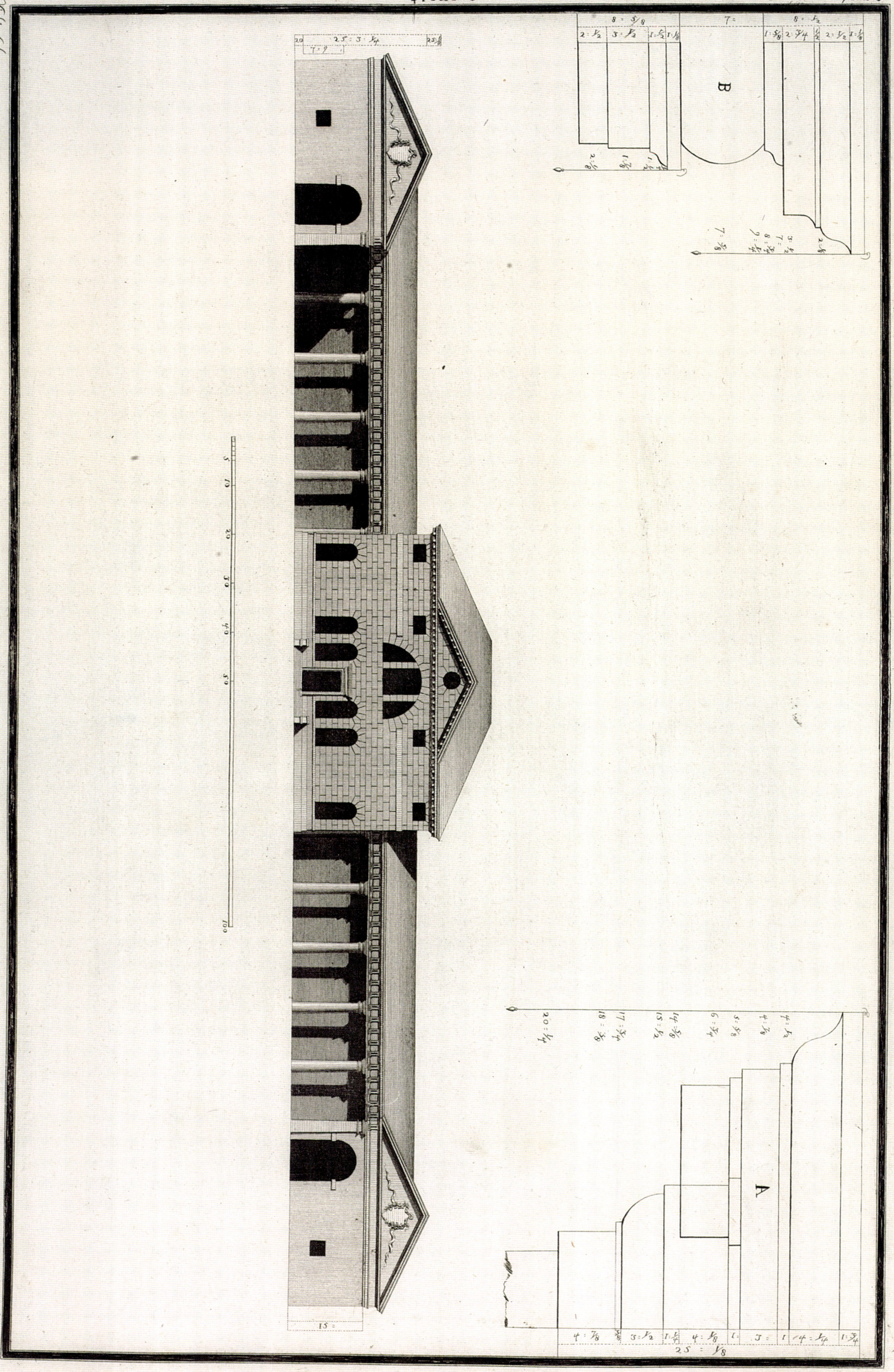
A
B

Vichj scol.

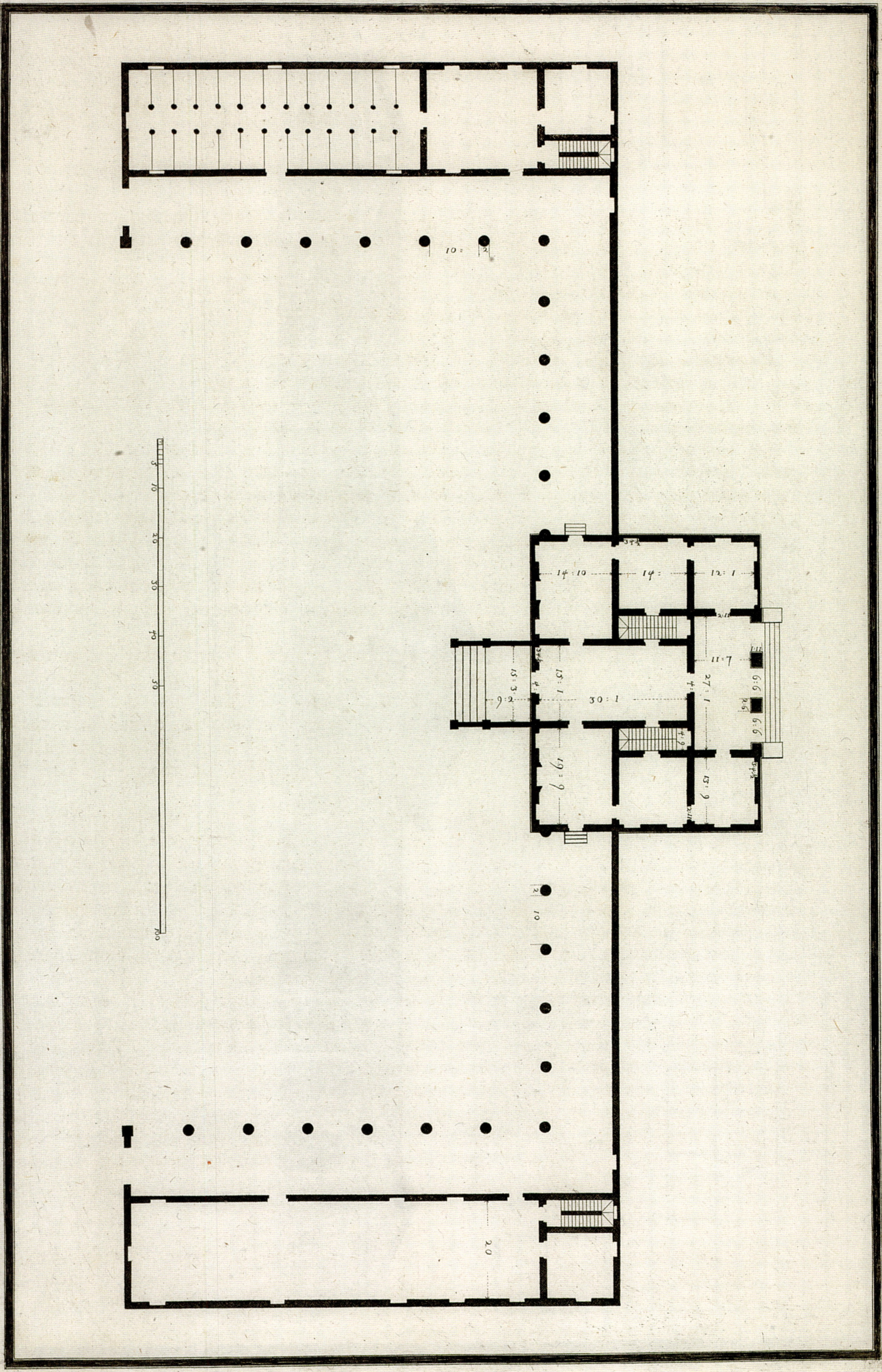

Vasi sculp.

IL MAGNIFICO Signor Marco Zeno ha fabricato ſecondo la inuentione,che ſegue in Ceſalto luogo propinquo alla Motta, Caſtello del Triuigiano. Sopra vn baſamento, il quale circonda tutta la fabrica, è il pauimento delle ſtanze: lequali tutte ſono fatte in uolto: l'altezza de i uolti delle maggiori è ſecondo il modo ſecondo delle altezze de' volti. Le quadre hanno le lunette ne gli angoli,al diritto delle fineſtre: i camerini appreſſo la loggia,hanno i uolti à faſcia,e coſi ancho la ſala: il volto della loggia è alto quanto quello della ſala,e ſuperano tutti due l'altezza delle ſtanze. Ha queſta fabrica Giardini,Cortile,Colombara,e tutto quello,che fa biſogno all'uſo di Villa.

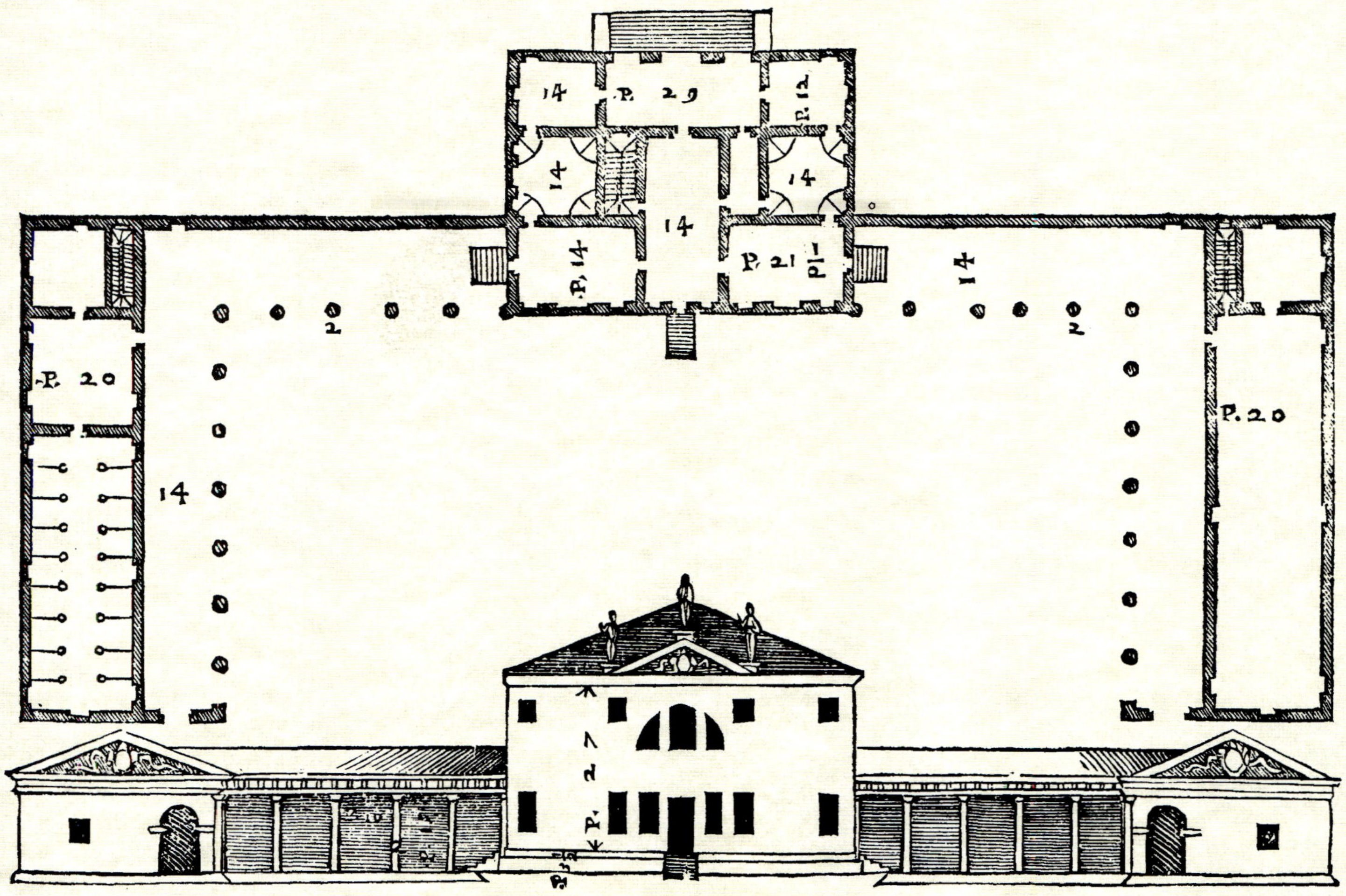

Villa Zeno
CESSALTO, TREVISO

Compared to Palladio's design (1554) the villa has been heavily altered over the centuries. In particular, the original thermal window is no longer visible.

Palladios Entwurf dieser Villa (1554), wurde im Laufe der Zeit gründlich abgeändert. Vor allem das ursprüngliche Thermenfenster ist verschwunden.

Par rapport à la conception palladienne (1554), la villa a été lourdement remaniée au fil des siècles. La fenêtre thermale originale de la façade, en particulier, a disparu.

Aan het palladiaanse ontwerp (1554) te zien, is de villa in de loop van de tijd grondig verbouwd. Met name het originele diocletiaanse raam ontbreekt.

Vichy dele. scol.

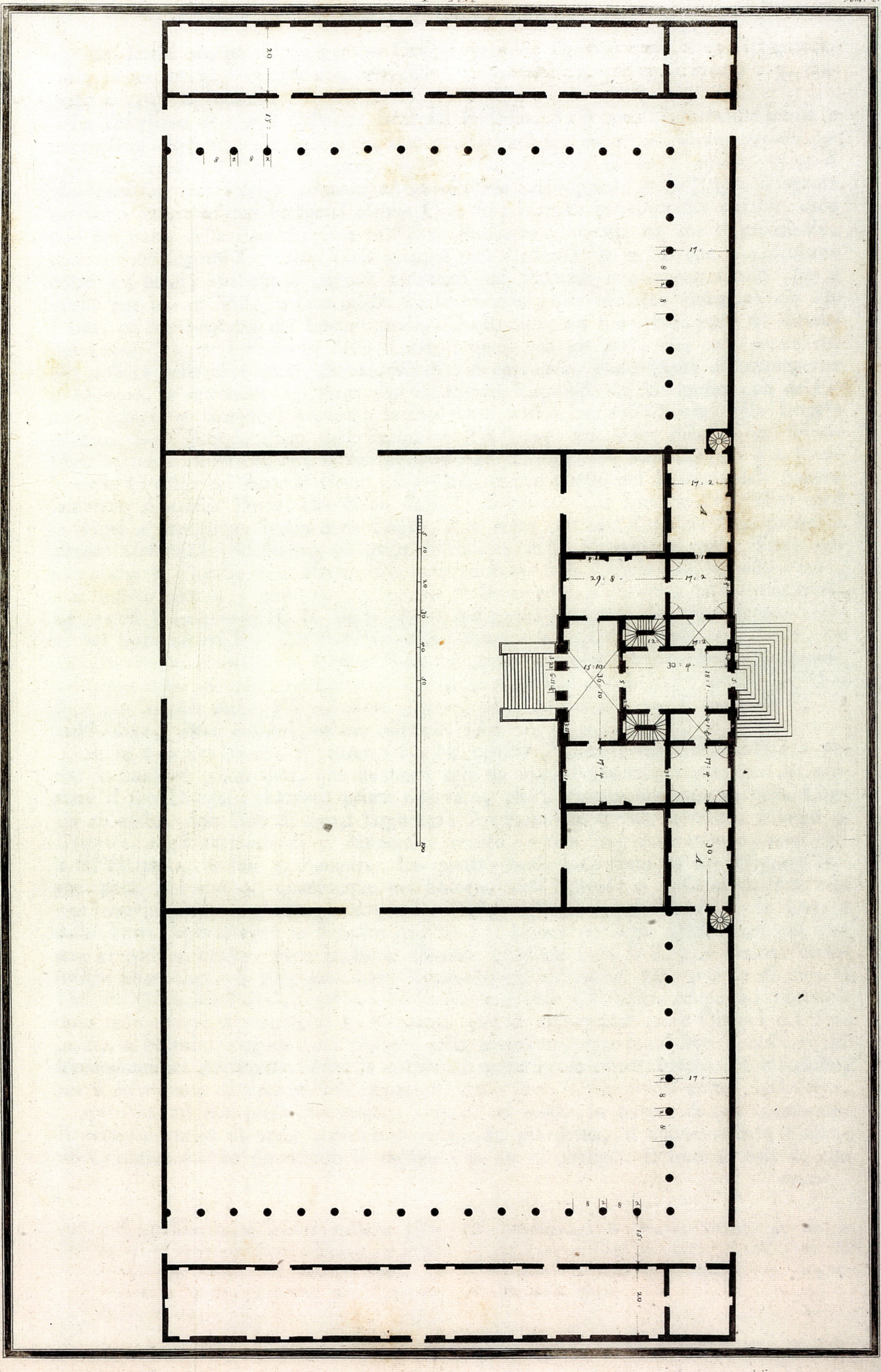

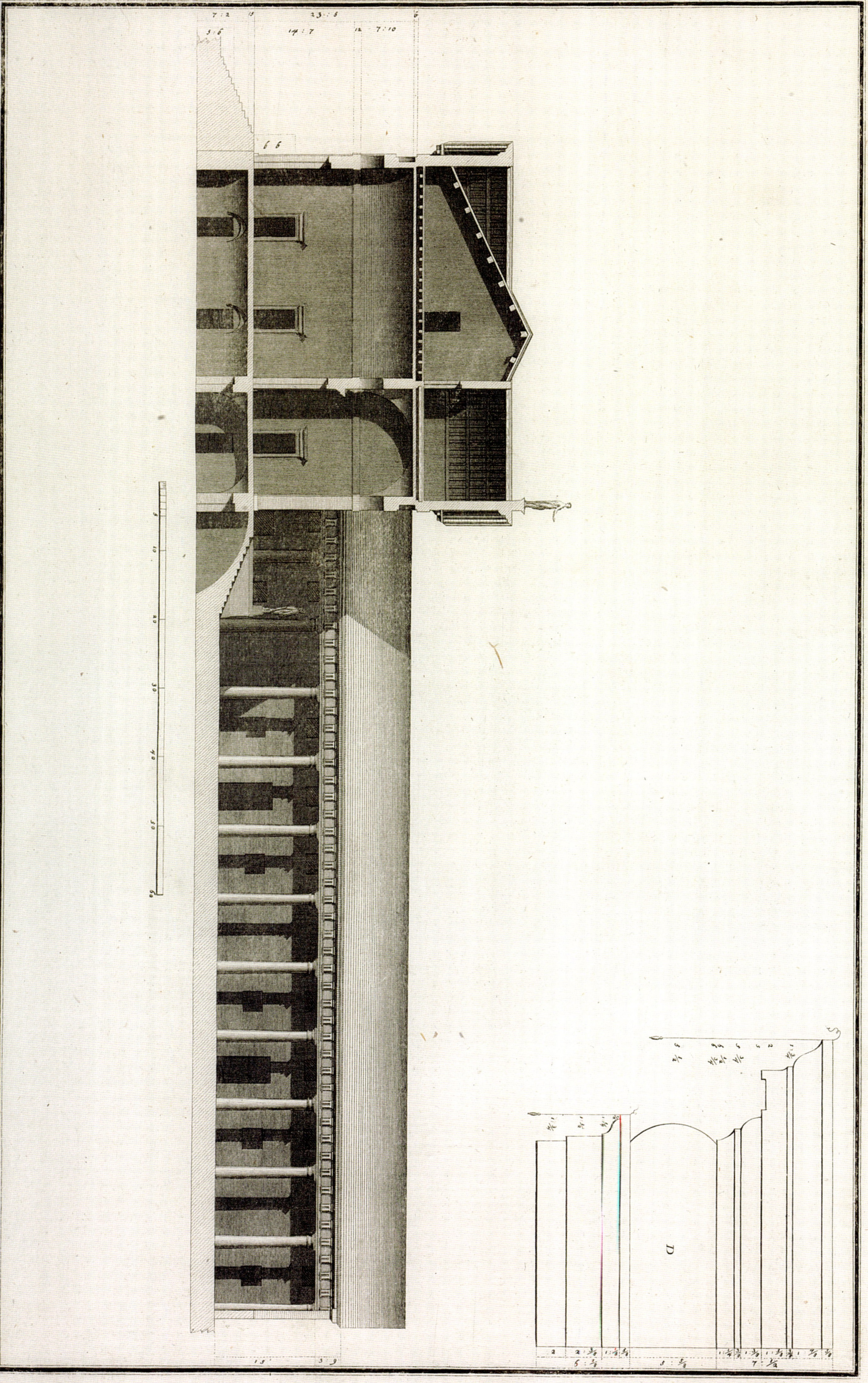

Vichy del.

Sestolini scul

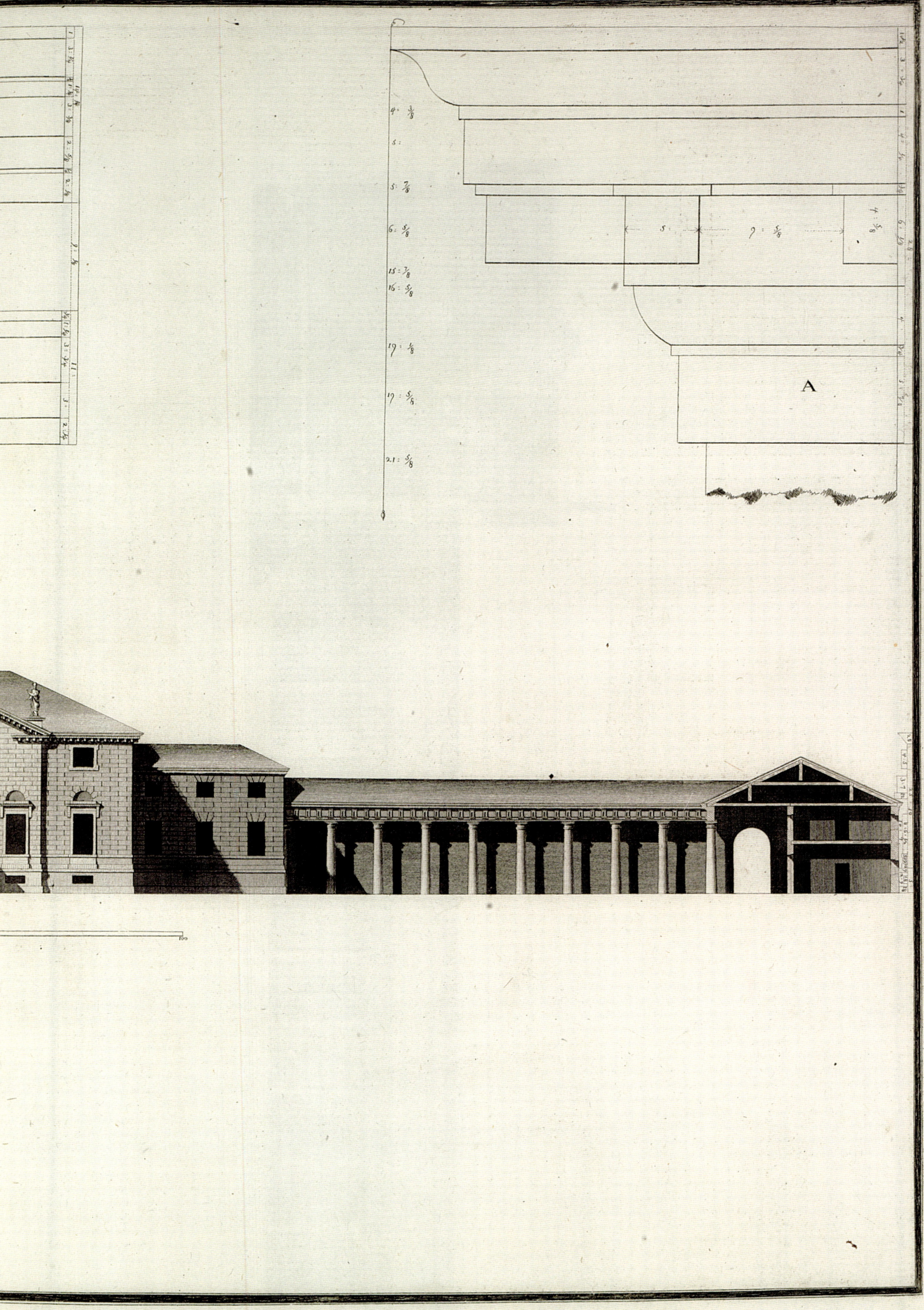
A

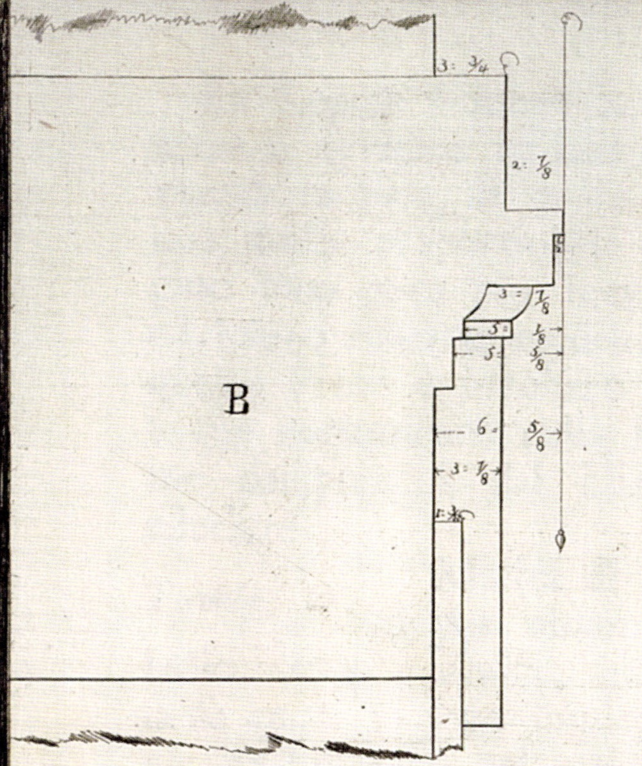

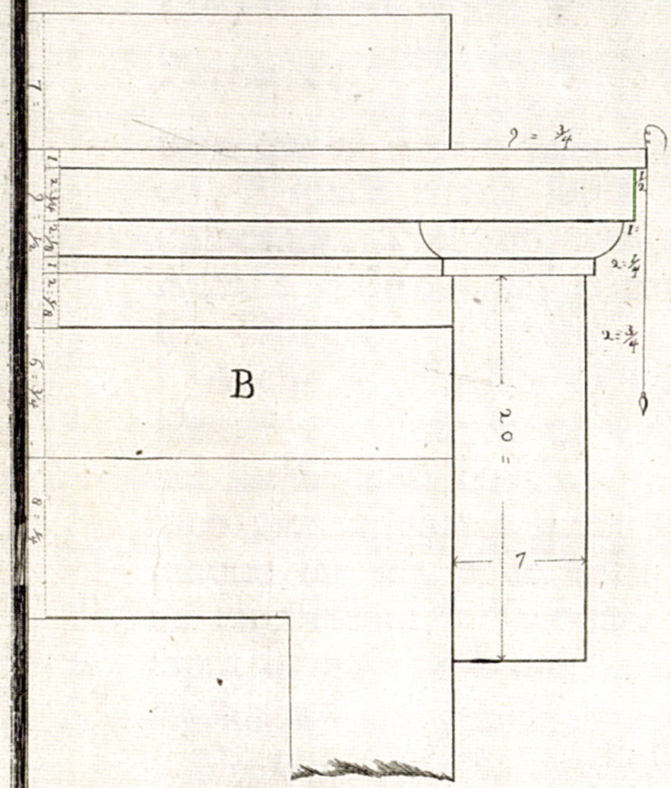

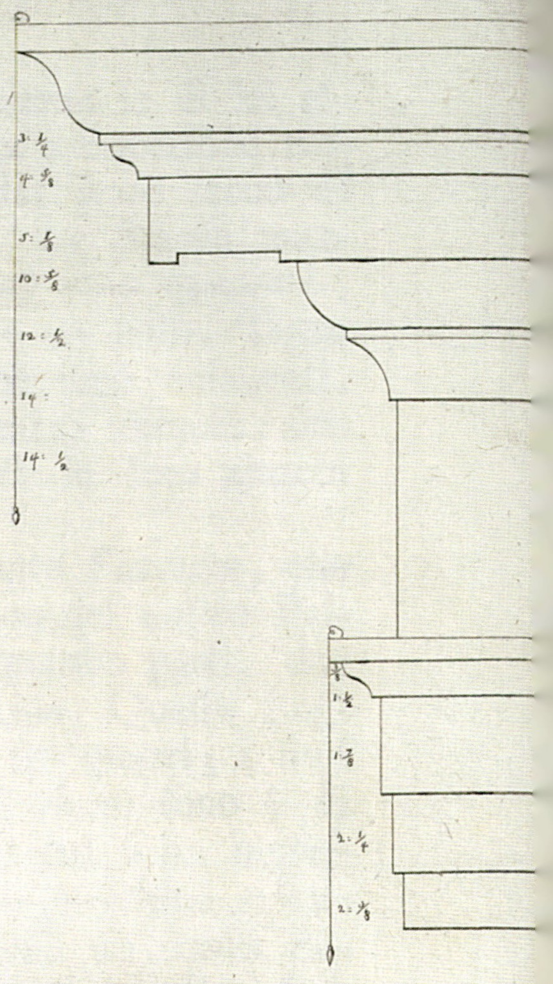

Vicy Del: scol:

Extremely loyal to the Venetian Republic, the Pojana family supplied soldiers during wartime and then returned to normal agricultural activities. This martial character is quite evident in the interior decorations, particularly in the Emperors' Salon.

Die Familie Pojana war der Republik Venedig treu und lieferte in Kriegszeiten Soldaten, um danach wieder zu ihrer normalen Tätigkeiten in der Landwirtschaft zurückzukehren. Der soldatische Charakter wird in den Innendekorationen sehr anschaulich, vor allem im Kaisersaal.

Très fidèles à la République de Venise, les Pojana fournissaient des soldats en temps de guerre, pour retourner ensuite aux activités agricoles normales. Ce caractère militaire est bien marqué dans la décoration intérieure, en particulier dans la « salle des Empereurs ».

Als aanhangers van de Republiek van Venetië traden de Pojana's tijdens perioden van oorlog in dienst, om vervolgens hun normale landbouwactiviteiten weer op te pakken. Hun militaire karakter komt goed tot uiting in de decoraties binnen, met name die in de Sala degli Imperatori.

IN POGLIANA Villa del Vicentino è la ſottopoſta fabrica del Caualier Pogliana: le ſue ſtanze ſono ſtate ornate di pitture, e ſtucchi belliſsimi da Meſſer Bernardino India, & Meſſer Anſelmo Canera pittori Veroneſi, e da Meſſer Bartolomeo Rodolfi Scultore Veroneſe: le ſtanze grandi ſono lunghe vn quadro, e due terzi, e ſono in uolto: le quadre hanno le lunette ne gli angoli: ſopra i camerini ui ſono mezati: la altezza della Sala è la metà più della larghezza, e uiene ad eſſere al pari dell'altezza della loggia: la ſala è inuoltata à faſcia, e la loggia à crociera: ſopra tutti queſti luoghi è il Granaro, e ſotto le Cantine, e la cucina: percioche il piano delle ſtanze ſi alza cinque piedi da terra: Da vn lato ha il cortile, & altri luoghi per le coſe di Villa, dall'altro vn giardino, che corriſponde a detto Cortile, e nella parte di dietro il Bruolo, & una Peſchiera, di modo che queſto gentil'huomo, come quello che è magnifico, e di nobiliſsimo animo, non ha mancato di fare tutti quegli ornamenti, & tutte quelle commodità che ſono poſsibili per rendere queſto ſuo luogo bello, diletteuole, & commodo.

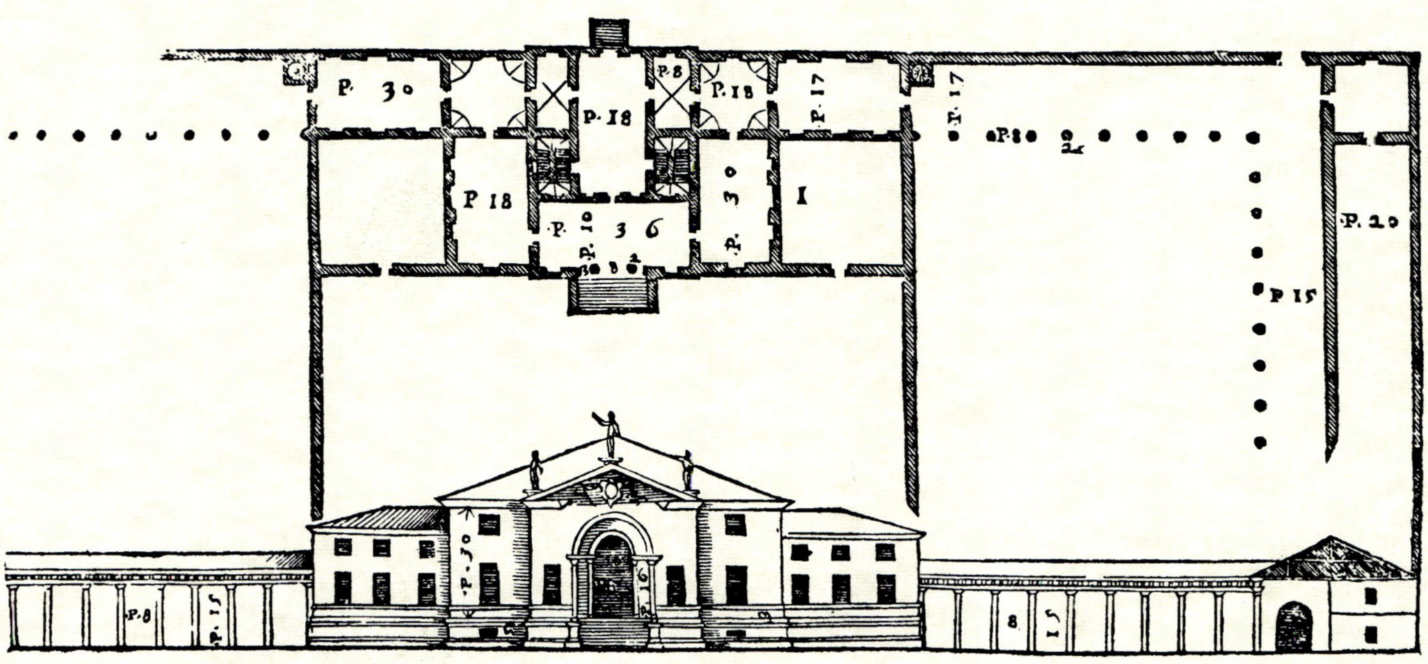

Villa Pojana

POJANA MAGGIORE, VICENZA

The double Serlian arch with five round oculi, inspired by Donato Bramante's nymphaeum in Genazzano, is the distinguishing feature of this villa, designed by Palladio for Bonifacio Pojana between 1548 and 1549.

Die Serliana mit Doppelgesims und fünf runden Ochsenaugen, sind dem Nymphäum in Genazzano von Donato Bramante nachempfunden. Sie ist das kennzeichnende Merkmal der Villa. In den Jahren 1548-1549 schuf Palladio diesen Entwurf für Boniface Pojana.

La serlienne à double ouverture et quintuple oculus, inspirée du nymphée de Bramante, est l'élément qui caractérise cette villa, conçue par Palladio pour Bonifacio Pojana entre 1548 et 1549.

De serliana met twee archivolten en vijf ronde vensters, geïnspireerd op het nymfaeum in Genazzano van Donato Bramante, is het kenmerkende element van de villa. Door Palladio ontworpen voor Bonifacio Pojana tussen 1548 en 1549.

Vichy del. sc.

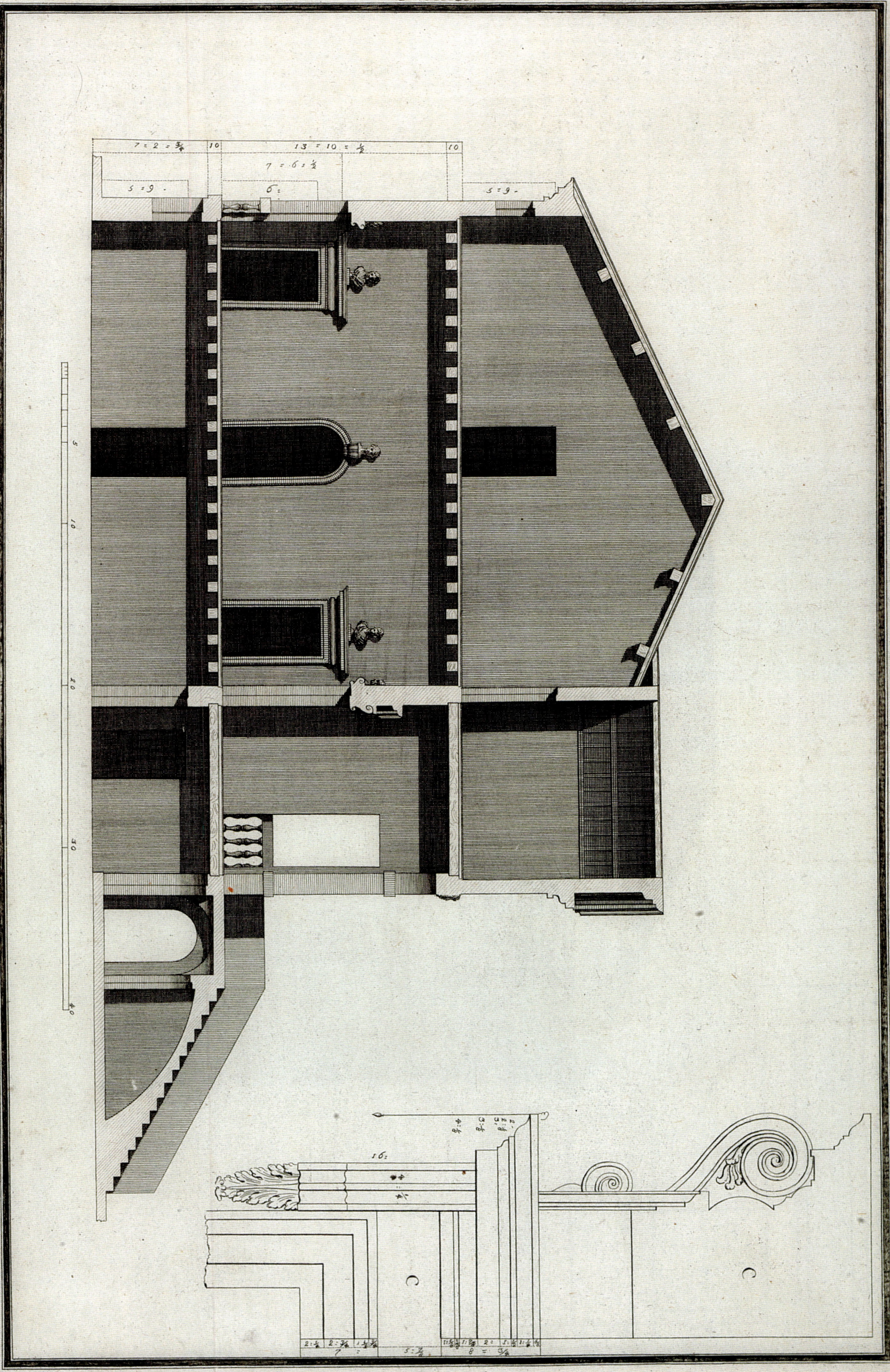

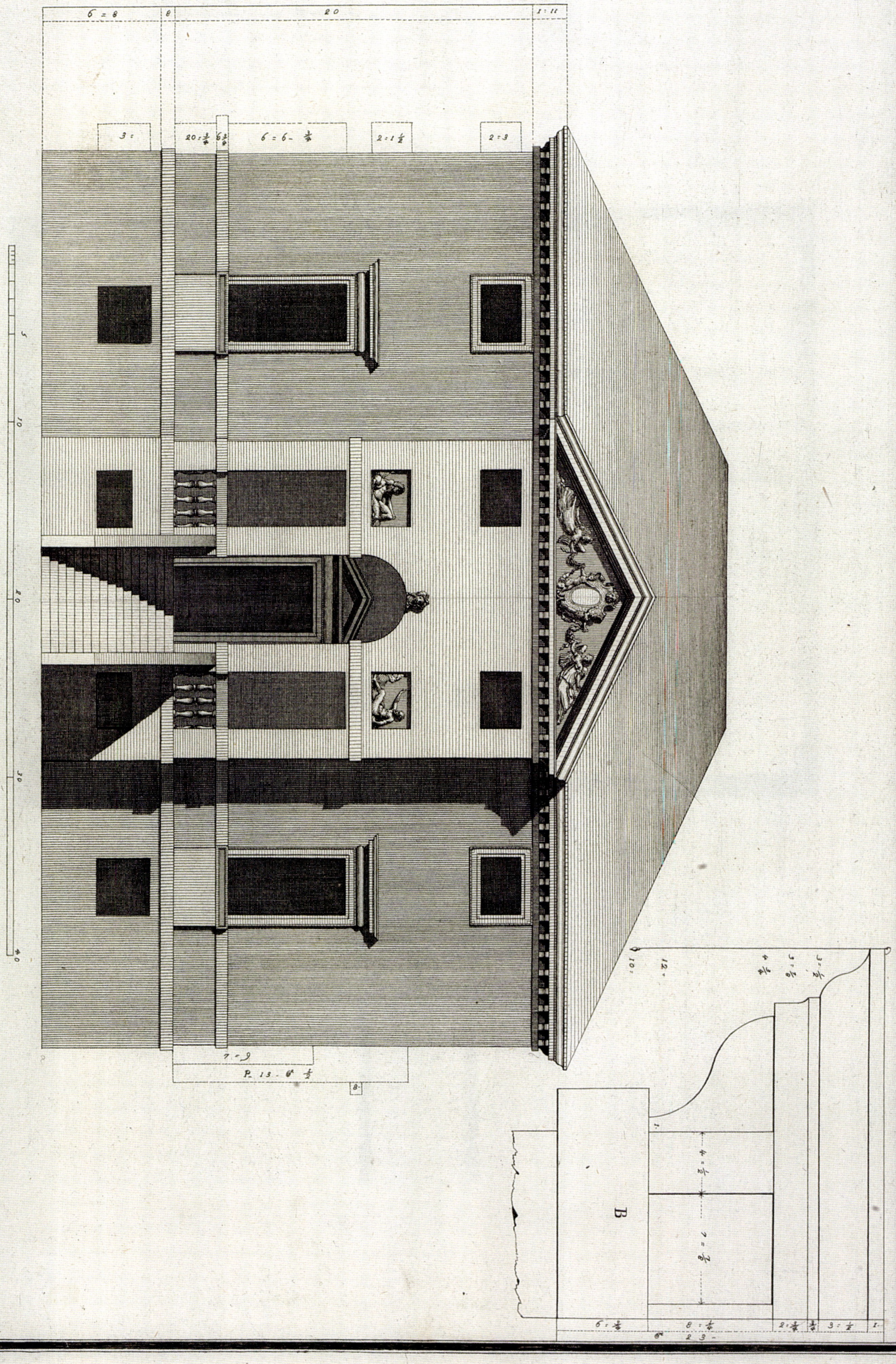
B

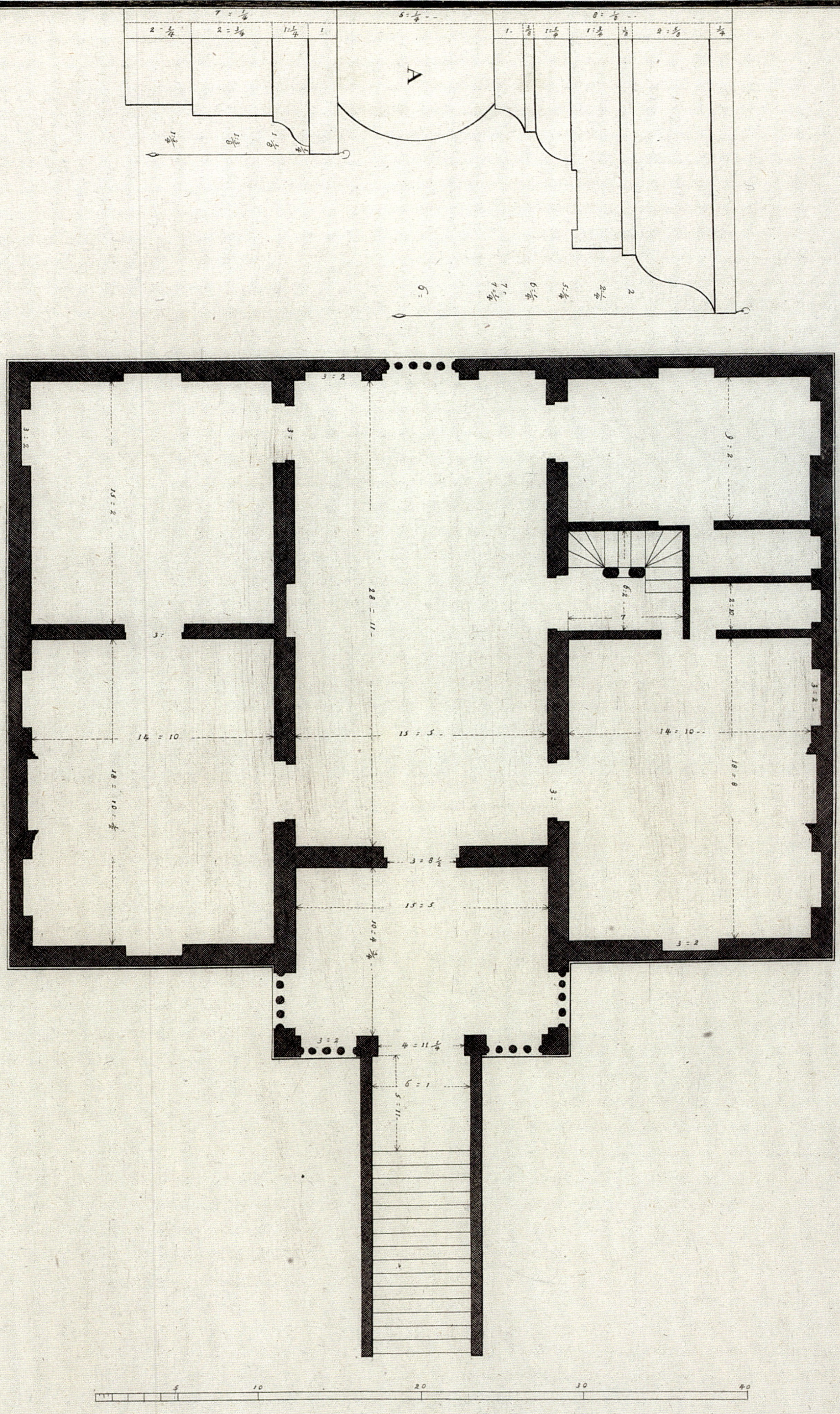

Vichi del. sc.

Villa Forni Cerato

MONTECCHIO PRECALCINO, VICENZA

For this building, as for Villa Saraceno, despite having limited economic resources, Palladio creates an elegant architectural experience focusing on the essential Serlian elements.

Wie auch schon bei der Villa Saraceno, setzte Palladio die spärlichen Mittel gezielt ein, um eine elegante architektonische Form zu erschaffen, bei der die ganze Aufmerksamkeit auf die Venezianischen Fenster (Serliana) gelenkt wird.

Comme pour la villa Saraceno, en dépit de ressources économiques limitées, Palladio a créé une architecture élégante, centrée sur la serlienne axiale.

Ook al beschikte hij over weinig financiële middelen, Palladio creëerde ook met dit gebouw, net als bij Villa Saraceno, weer een elegant staaltje architectuur, met de onvermijdelijke serliana als centrale deel.

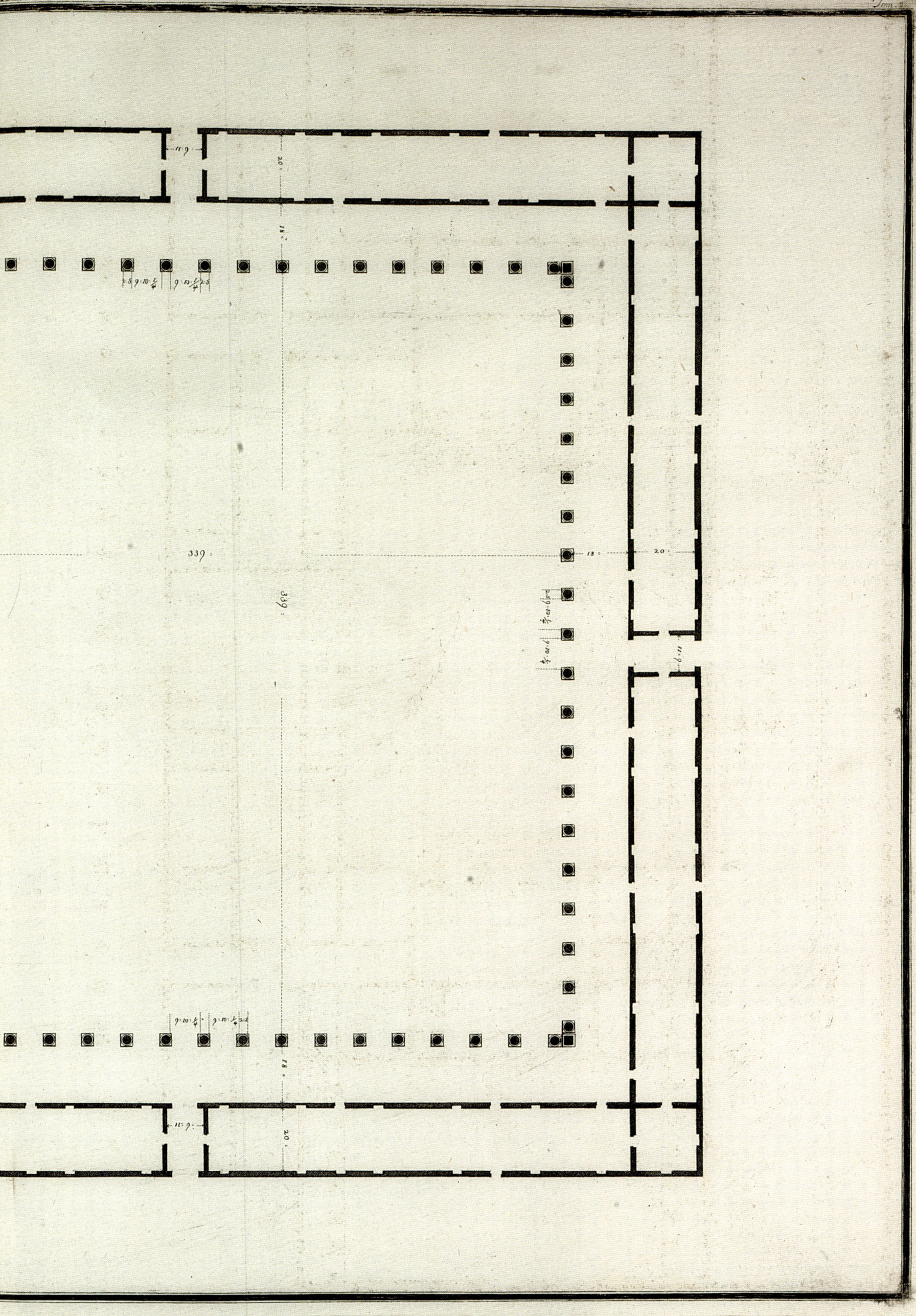
11.9
20
18
339
339
13
20
8.11
18
11.9
20

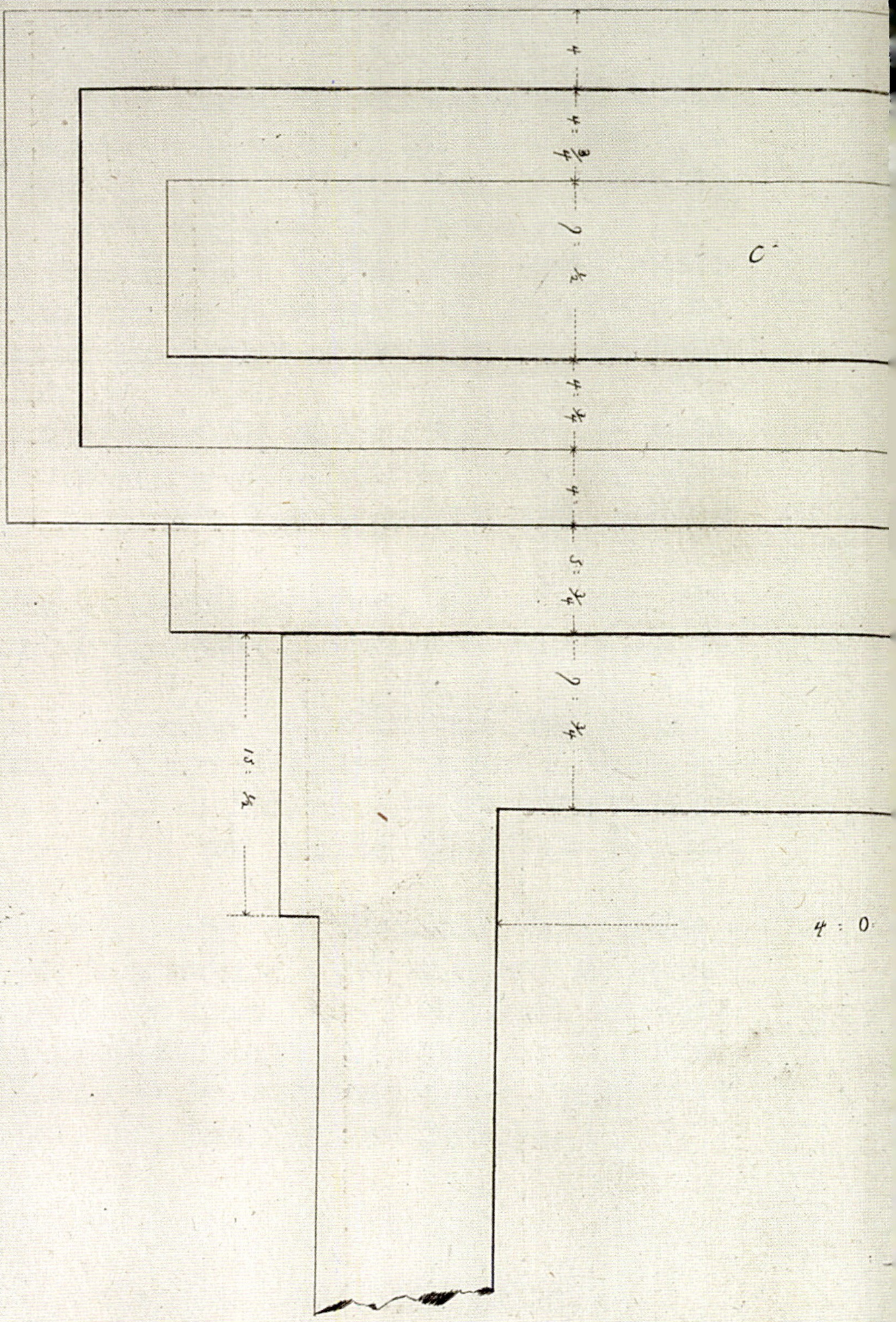

Vichj del. e scol.

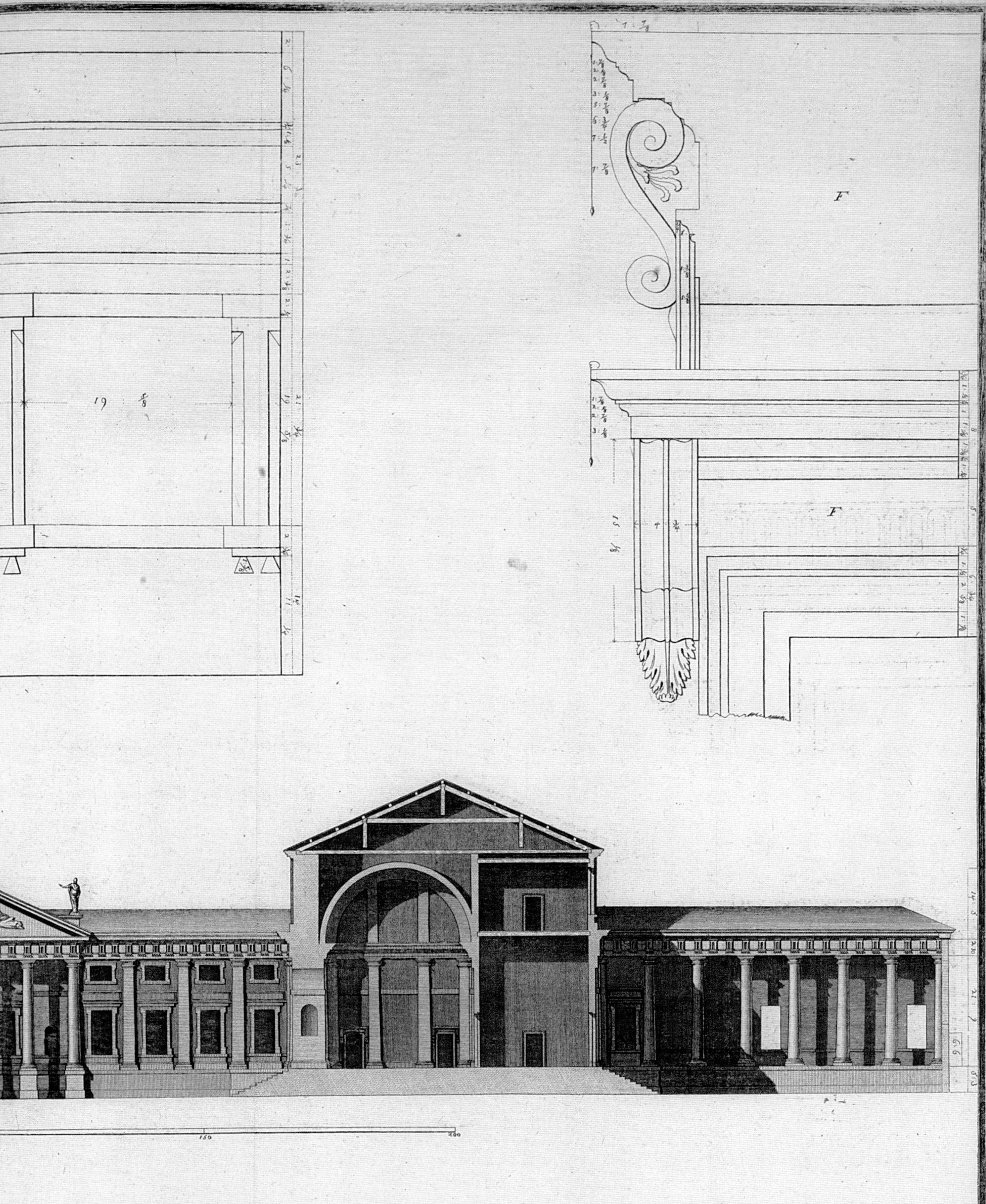
F
F
150
200

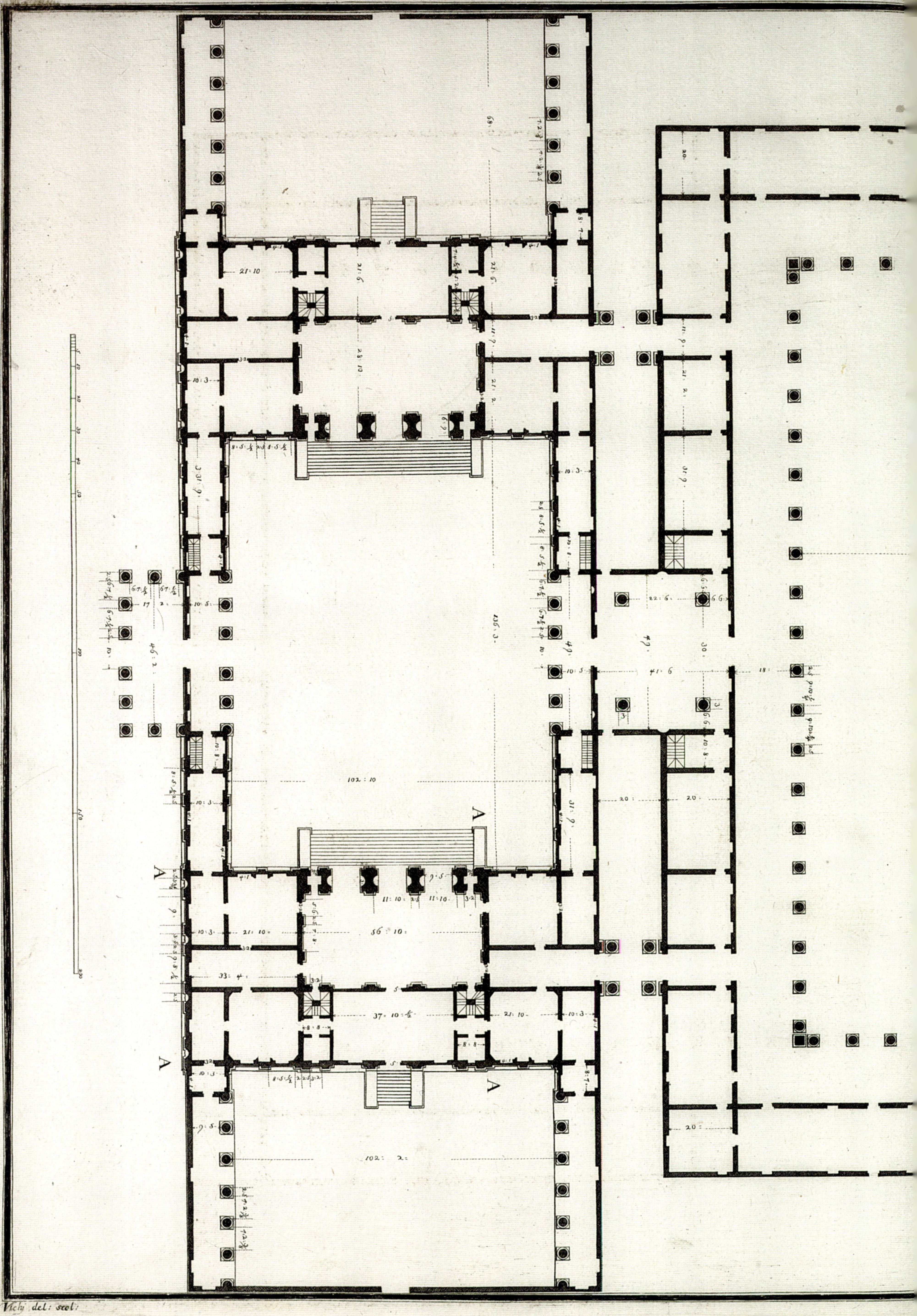

Vichi del: scol:

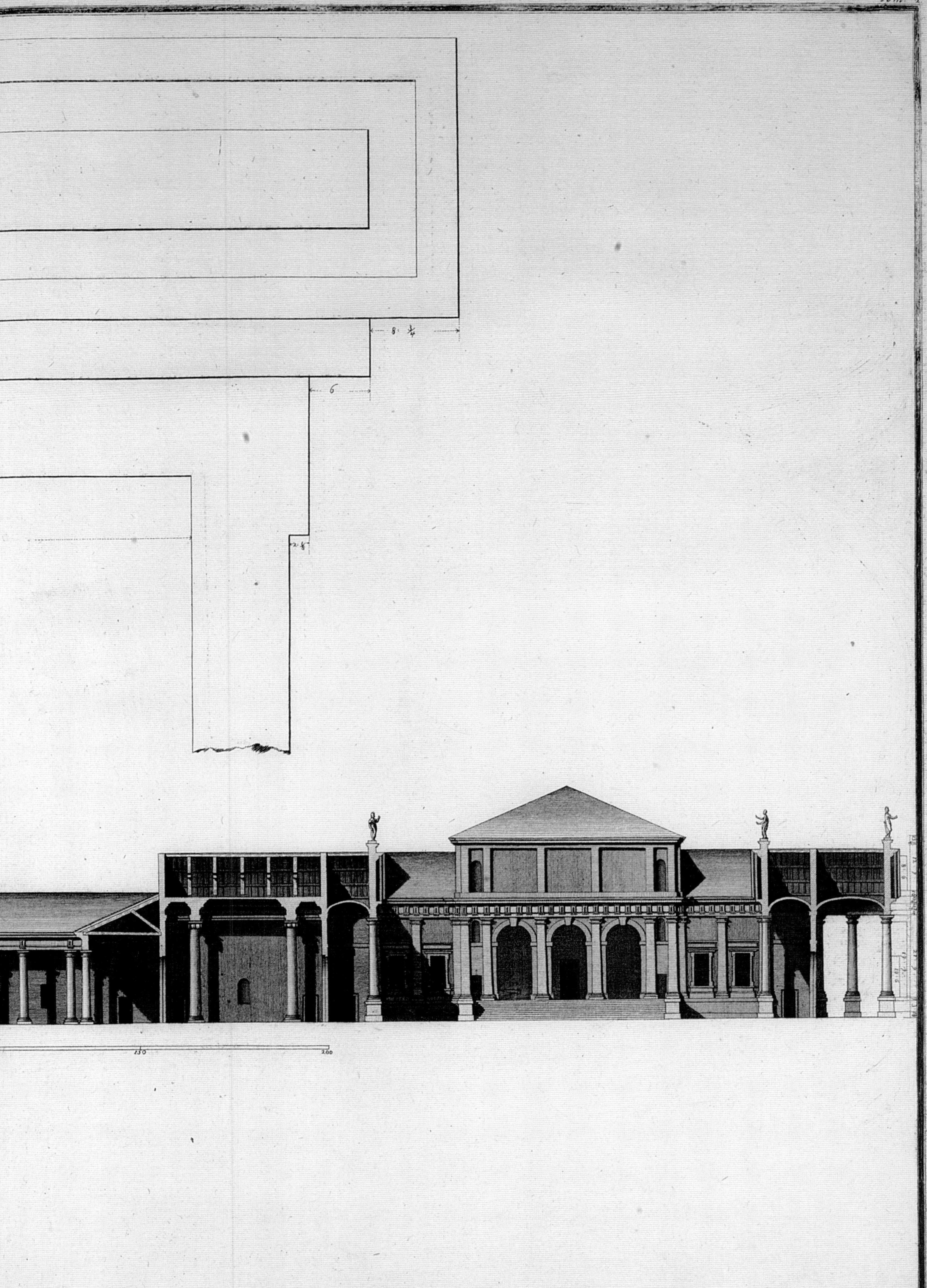
8 1/4
6
150
200

Vichj del. e scol.

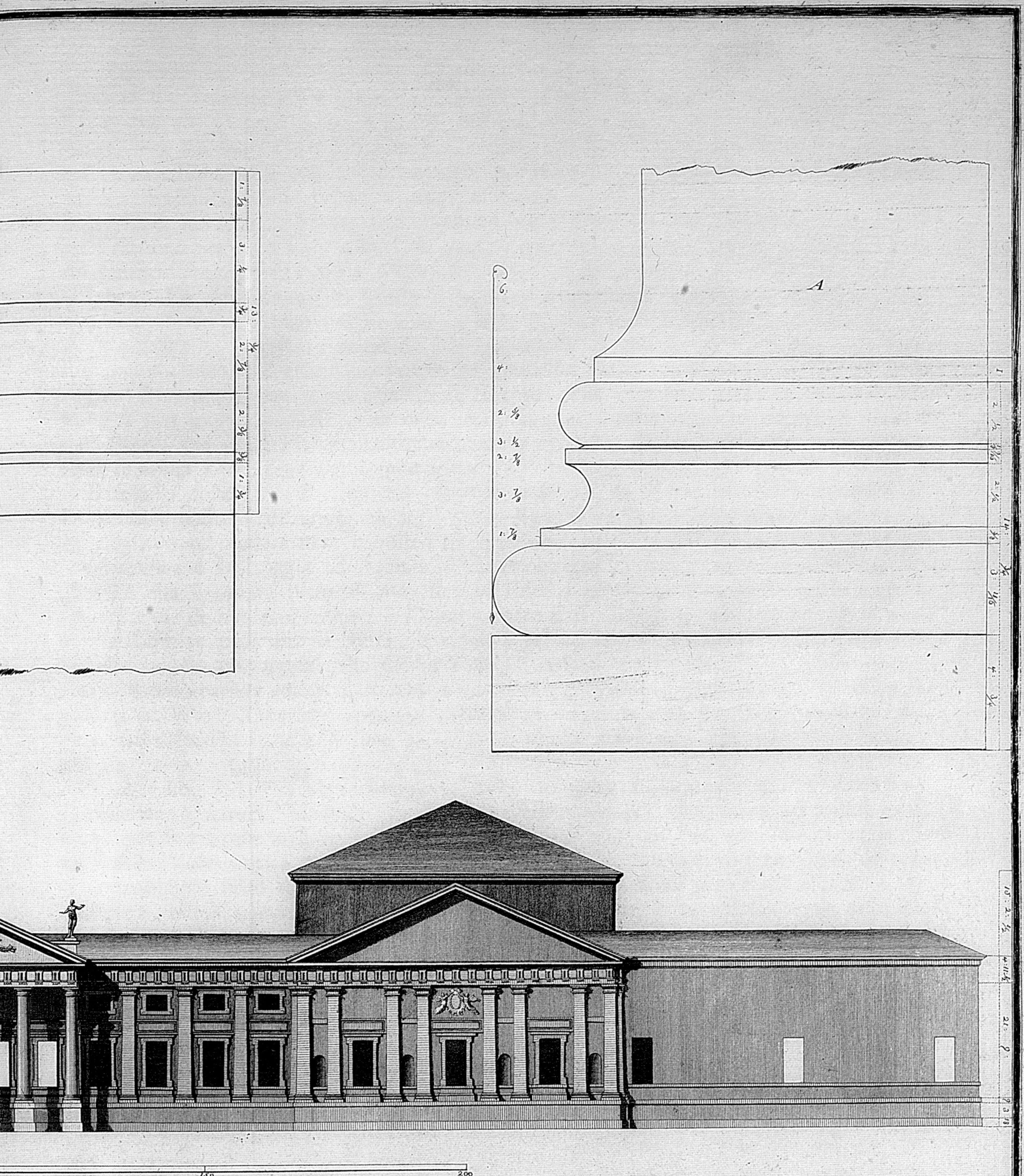
A
150
200

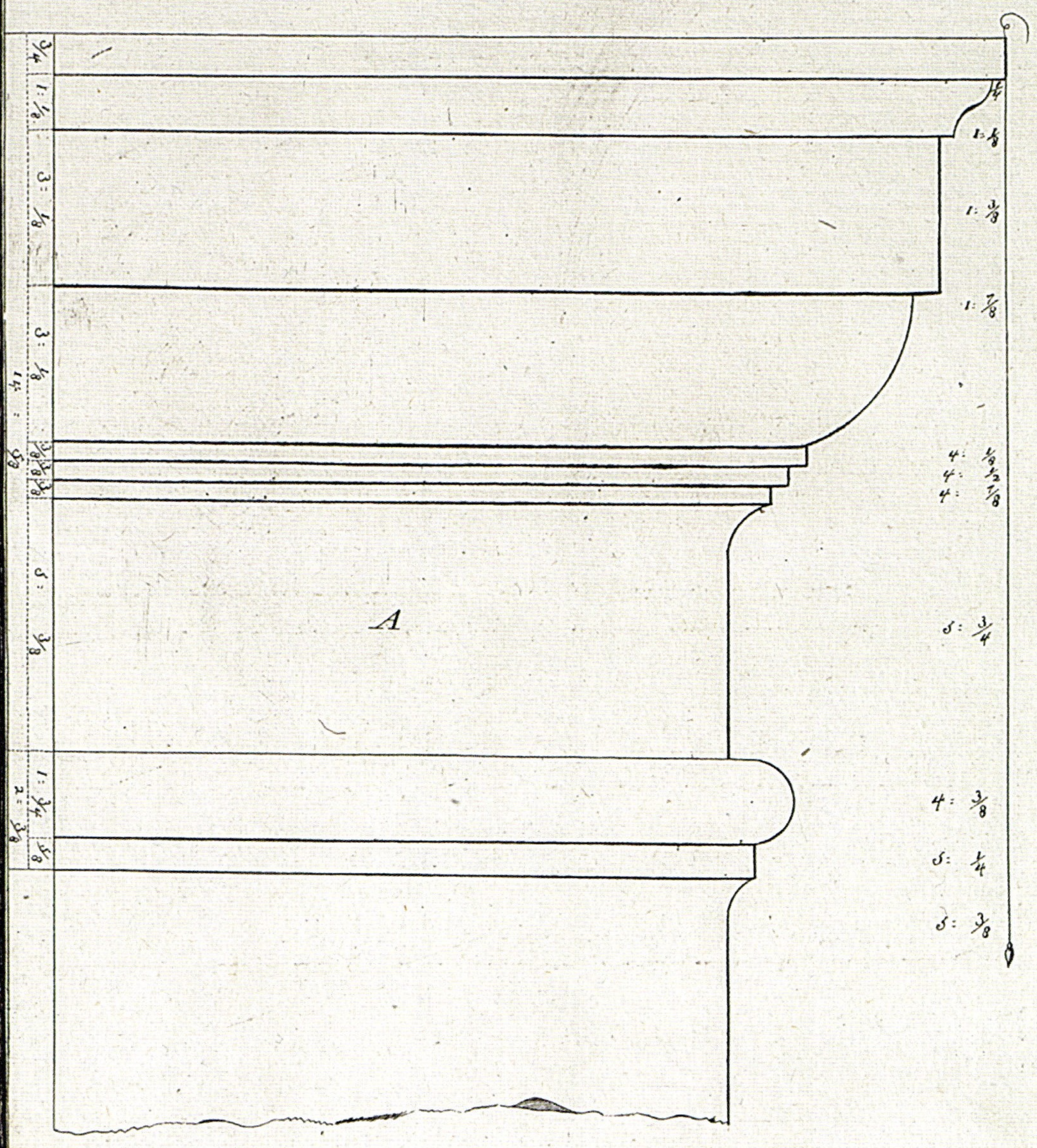

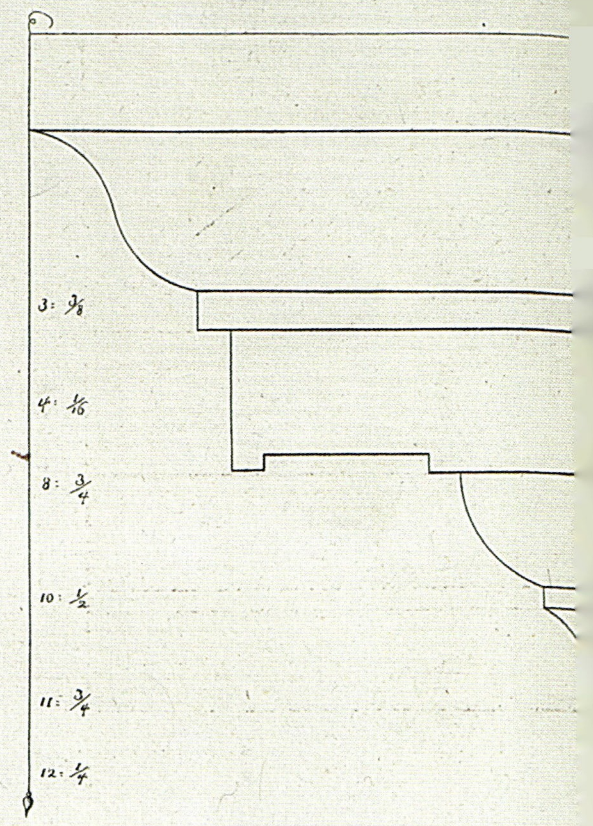

Vichj del. é scol.

I DISEGNI, che ſeguono ſono della fabrica del Conte Ottauio Thiene à Quinto ſua Villa. Fù cominciata dalla felice memoria del Conte Marc'Antonio ſuo padre, e dal Conte Adriano ſuo Zio: il ſito è molto bello per hauer da una parte la Teſina, e dall'altra vn ramo di detto fiume aſſai grande: Hà queſto palagio vna loggia dauanti la porta di ordine Dorico: per queſta ſi paſſa in vn'altra loggia, e di quella in vn cortile: il quale ha ne i fianchi due loggie: dall'vna, e l'altra teſta di queſte loggie ſono gli appartamenti delle ſtanze, delle quali alcune ſono ſtate ornate di pitture da Meſſer Giouanni Indemio Vicentino huomo di belliſsimo ingegno. Rincontro all'entrata ſi troua vna loggia ſimile à quella dell'entrata, dalla quale ſi entra in vn'Atrio di quattro colonne, e da quello nel cortile, il quale ha i portici di ordine Dorico, e ſerue per l'vſo di Villa. Non ui è alcuna ſcala principale corriſpondente à tutta la fabrica: percioche la parte di ſopra non ha da ſeruire, ſe non per ſaluarobba, e per luoghi da ſeruitori.

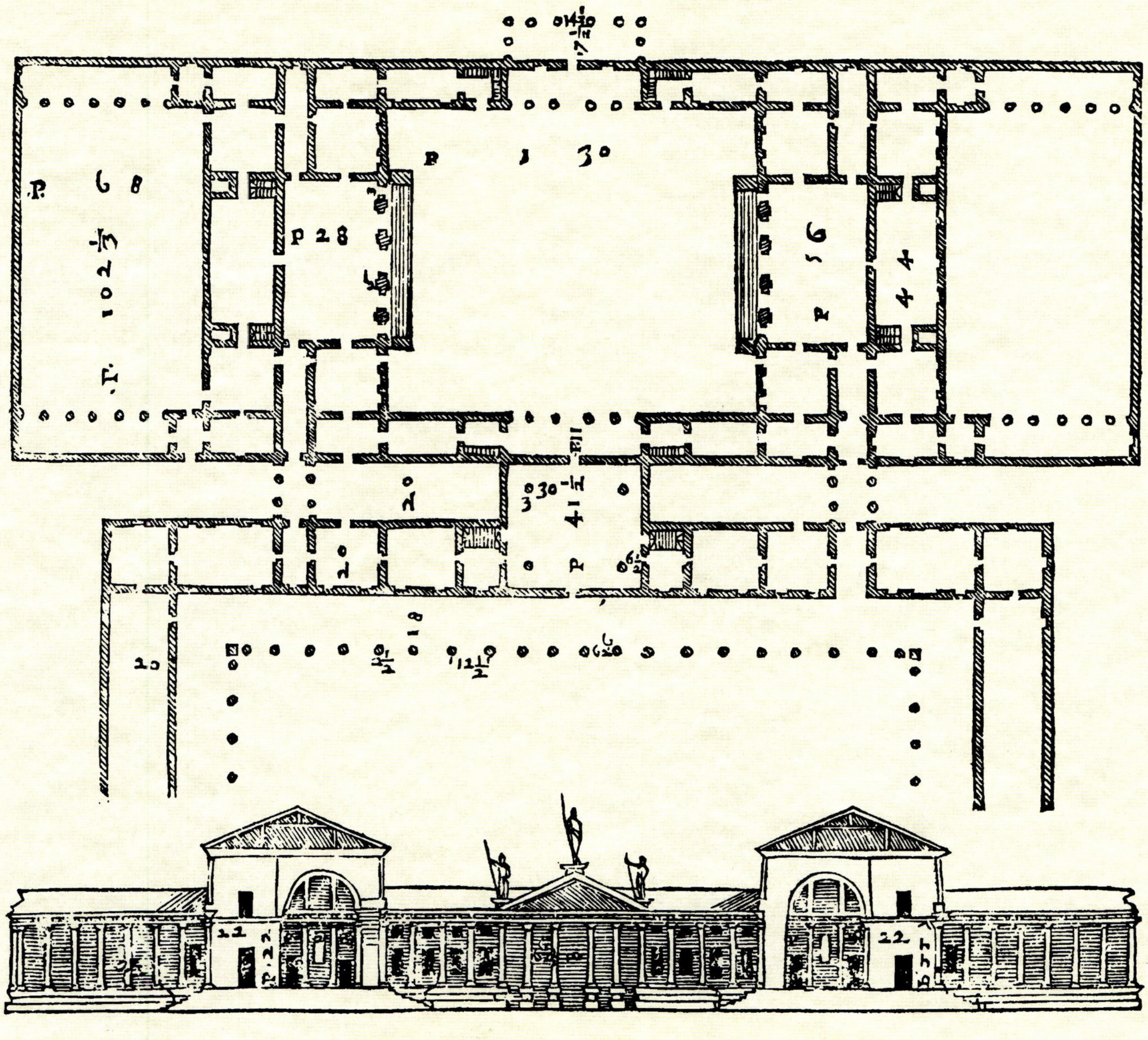

IN LONEDO

The rear façade dominated by the grand loggia with barrel vaults.

Die Rückansicht wird durch eine große Loggia mit Tonnengewölben beherrscht.

Façade arrière, dominée par la grande loggia voûtée en berceau.

De achtergevel, die gedomineerd wordt door een grote loggia met tongewelf.

Villa Thiene

QUINTO VICENTINO, VICENZA

The project was drawn up between 1542 and 1543 with the intention of creating a grandiose villa inspired by the luxurious homes of the Romans. This is how it was shown in *I Quattro libri dell'Architettura* (The Four Books on Architecture). In fact, of this epic project, only a single building was completed and even that lacked the final coat of plaster.

Das Projekt aus 1542-1543 hatte die Absicht, eine grandiose, durch die luxuriöse Häuser der Römer inspirierte, Villa zu errichten. So wird die Villa in den *Quattro libri dell'Architettura* beschrieben. Tatsächlich wurde das pharaonische Vorhaben aber nie verwirklicht. Nur einer der Flügel wurde, ohne Verputz, fertiggestellt.

La conception date de 1542-1543. Le dessein de Palladio était de bâtir une villa grandiose, inspirée des résidences luxueuses des Romains. C'est ainsi qu'elle apparaît dans les *Quatre livres d'architecture*. De ce projet pharaonique ne fut finalement réalisé que l'un des corps de fabrique latéraux – dépourvu même de son enduit de finition.

Het project werd opgestart tussen 1542 en 1543 met de bedoeling een schitterende villa te bouwen, geïnspireerd op de luxueuze huizen van de Romeinen. Zo staat te lezen in de *Quattro libri dell'Architettura*. In werkelijkheid werd van het gigantische project uiteindelijk slechts één gebouw uitgevoerd, zonder zelfs maar een afwerking met pleisterkalk.

Tª XLV

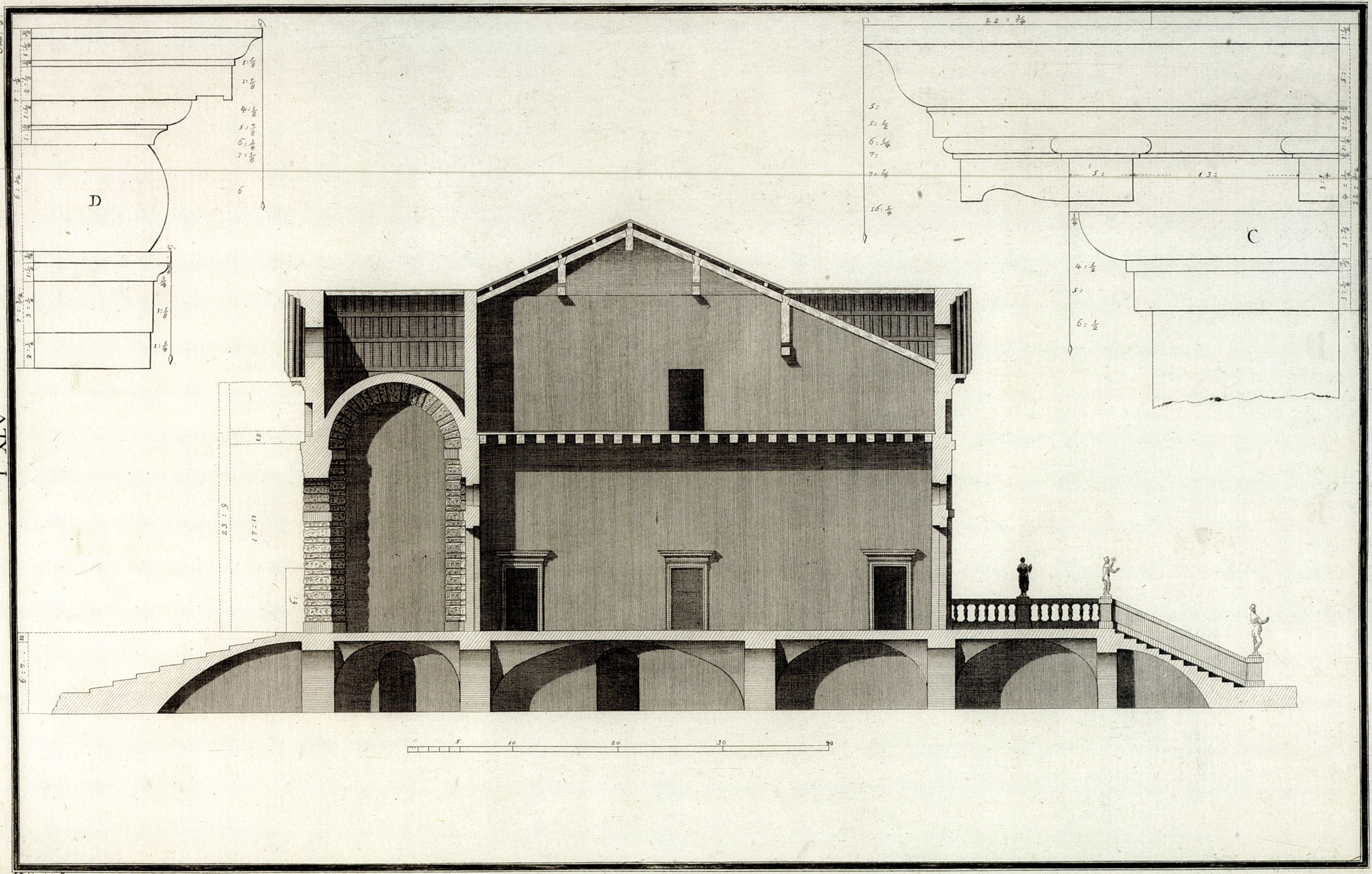

Vichy del. sc.

G. Testolini inc.

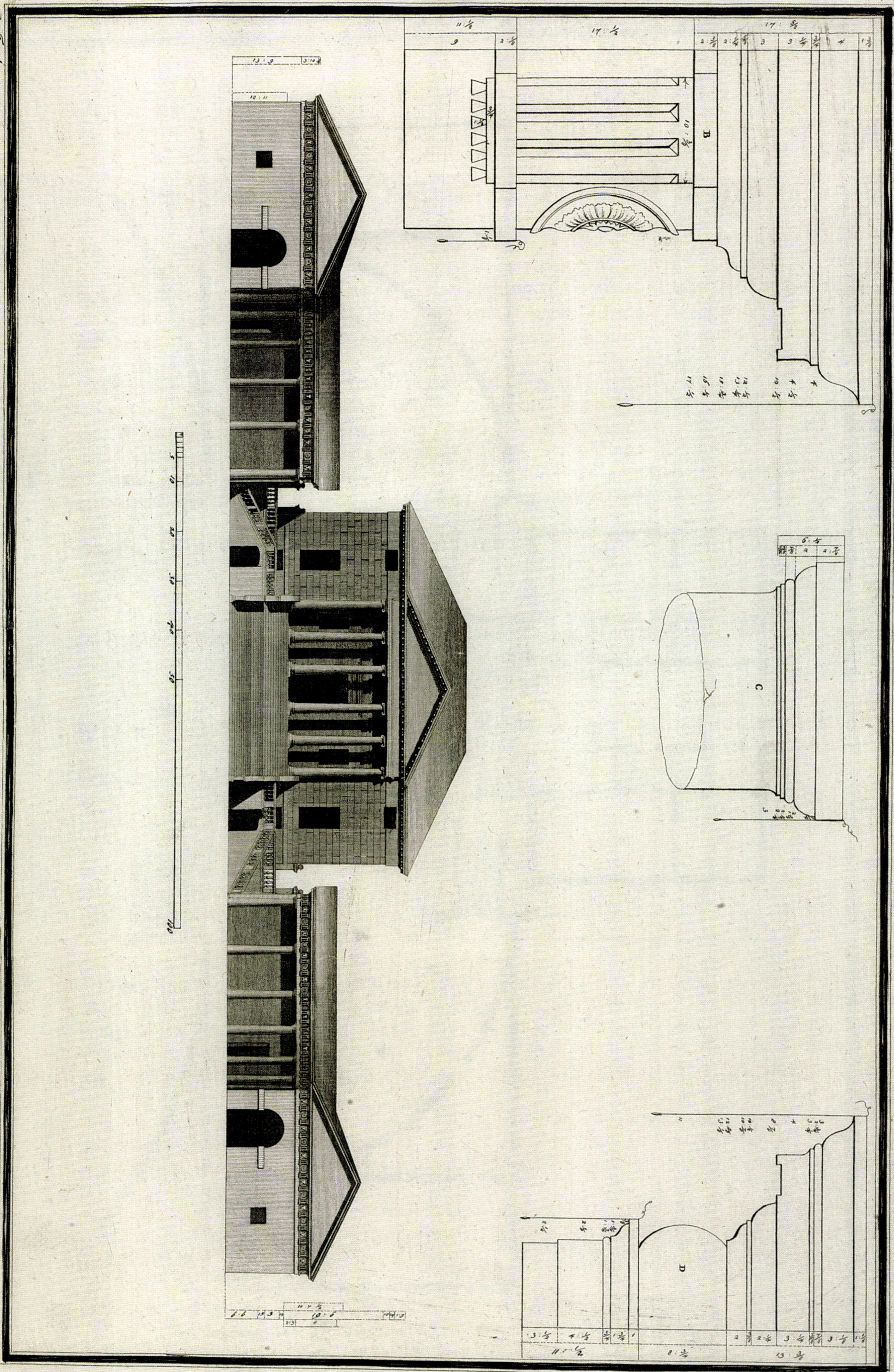

Palladio was able to reconcile utilitarian needs with those of appearance by inventing two curvilinear *barchesse* or outbuildings (see aerial photo), which screen the stalls and other agricultural annexes.

Palladio kombinierte erfolgreich die utilitaristischen und repräsentativen Zwecke, indem er zwei bogenförmige Seitenflügel schuf (siehe Luftbild), die Ställe und die anderen landwirtschaftlichen Nebengebäude der Sicht entziehen.

Palladio réussit à concilier les exigences fonctionnelles et celles de représentation en créant deux ailes curvilinéaires (voir photographie aérienne), à destination de communs pour les écuries et autres fonctions agricoles.

Palladio slaagde erin de praktische eisen met het representatieve aspect te verenigen door twee kromlijnige zijvleugels te bedenken (zie luchtfoto) die de stallen en andere agrarische bijgebouwen afschermden.

LA SEGVENTE fabrica è del Magnifico Signor Franceſco Badoero nel Poleſine ad vn luogo detto la Frata, in vn ſito alquanto rileuato, e bagnata da un ramo dell'Adige, oue era anticamente vn Caſtello di Salinguerra da Eſte cognato di Ezzelino da Romano. Fa baſa à tutta la fabrica vn piedeſtilo alto cinque piedi: a queſta altezza è il pauimento delle ſtanze: lequali tutte ſono in ſolaro, e ſono ſtate ornate di Grotteſche di belliſsima inuentione dal Giallo Fiorentino. Di ſopra hanno il granaro, e di ſotto la cucina, le cantine, & altri luoghi alla commodità pertinenti: Le colonne delle Loggie della caſa del padrone ſono Ioniche: La Cornice come corona circonda tutta la caſa. Il frontespicio ſopra loggie fa vna belliſsima uiſta: perche rende la parte di mezo più eminente de i fianchi. Diſcendendo poi al piano ſi ritrouano luoghi da Fattore, Gaſtaldo, ſtalle, & altri alla Villa conueneuoli.

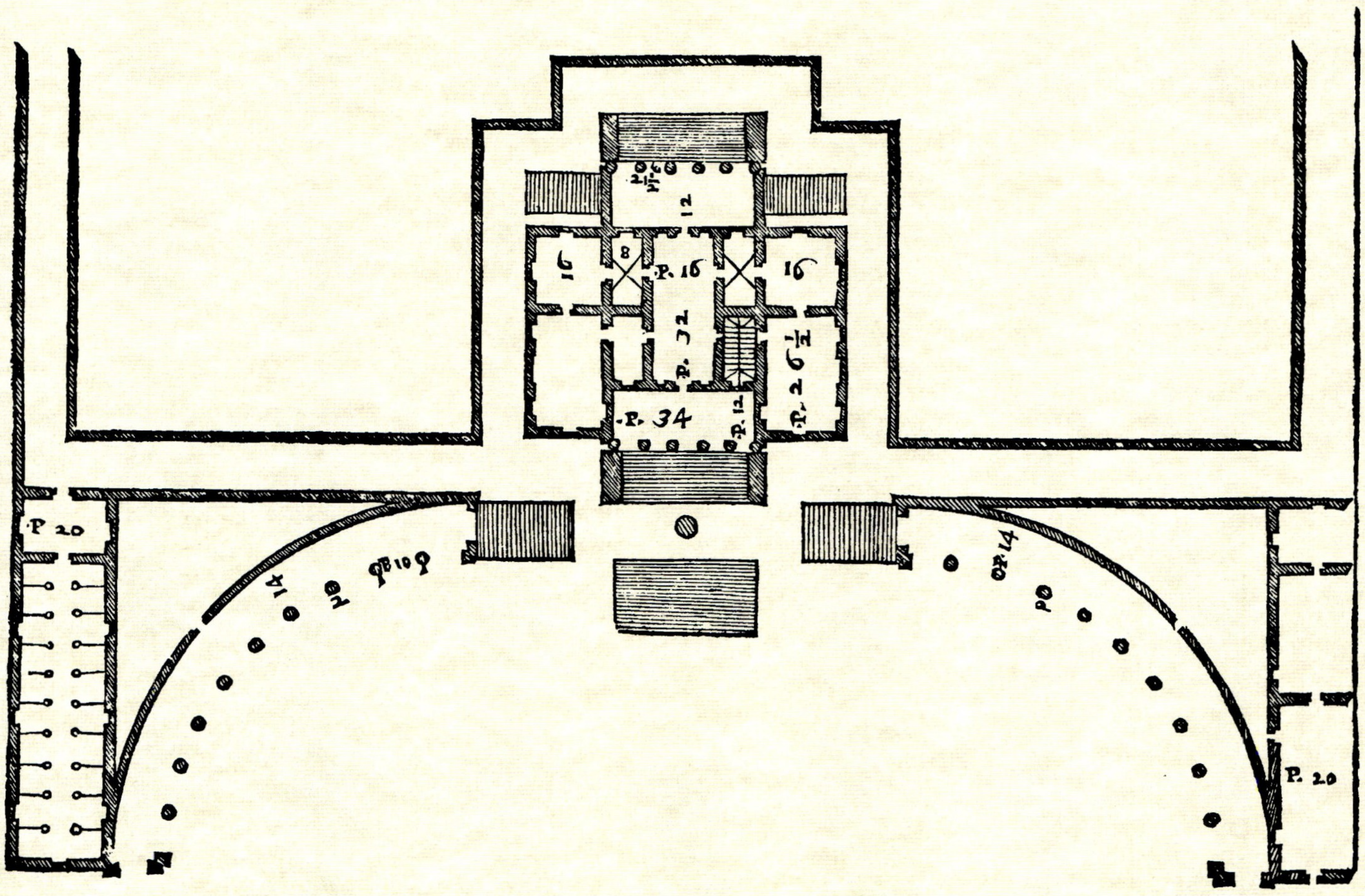

Villa Badoer

FRATTA POLESINE, ROVIGO

Upon the inheritance of five hundred fields, the Venetian nobleman Francesco Badoer was easily convinced to commission from Palladio, in 1556, a villa that would function both to facilitate agricultural business on the property and as a visible sign of the Badoer family's 'feudal' power in the territory.

Als er im Jahre 1556 eine ansehnliche Domäne erbte, erteilte der venezianische Edelman, Francesco Badoer, Palladio den Auftrag zum Bau einer Villa. Sie war gleichzeitig Verwaltungssitz des Landguts und ein sichtbares Zeichen der "Feudalherrschaft" der Badoer.

Un riche héritage de cinq cents champs permet à Francesco Badoer, noble vénitien, de commander en 1566 à Palladio une villa qui soit tout ensemble adaptée à la gestion de l'exploitation agricole et symbole visible du pouvoir « féodal » des Badoer sur le territoire.

Een erfenis van vijfhonderd akkers deed de Venetiaanse edelman Francesco Badoer al snel besluiten om Palladio in 1556 opdracht te geven voor een villa die zowel functioneel moest zijn voor agrarische activiteiten als wel een zichtbaar teken van de feodale macht van de Badoers in het gebied.

Vichi fec.

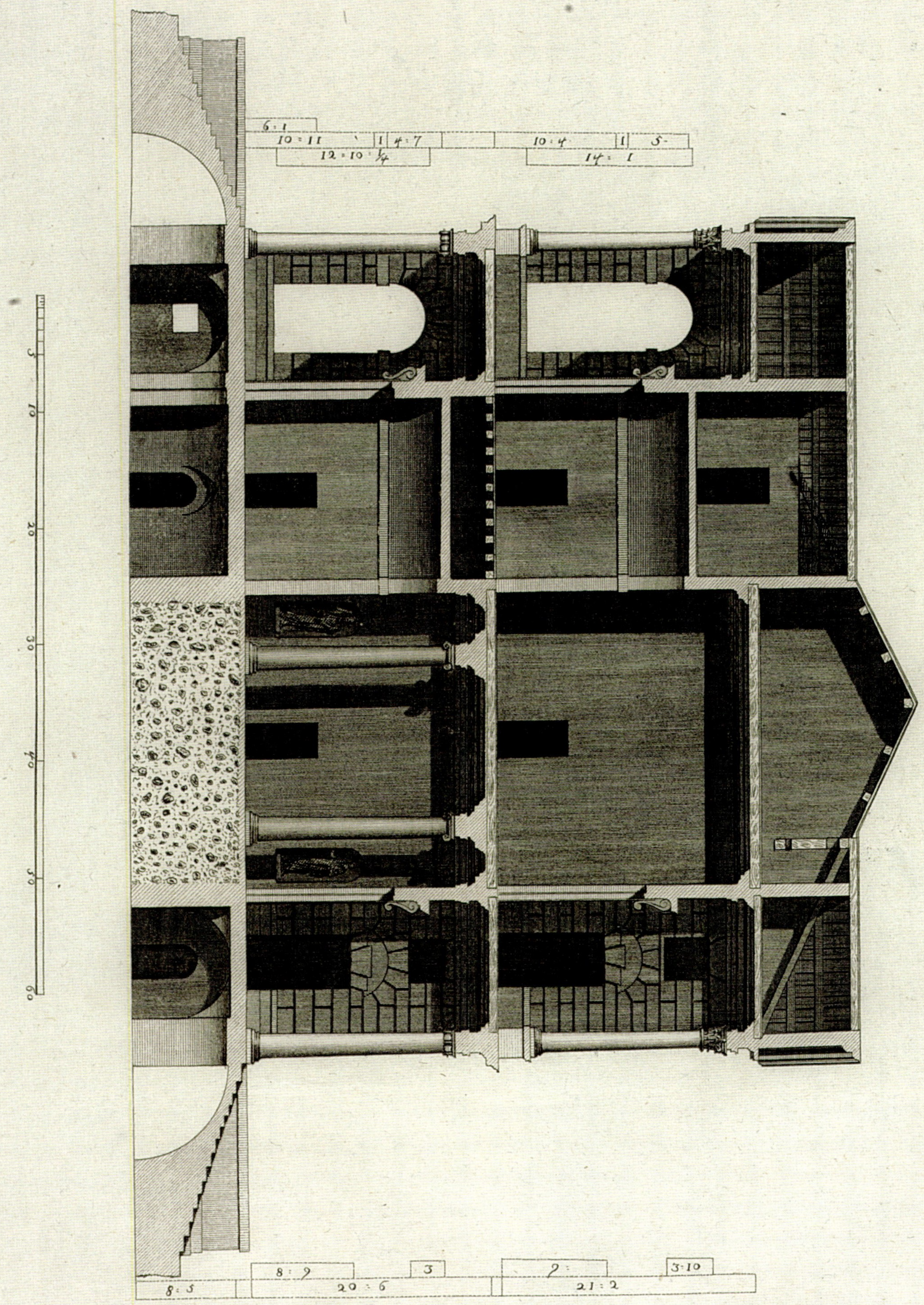

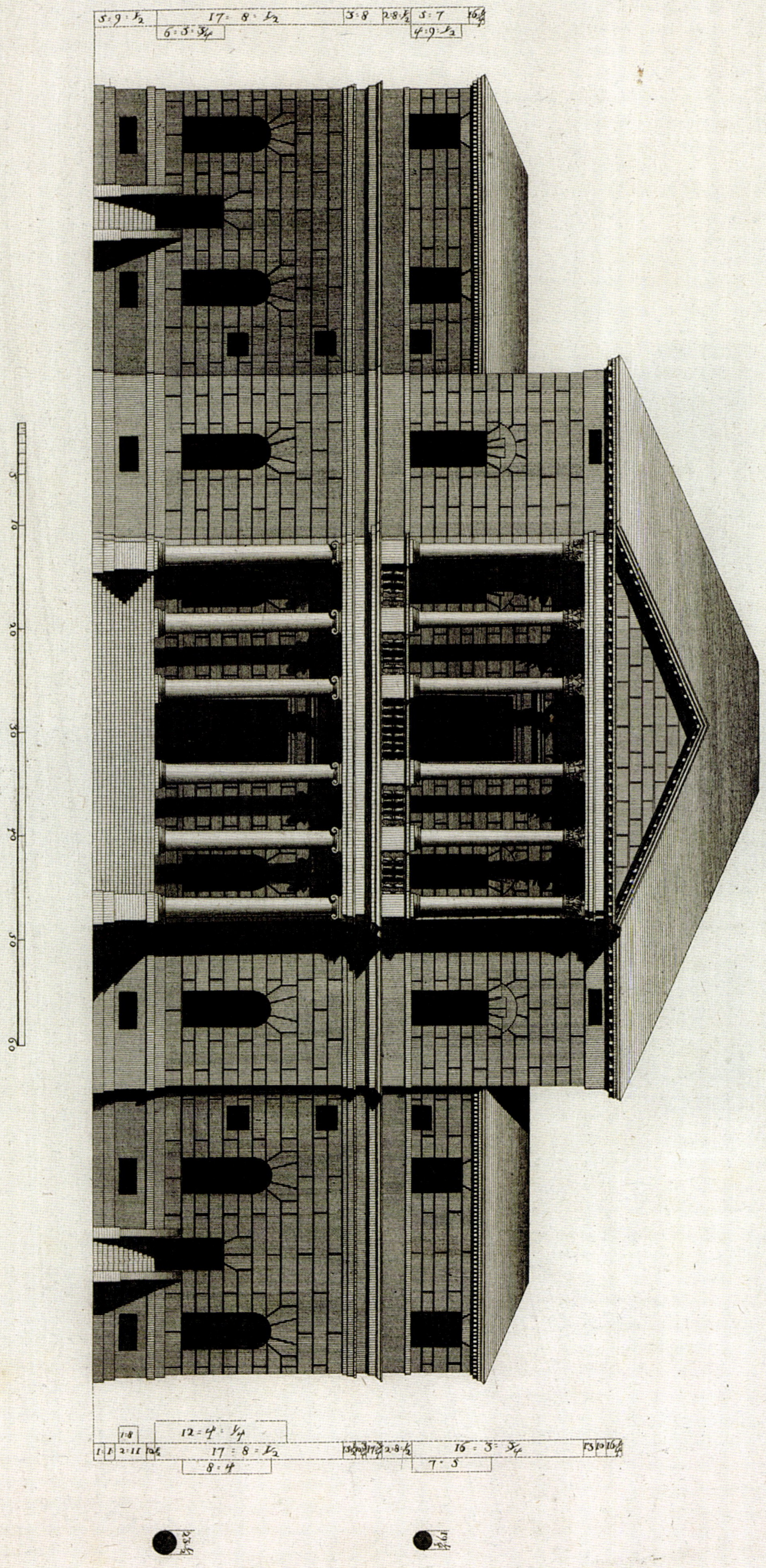

Vickj scol.

Vichj scol.

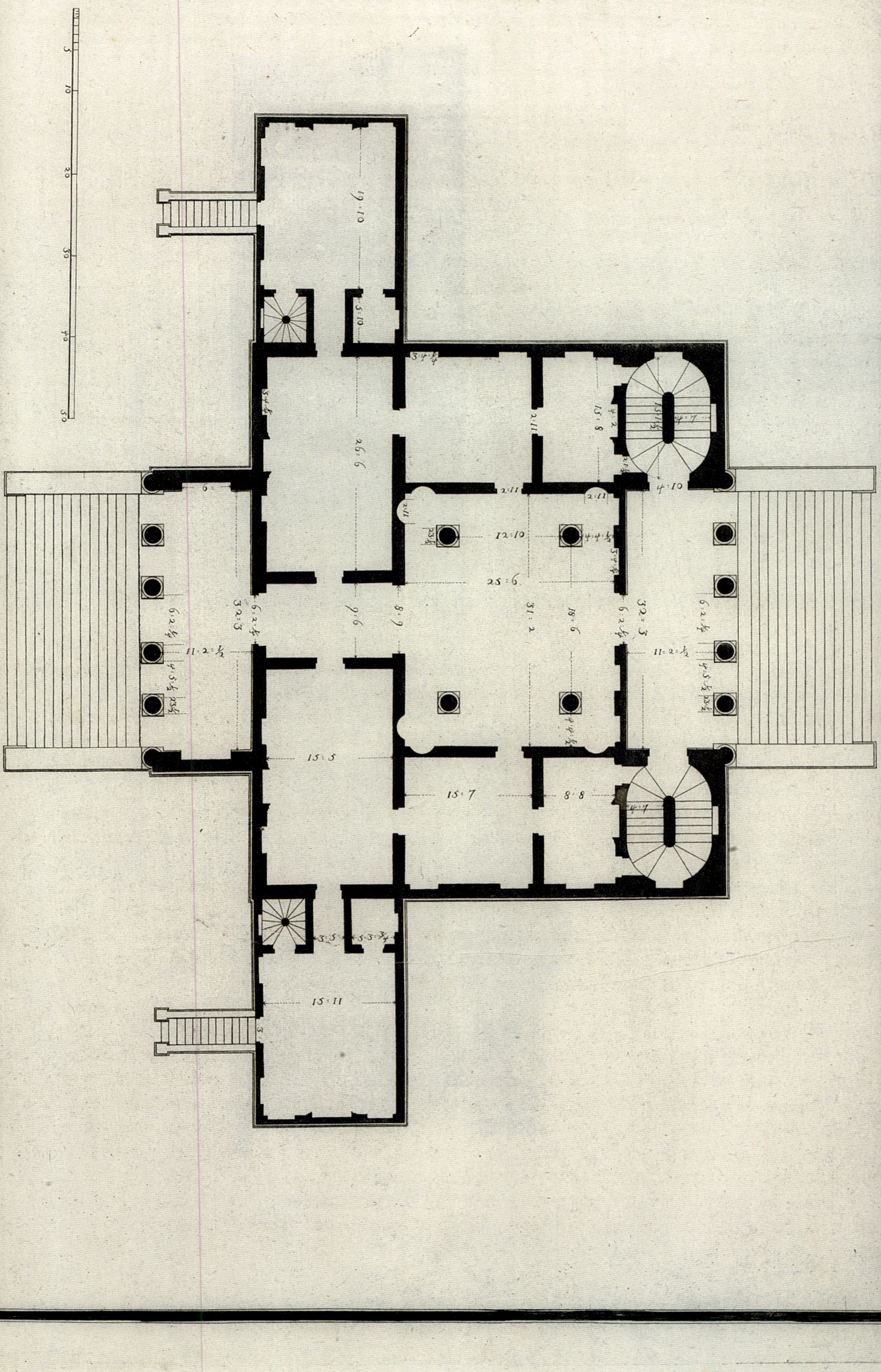

LA FABRICA, che ſegue è del Magnifico Signor Giorgio Cornaro in Piombino luogo di Caſtel Franco. Il primo ordine delle loggie è Ionico. La Sala è poſta nella parte più a dentro della caſa, accioche ſia lontana dal caldo, e dal freddo: le ale oue ſi ueggono i nicchi ſono larghe la terza parte della ſua lunghezza: le colonne riſpondono al diritto delle penultime delle loggie, e ſono tanto diſtanti tra ſe, quanto alte: le ſtanze maggiori ſono lunghe un quadro, e tre quarti: i uolti ſono alti ſecondo il primo modo delle altezze de' volti: le mediocri ſono quadre il terzo più alte che larghe; i uolti ſono à lunette: ſopra i camerini vi ſono mezati. Le loggie di ſopra ſono di ordine Corinthio: le colonne ſono la quinta parte più ſottili di quelle di ſotto. Le ſtanze ſono in ſolaro, & hanno ſopra alcuni mezati. Da vna parte ui è la cucina, e luoghi per maſſare, e dall'altra i luoghi per ſeruitori.

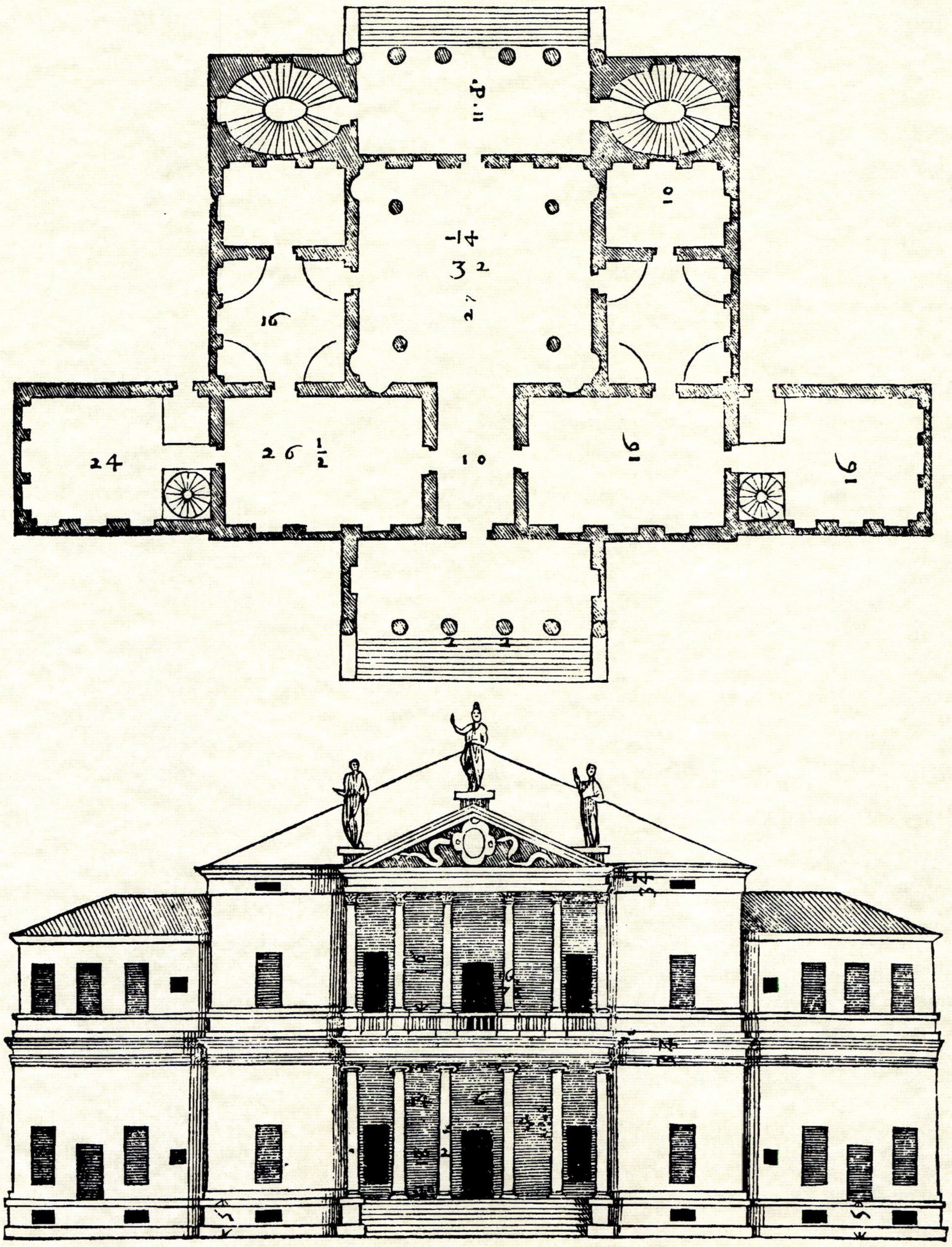

LA SOTTOPOSTA

Villa Cornaro

PIOMBINO DESE, PADOVA

The main body of the villa was habitable in 1554 with construction continuing in several phases up until 1596. As in the Villa Pisani di Montagnana, it is the central hall with its four freestanding columns that confers prestige.

Le corps principal de la ville est habitable dès 1554, mais l'ensemble ne sera achevé – en plusieurs phases – qu'en 1596. Comme pour la villa Pisani de Montagnana, c'est le grand salon-atrium central avec ses quatre colonnes libres qui lui confère son prestige.

Der Mitteltrakt der Villa war in 1554 bezugsbereit, sie wurde aber erst in 1596 in mehreren Phasen fertiggestellt. Wie bei der Villa Pisani in Montagnana, dienen die vier freistehenden Säulen der zentralen Halle dazu das Prestige zu erhöhen.

Het hoofddeel van de villa is bewoonbaar vanaf 1554, maar het gebouw wordt pas in 1596 helemaal voltooid. Net als bij Villa Pisani in Montagnana, is het de grote hoofdzaal met vier vrijstaande zuilen die het gebouw zijn aanzien geeft.

Fossati inc.

Festolini inc.

Testalin. inc.

The portico with one of the two dovecotes.

Die Eingangshalle und eines der zwei Taubenhäuser.

Le portique, avec un des deux pigeonniers.

De zuilengalerij en een van de twee duiventillen.

The main building punctuated by four gigantic semi-columns that support an Ionic tympanum.

Der Mitteltrakt der durch vier riesige Halbsäulen beherrscht wird, die das ionische Tympanon tragen.

Le corps central est scandé par quatre immenses colonnes engagées qui soutiennent un tympan ionique.

Het middendeel bevat vier enorme halfzuilen met daarop een Ionisch timpaan.

Around 1561 Paolo Veronese created one of the most important pictorial cycles of sixteenth century Venetian painting, frescoing five rooms and the cruciform vestibule of the *piano nobile*.

Um 1561 schuf Paolo Veronese einen der wichtigsten Gemäldezyklen des sechzehnten Jahrhunderts. Er schuf Fresken für fünf Räume und die kreuzförmige Eingangshalle des Mitteltrakts.

Vers 1561, Véronèse réalisa un des cycles picturaux les plus importants du Cinquecento vénitien, en décorant de fresques cinq salles et le vestibule à voûte d'arêtes de l'étage noble.

Rond 1561 maakt Paolo Veronese een van de belangrijkste serieschilderingen uit het Venetië van de 15e eeuw door vijf kamers en de kruisvormige vestibulum van de bel-etage met fresco's te versieren.

AN·BARBARVS·PAT·AQVIL
ET·MARCVS·ANT·FR·FRANC·F

LA SOTTOPOSTA fabrica è à Maſera Villa vicina ad Aſolo Caſtello del Triuigiano, di Monſignor Reuerendiſsimo Eletto di Aquileia, e del Magnifico Signor Marc'Antonio fratelli de' Barbari. Quella parte della fabrica, che eſce alquanto in fuori; ha due ordini di ſtanze, il piano di quelle di ſopra è à pari del piano del cortile di dietro, oue è tagliata nel monte rincontro alla caſa vna fontana con infiniti ornamenti di ſtucco, e di pittura. Fa queſta fonte vn laghetto, che ſerue per peſchiera: da queſto luogo partitaſi l'acqua ſcorre nella cucina, & dapoi irrigati i giardini, che ſono dalla deſtra, e ſiniſtra parte della ſtrada, la quale pian piano aſcendendo conduce alla fabrica; fa due peſchiere co i loro beueratori ſopra la ſtrada commune: d'onde partitaſi; adacqua il Bruolo, ilquale è grandiſsimo, e pieno di frutti eccellentiſsimi, e di diuerſe ſeluaticine. La facciata della caſa del padrone hà quattro colonne di ordine Ionico: il capitello di quelle de gli angoli fa fronte da due parti: i quai capitelli come ſi facciano; porrò nel libro de i Tempij. Dall'vna, e l'altra parte ui ſono loggie, le quali nell'eſtremità hanno due colombare, e ſotto quelle ui ſono luoghi da fare i uini, e le ſtalle, e gli altri luoghi per l'vſo di Villa.

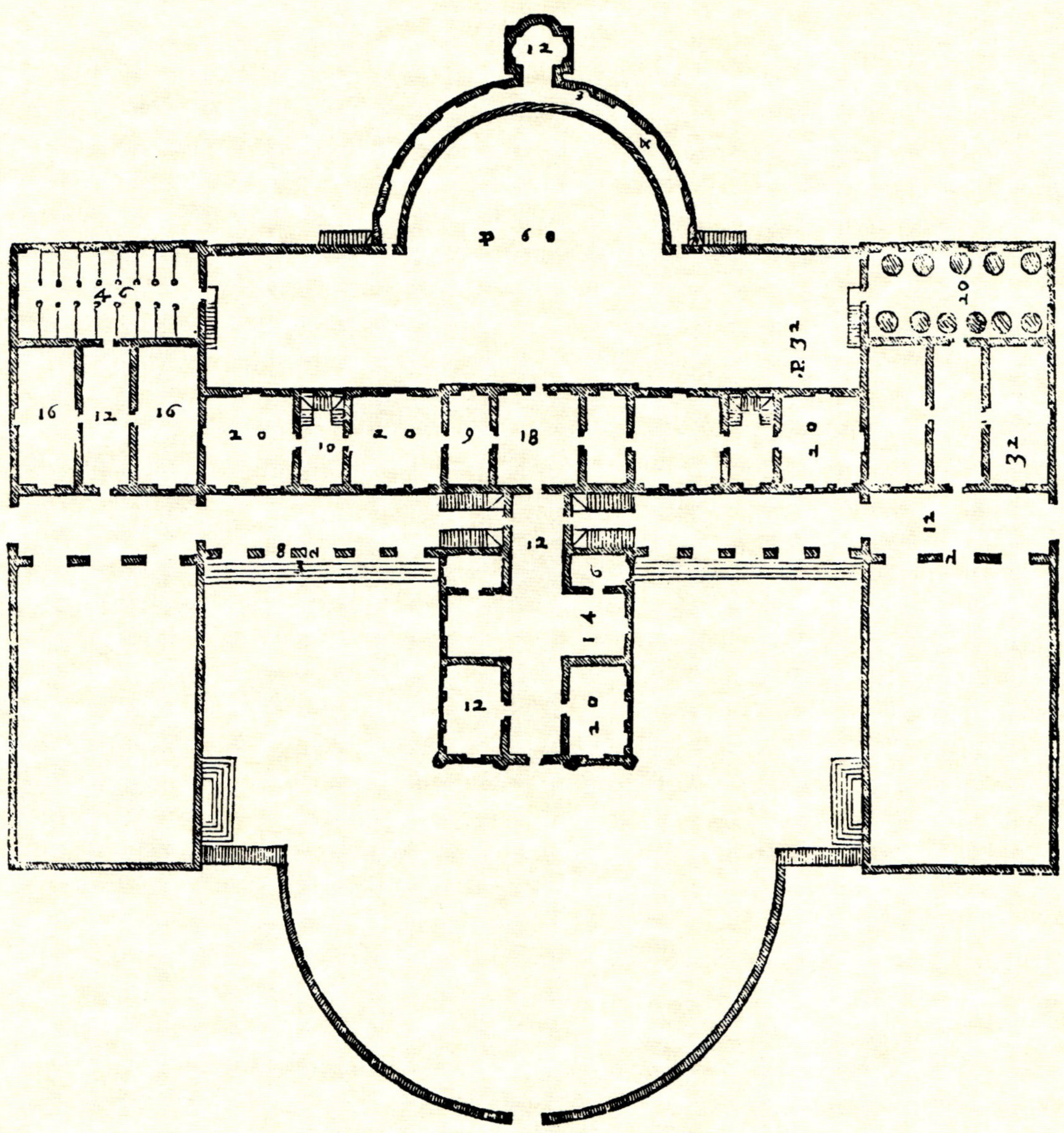

Villa Barbaro

MASER, TREVISO

Fest. inc.

This villa, also known as "dell'armonia" (the harmonious) for the perfect integration of the building with the surrounding landscape, was commissioned from Palladio around 1560 for the brothers Daniele and Marcantonio Barbaro, eminent humanists and ambassadors from the Most Serene Venetian Republic to the major European courts.

Die Brüder Daniele und Marcantonio Barbaro erteilten im Jahre 1560 Palladio den Auftrag zum Bau dieser Villa, die den Beinamen "Harmonie" trägt, dank der perfekten Integration des Gebäudes in der Umgebung. Die Brüder waren Humanisten und Botschafter der Serenissima an europäischen Höfen.

Cette villa – réputée pour l'extraordinaire harmonie avec laquelle l'édifice se fond dans la nature environnante – a été commandée à Palladio vers 1560 par les frères Daniele et Marcantonio Barbaro, grands humanistes et ambassadeurs de la Sérénissime auprès des plus grandes cours d'Europe.

De opdracht voor deze villa, die ook wel "in harmonie" wordt genoemd omdat het gebouw volledig opgaat in de omringende natuur, kreeg Palladio rond 1560 van de twee broers Daniele en Marcantonio Barbaro. Zij waren beroemde humanisten en vertegenwoordigers van de Republiek Venetië voor de belangrijkste Europese hoven.

T

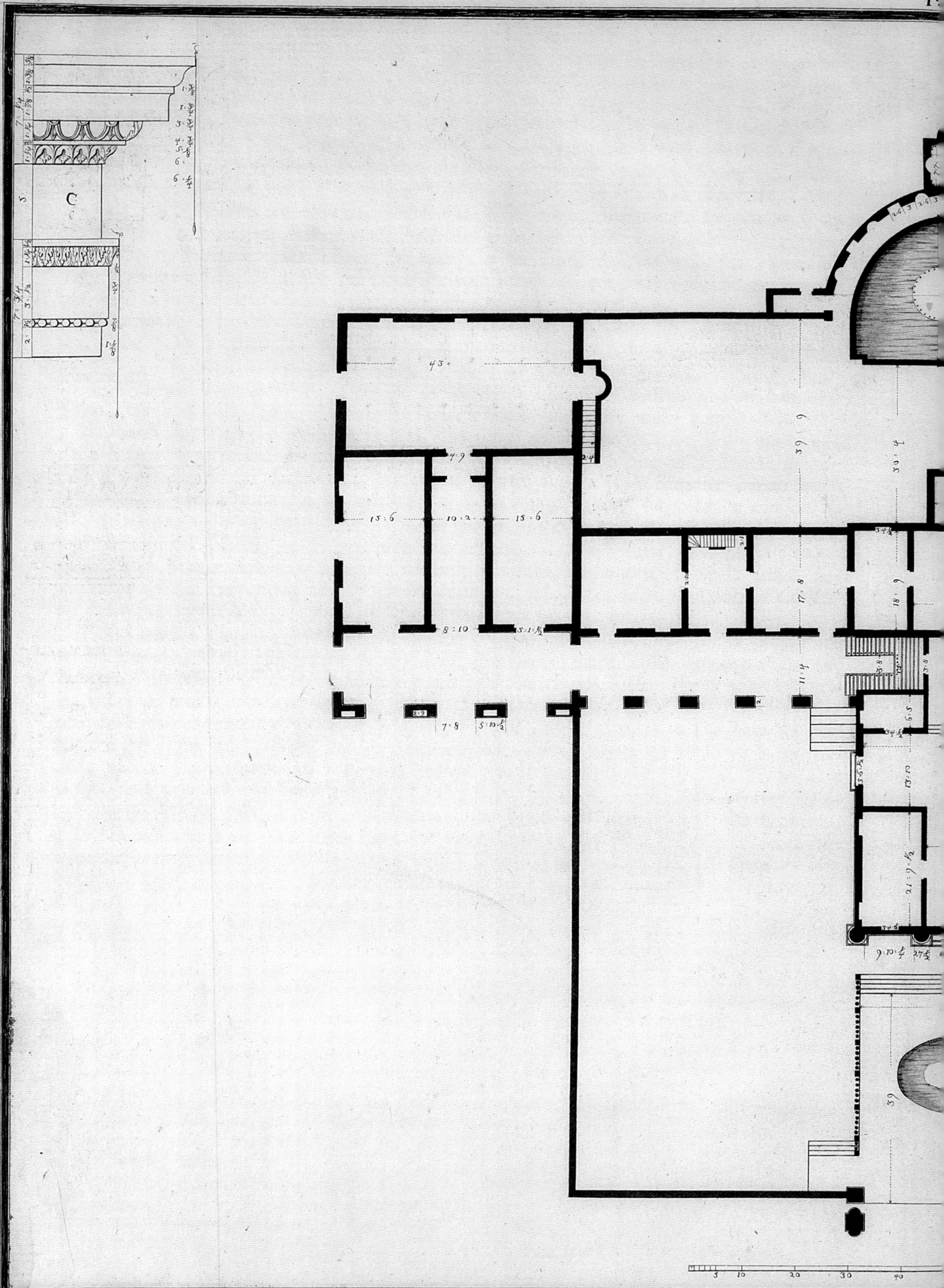

C
45
7 : 9
15 : 6
10 : 2
15 : 6
8 : 10
39 : 9
30 : 4
17 : 8
18 : 9
11 : 4
7 : 8
13 : 10
21 : 9 1/2
39
5
10
20
30
40

Vichj sc.

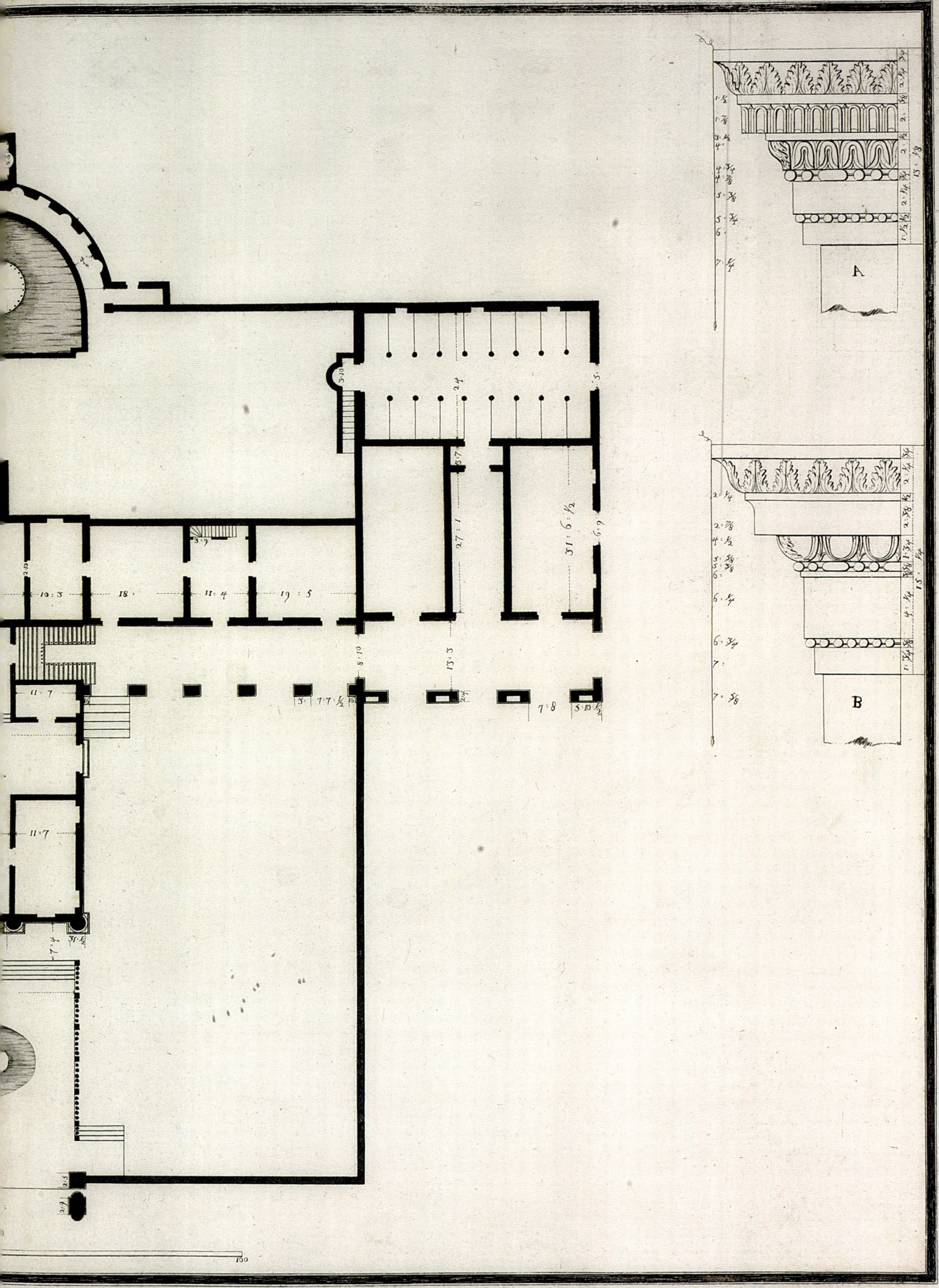
A
B
100

The curvilinear nymphaeum with a fishpond fed by a perennial spring.

Bogenförmiges Nymphäum mit Fischteich, der aus einer Dauerquelle gespeist wird.

Le nymphée arrondi, avec son vivier alimenté par une source permanente.

Het kromlijnige nymfaeum met de vijver, die gevoed wordt door een duurzame waterbron.

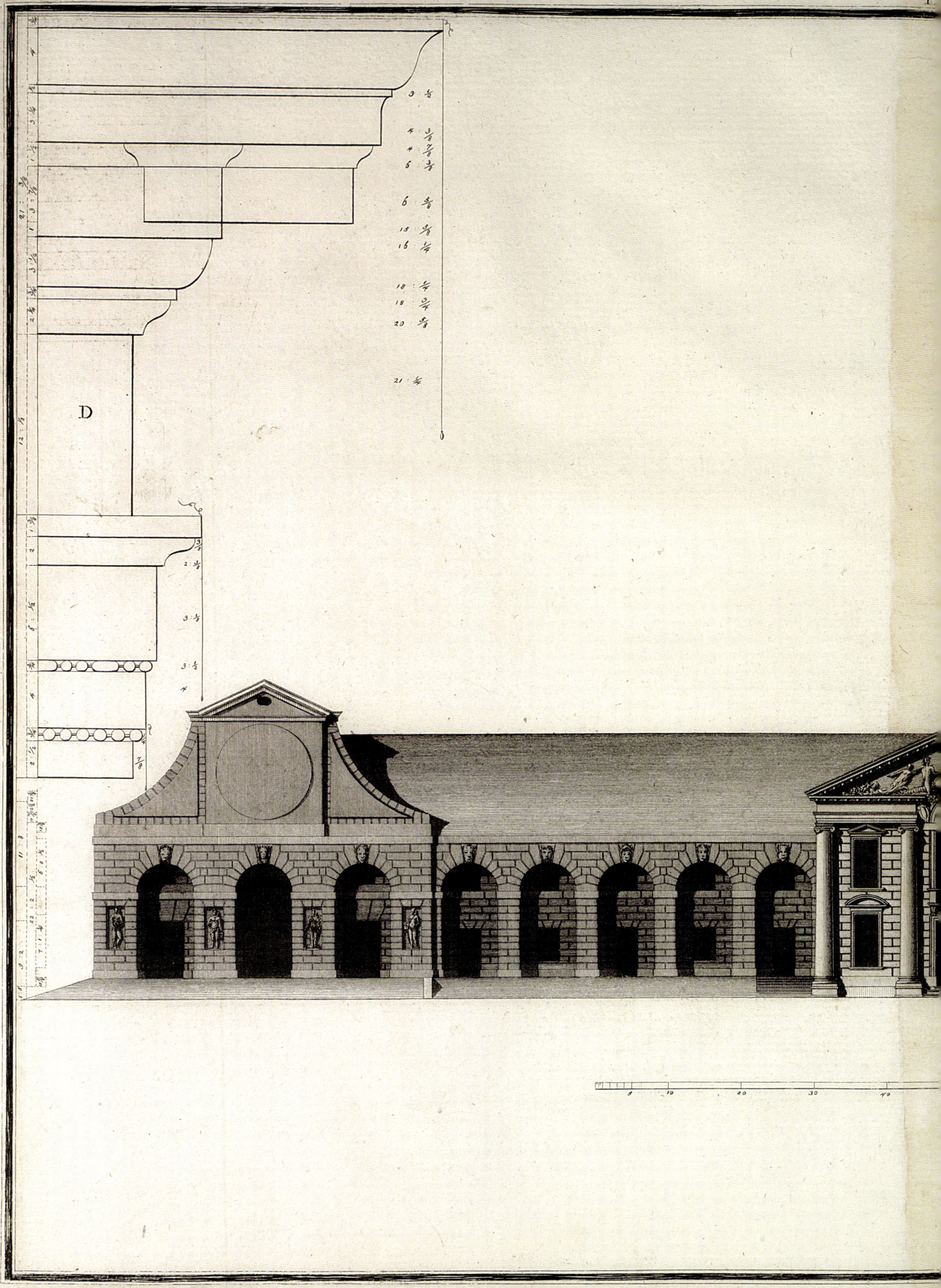
D
5 10 20 30 40

< Series of doors to the lateral apartments.

Türflucht der Zimmer im Querhaus.

Enfilade des portes dans les appartements latéraux.

Reeks ingangen van de zij-appartamenten.

Olympus Room.
Planetary deities on the vault.

Saal des Olymp.
Bogengewölbe mit den Planetengötter.

« Salle de l'Olympe » : sur la voûte, les divinités de l'Olympe, symbolisant les planètes.

Olympuszaal.
Op het gewelf het godenstelsel.

One of the corridors accessing the central hall and the frescoed dome that crowns it.

Einer der Zugangskorridore zur zentralen Halle, die durch eine freskengeschmückte Kuppel bekrönt wird.

Un des couloirs d'accès à la grande salle centrale, surmontée d'une coupole peinte à fresque.

Een van de gangen naar de centrale zaal en de beschilderde koepel die hem bekroont.

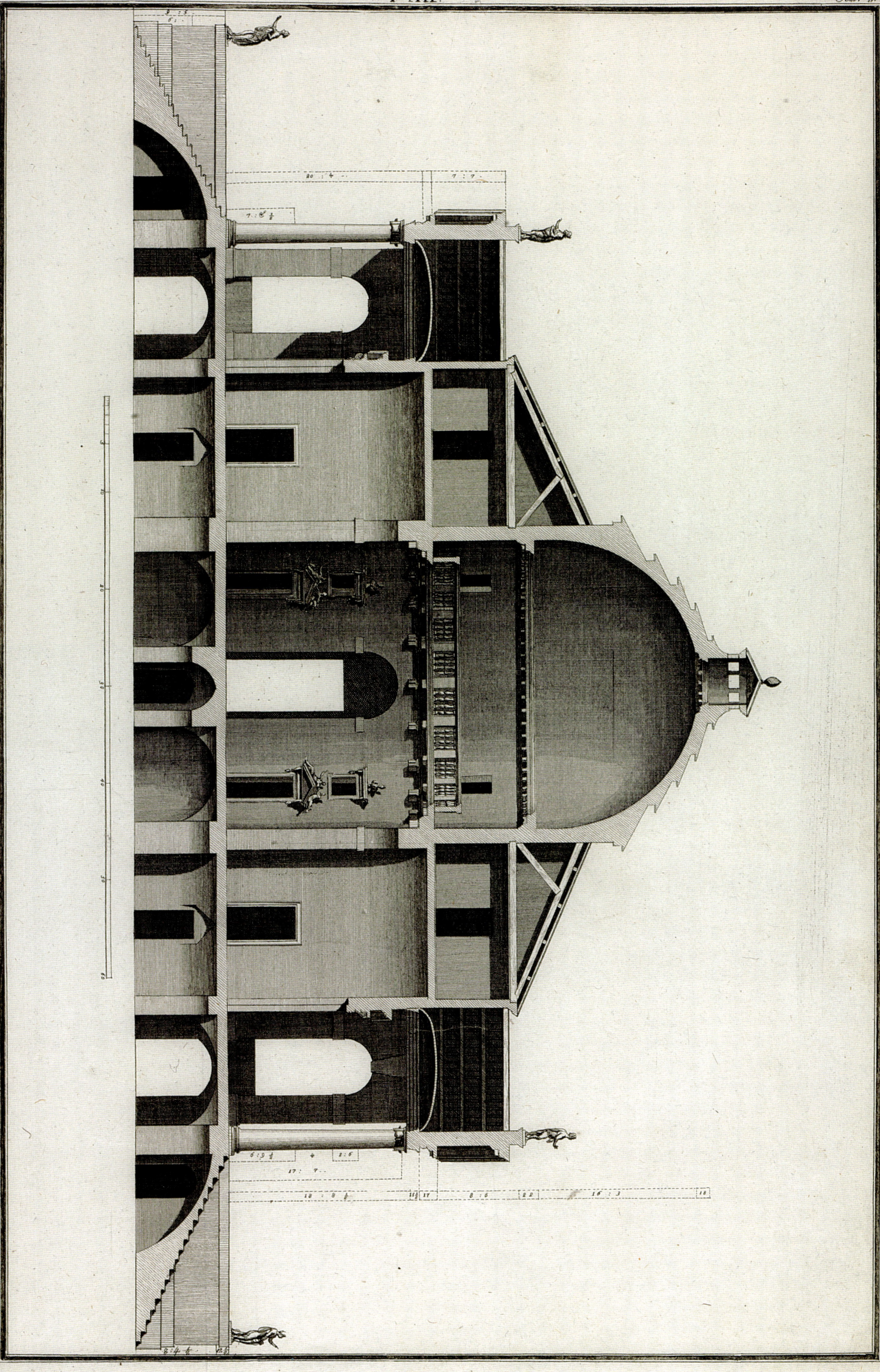

David Rossi del. sculp.

David Rossi del: sculp: 1778

Details of the pronaos and statuary ornamentation.

Detail des Pronaos und der Statuenverzierung.

Détails du pronaos et de son décor de statues.

Details van het voorhof en van de sierbeelden.

MARIVS CAPRA
GABRIELIS F

MARIVS CAPRA
GABRIELIS F

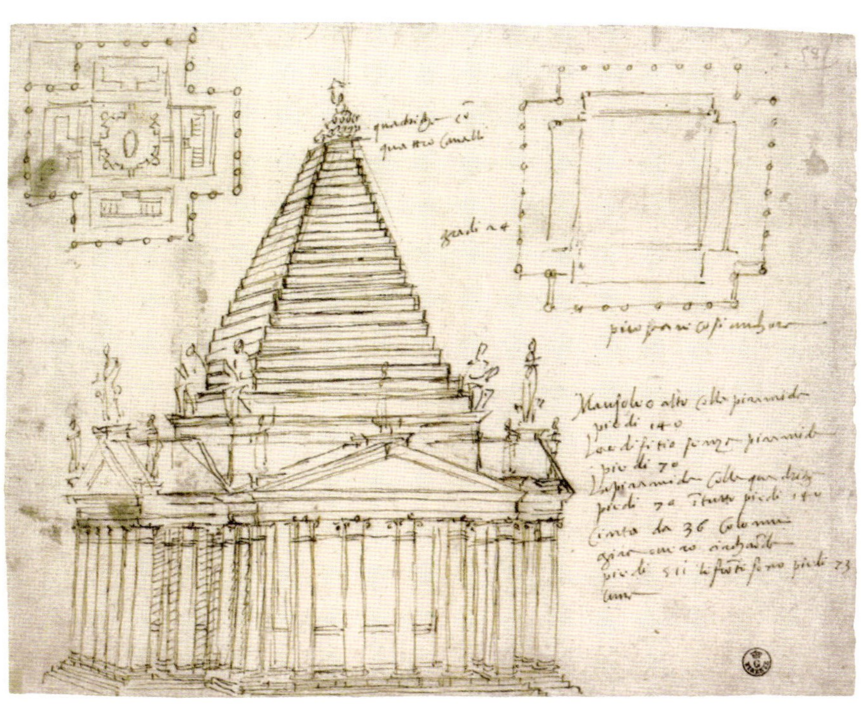

Antonio da Sangallo the younger.
Drawing reconstructing the mausoleum of Halicarnassus.

Antonio da Sangallo il Giovane.
Rekonstruktionszeichnung des Mausoleums von Halikarnassos.

Antonio da Sangallo le Jeune : reconstitution graphique du Mausolée d'Halicarnasse.

Antonio da Sangallo de Jongere.
Reconstructietekening van het Mausoleum van Halicarnassus.

Ariel view and wooden model.

Luftbild und Holzmodell.

Vue aérienne et maquette en bois.

Luchtfoto en houten model.

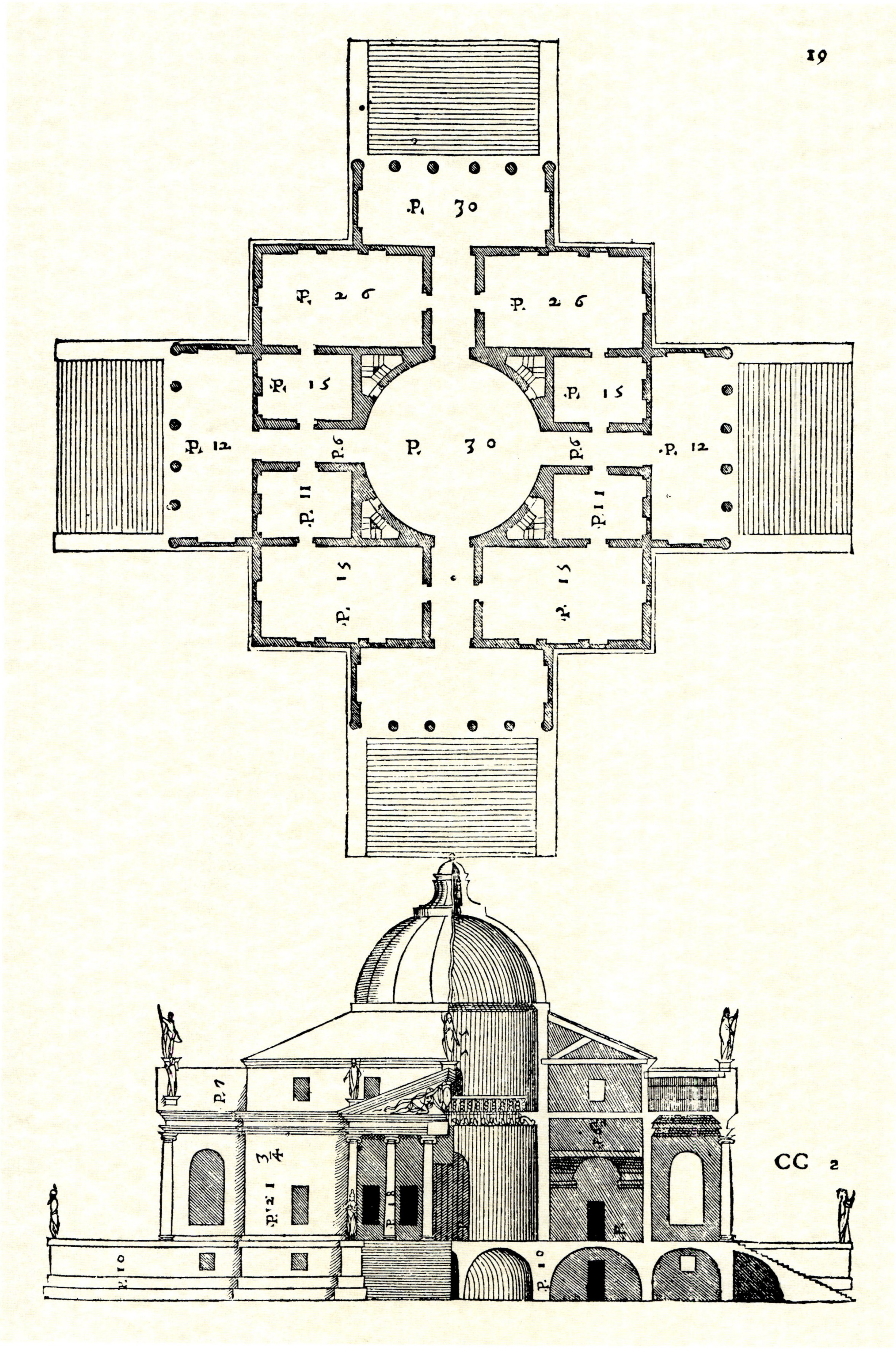
19
P. 30
P. 26
P. 26
P. 15
P. 15
P. 12
P. 30
P. 12
P. 6
P. 6
P. 11
P. 11
P. 15
P. 15
P. 7
P. 12
P. 10
CC 2

Villa Almerico Capra "La Rotonda"

VICENZA

In 1566, Paolo Almerico, an upper-echelon prelate of the papal curia, commissioned Palladio to create a country residence in his hometown. Situated at the top of a hill, "La Rotonda" is the prototypical villa-temple.

Im Jahre 1566 erhielt Palladio von Paolo Almerico, einem Prälaten der päpstlichen Kurie den Auftrag eine Villa, als Alterssitz in seinem Heimatort zu bauen. Gelegen auf einem Hügelrücken ist „die Rotonde" der Prototyp einer Kombination von Villa und Tempel.

Résidence commandée à Palladio en 1566 par Paolo Almerico, haut dignitaire de la Curie pontificale, comme lieu de repos sur sa terre d'origine. Implantée au sommet d'une colline, « La Rotonda » est l'archétype de la villa-temple.

Palladio kreeg deze opdracht in 1566 van Paolo Almerico, een hoge prelaat van de pauselijke curie, die een rustig toevluchtsoord op zijn geboortegrond wilde. Gelegen op de top van een heuvel, is La Rotonda het prototype van een tempel-villa.

Vichi scol.

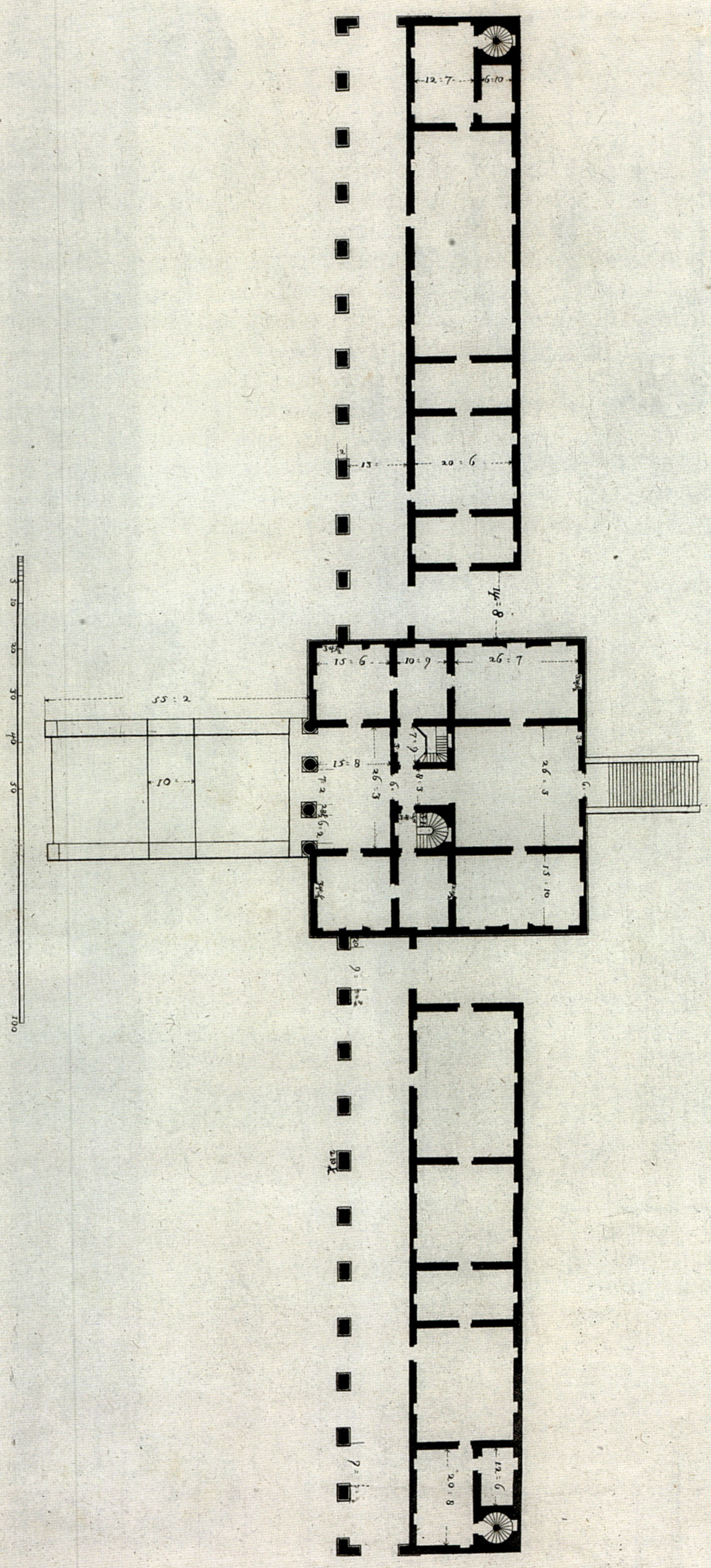

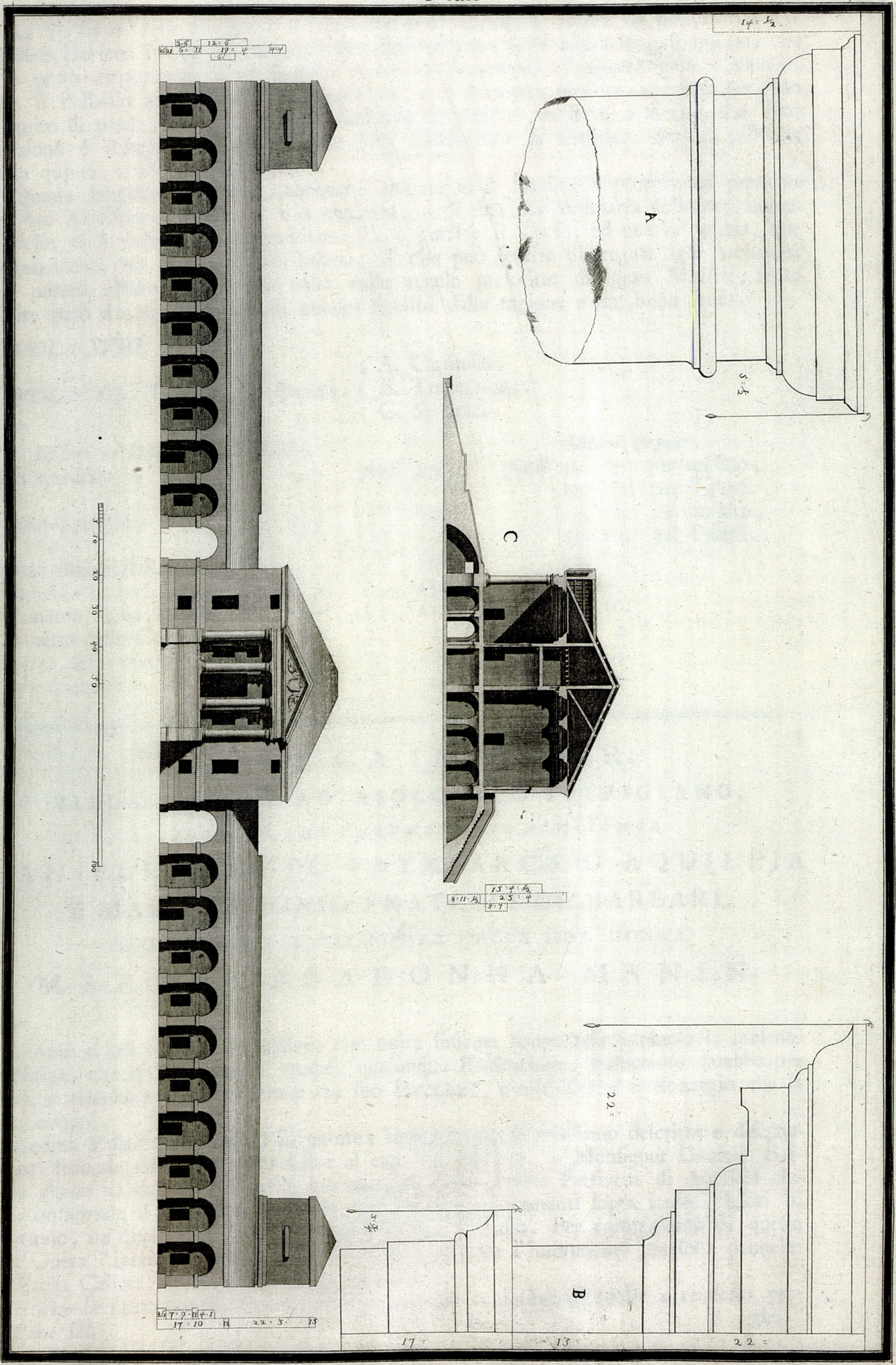
A
B
C

Giambattista Zelotti was asked to fresco the villa's rooms with trompe l'oeil architecture and allegorical scenes.

Giambattista Zelotti wurde beauftragt die Räumlichkeiten der Villa mit Fresken von Scheinarchitektur und allegorischen Szenen zu verzieren.

Giambattista Zelotti a décoré de fresques les salles de la villa, composées de scènes allégoriques et d'architectures en trompe-l'œil.

Giambattista Zelotti werd gevraagd de vertrekken van de villa met fresco's te beschilderen van schijnarchitectuur en allegorische scènes.

Portico and dovecote.

Portikus und Taubenhäuser.

Portique et pigeonnier.

Zuilengalerij en duiventil.

The central building with frescoed atrium.

Der Mitteltrakt mit dem freskengeschmückten Atrium.

Le corps central, avec son atrium décoré de fresques.

Het middendeel met een met fresco's beschilderd atrium.

A FANZOLO Villa del Triuigiano diſcoſto da Caſtelfranco tre miglia, è la ſottopoſta fabrica del Magnifico Signor Leonardo Emo. Le Cantine, i Granari, le Stalle, e gli altri luoghi di Villa ſono dall'vna, e l'altra parte della caſa dominicale, e nell'eſtremità loro vi ſono due colombare, che apportano utile al padrone, & ornamento al luogo, e per tutto ſi può andare al coperto: ilche è vna delle principal coſe, che ſi ricercano ad vna caſa di Villa, come è ſtato auertito di ſopra. Dietro à queſta fabrica è vn giardino quadro di ottanta campi Triuigiani: per mezo il quale corre vn fiumicello, che rende il ſito molto bello, e dilettevole. E' ſtata ornata di pitture da M. Battiſta Venetiano.

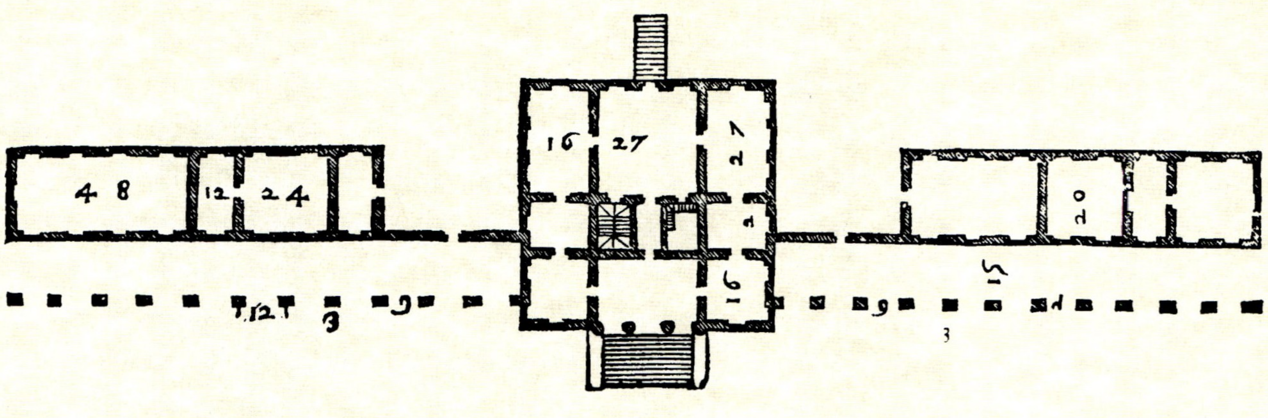

DE I

Villa Emo

FANZOLO DI VEDELAGO, TREVISO

Built between 1554 and 1565, one sees in this architecture the Venetian tradition of barchesse and dovecotes beautifully blended with the classical elements of the main structure crowned by a tympanum.

Die Architektur dieser zwischen 1554 und 1565 erbauten Villa, verbindet auf glänzende Weise den venezianischen Baustil, mit Nebengebäuden und Taubenhäusern, mit der klassischen Form des von einem Tympanon bekrönten Mitteltrakts.

Édifiée entre 1554 et 1565, cette résidence marie admirablement dans son architecture la tradition vénitienne des communs et des pigeonniers avec la culture classique du corps de logis central couronné par un tympan.

Gebouwd tussen 1554 en 1565 in een bouwstijl waarin de Venetiaanse traditie van zijvleugels en duiventillen bewonderenswaardig gecombineerd wordt met de klassieke vorm van het hoofddeel, dat bekroond wordt door een timpaan.

H
H

D. Rossi del. scol.

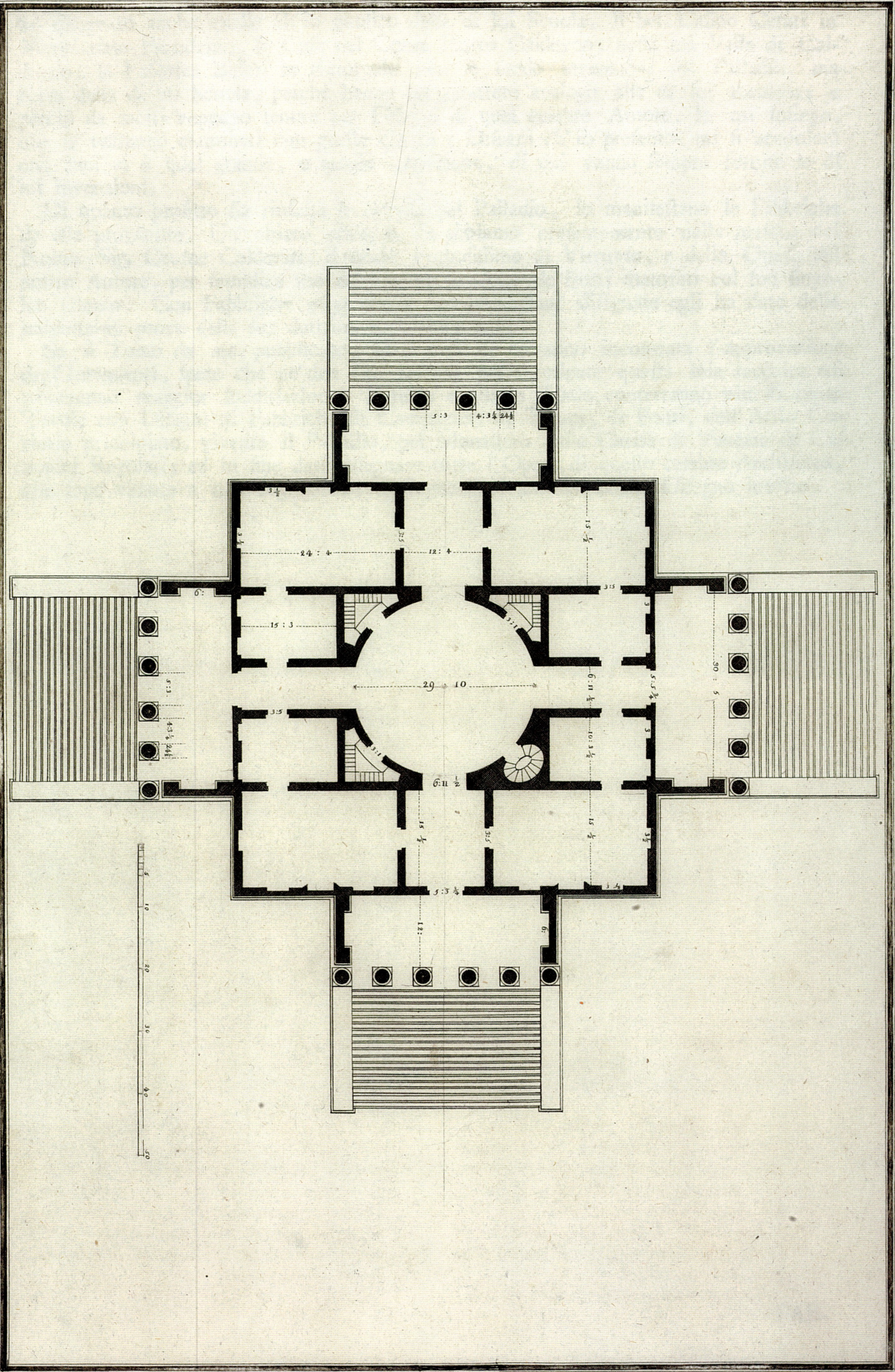

Palladio designed this building of great expressive force using the materials in an interpretive manner, reflecting the Serego family's desire for supremacy over the surrounding territories.

Palladio entwarf ein hier Gebäude, für das er Materialien von großer Ausdruckskraft verwendete. Er wollte damit den Machtstreben der Familie Serego Ausdruck verleihen.

Palladio a conçu cet édifice en donnant une grande force expressive à ses matériaux, traduisant de cette façon la volonté de domination de la famille Serego sur le territoire environnant.

Palladio ontwierp dit gebouw met de grote expressieve kracht van de bouwmaterialen als uitgangspunt. Op die manier vertolkte hij de wens van de familie Serego naar oppergezag over het omringende gebied.

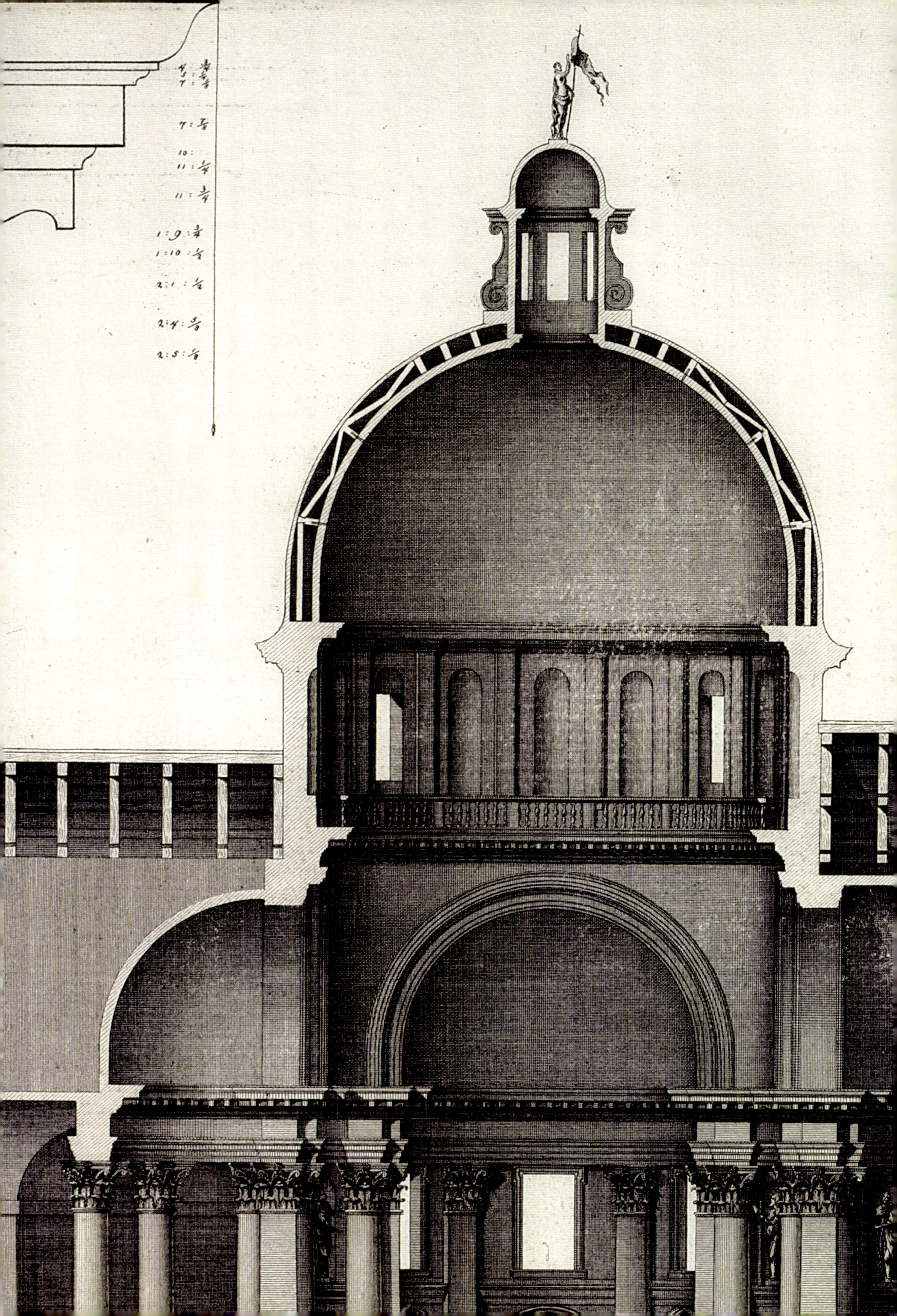
7 : 7/8
10 :
11 : 1/4
11 : 3/4
1 : 9 : 3/4
1 : 10 : 1/2
2 : 1 : 1/2
2 : 4 : 5/8
2 : 5 : 1/8

T.a XXIV

Tom. 3

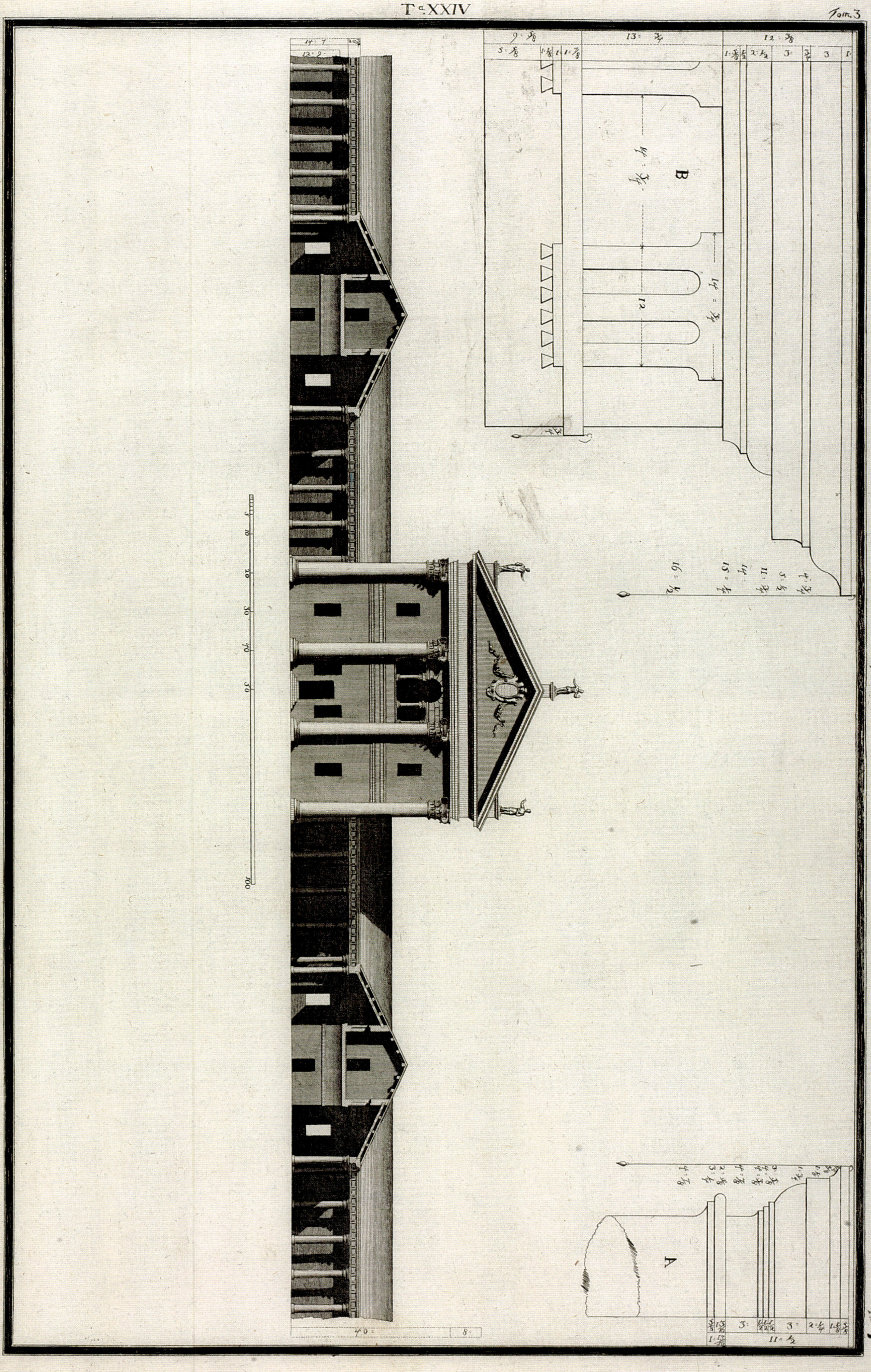

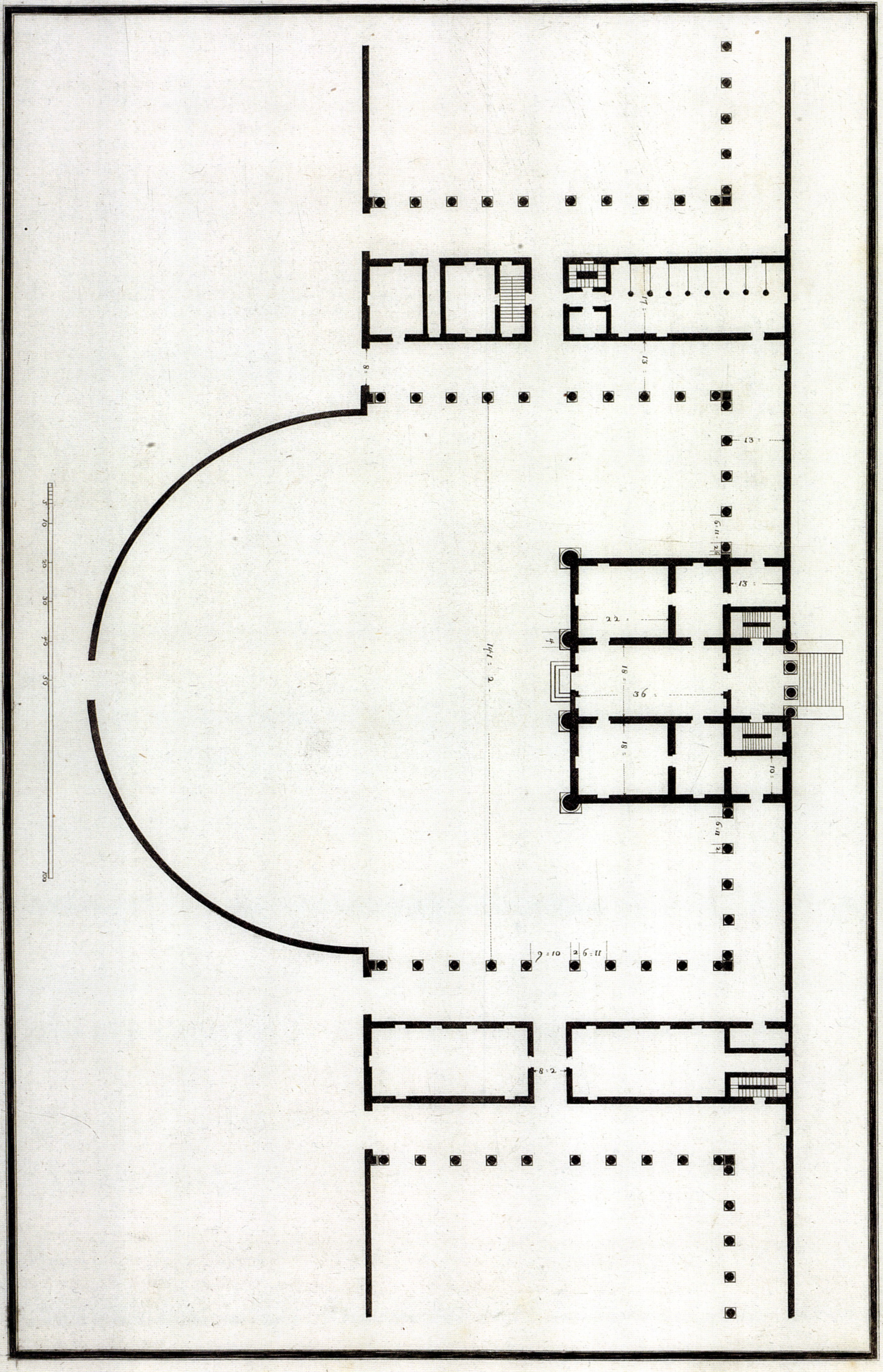

Vichj scul.

LA SEGVENTE fabrica è del Conte Giacomo Angarano da lui fabricata nella ſua Villa di Angarano nel Vicentino. Ne i fianchi del Cortile vi ſono Cantine, Granari, luoghi da fare i uini, luoghi da Gaſtaldo: ſtalle, colombara, e più oltre da una parte il cortile per le coſe di Villa, e dall'altra vn giardino: La caſa del padrone poſta nel mezo è nella parte di ſotto in uolto, & in quella di ſopra in ſolaro: i camerini coſi di ſotto come di ſopra ſono amezati: corre appreſſo queſta fabrica la Brenta fiume copioſo di buoniſsimi peſci. E' queſto luogo celebre per i precioſi uini, che ui ſi fanno, e per li frutti che ui vengono, e molto più per la corteſia del padrone.

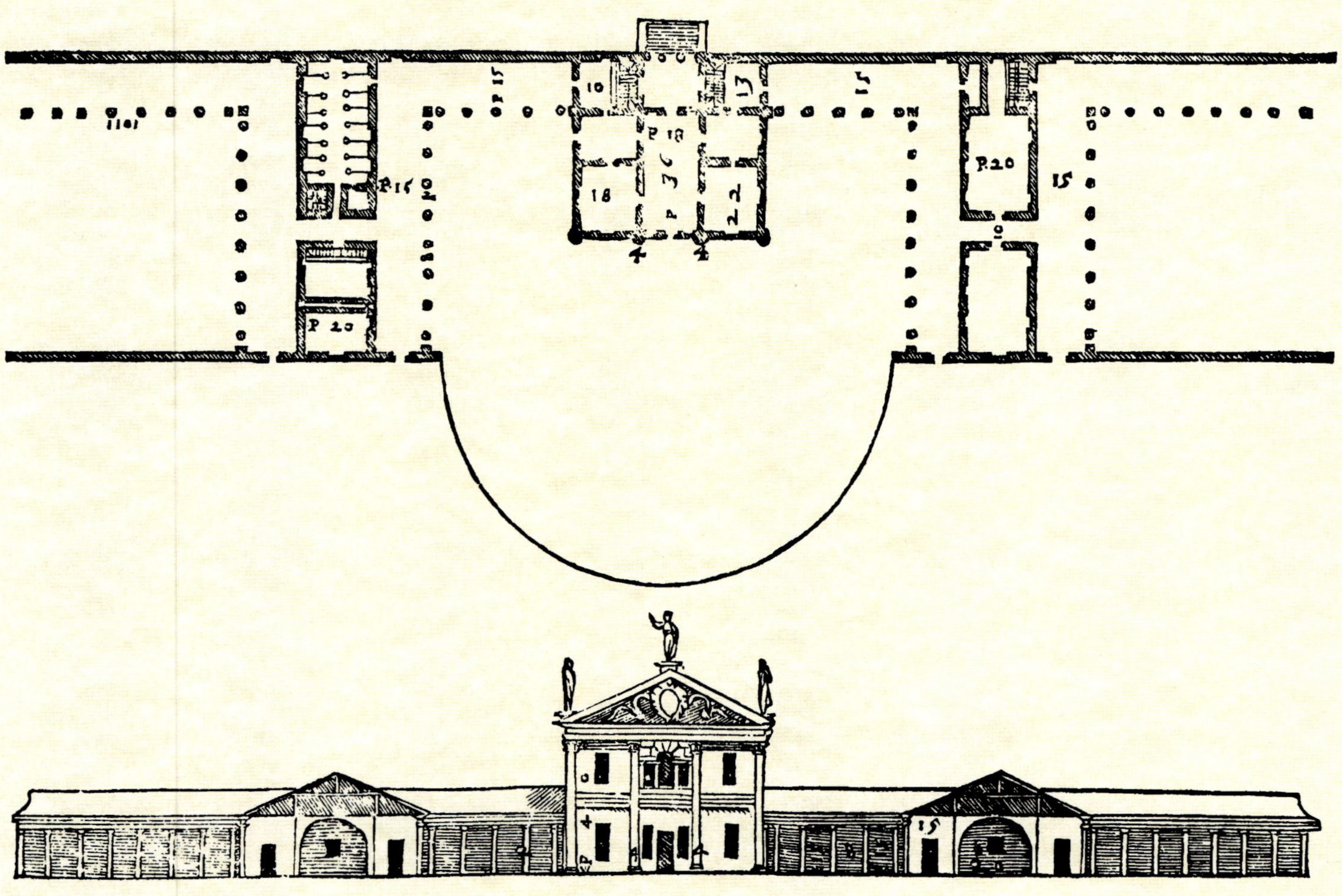

Villa Angarano

BASSANO DEL GRAPPA, VICENZA

Rossi scul.

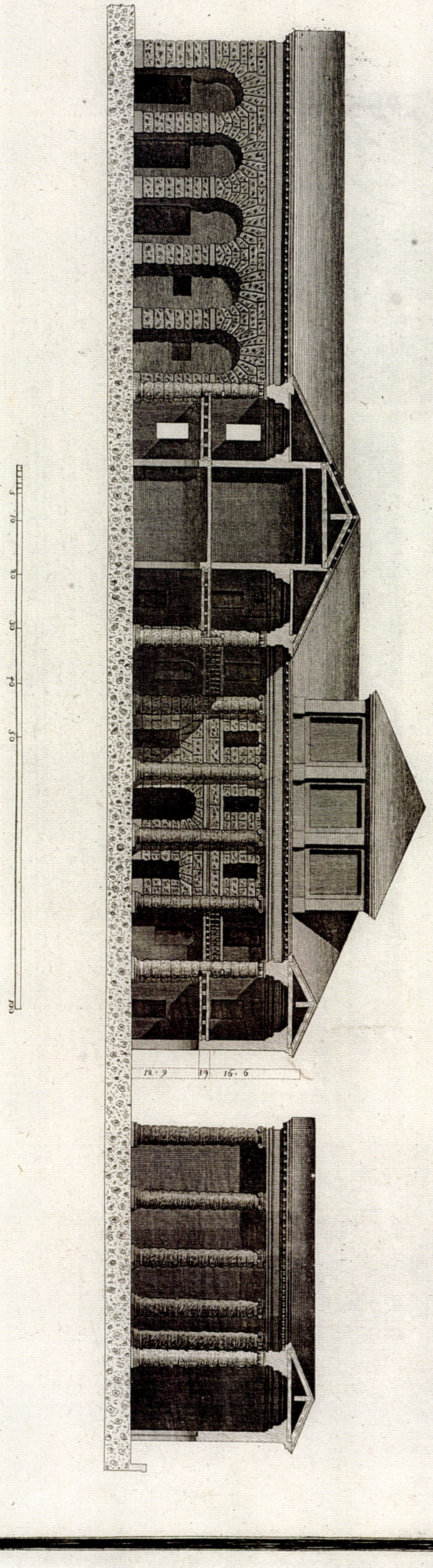

Rossi fec.

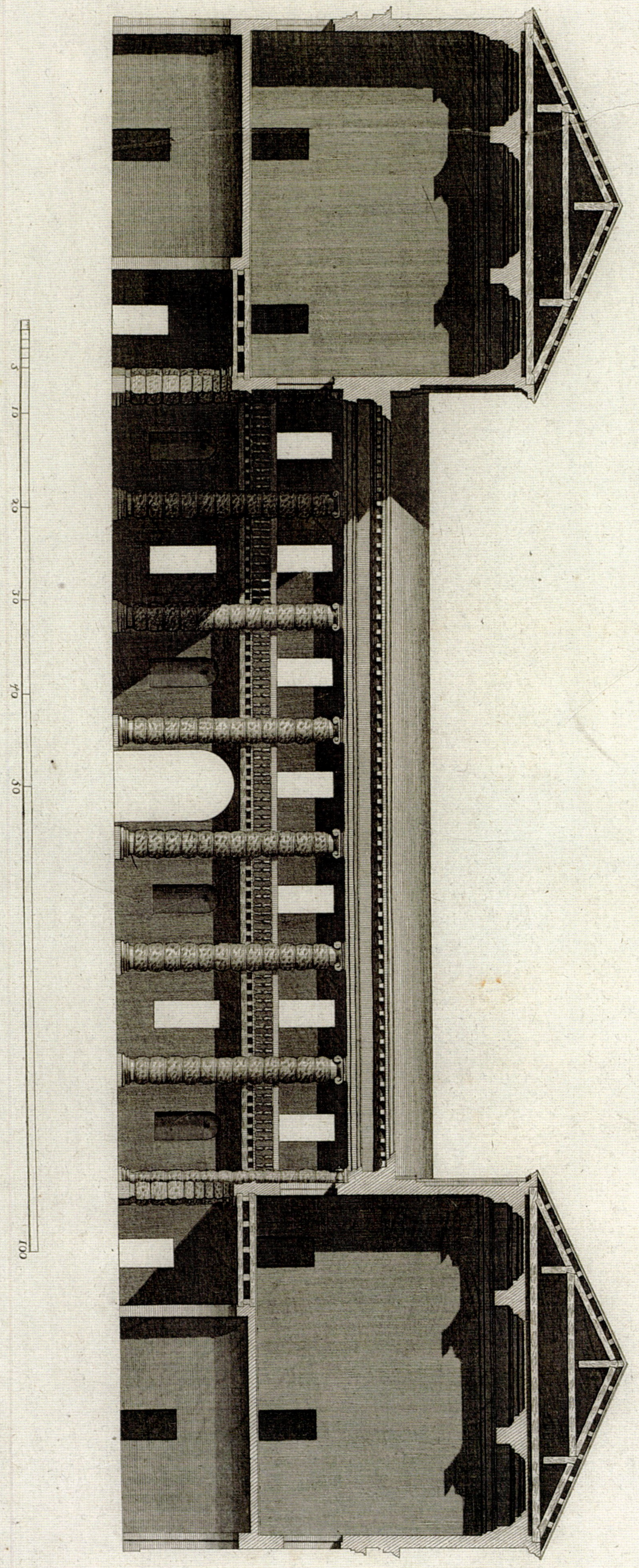

Not much remains of the villa that Palladio designed for Giacomo Angarano: only two *barchesse* flanking the evidently seventeenth century main structure.

Einzig die Seitenflügel der Villa, die Palladio für Giacomo Angarano entworfen hatte, sind erhalten. Sie flankieren den Mitteltrakt aus dem siebzehnten Jahrhundert.

Il ne reste que fort peu d'éléments de la villa conçue pour Giacomo Angarano : deux ailes qui encadrent le corps de logis principal, manifestement du XVIIe siècle.

Van de villa die Palladio voor Giacomo Angarano ontwerpt, is nog maar weinig over: slechts twee zijvleugels, die het overduidelijk 17e-eeuwse hoofdgebouw flankeren.

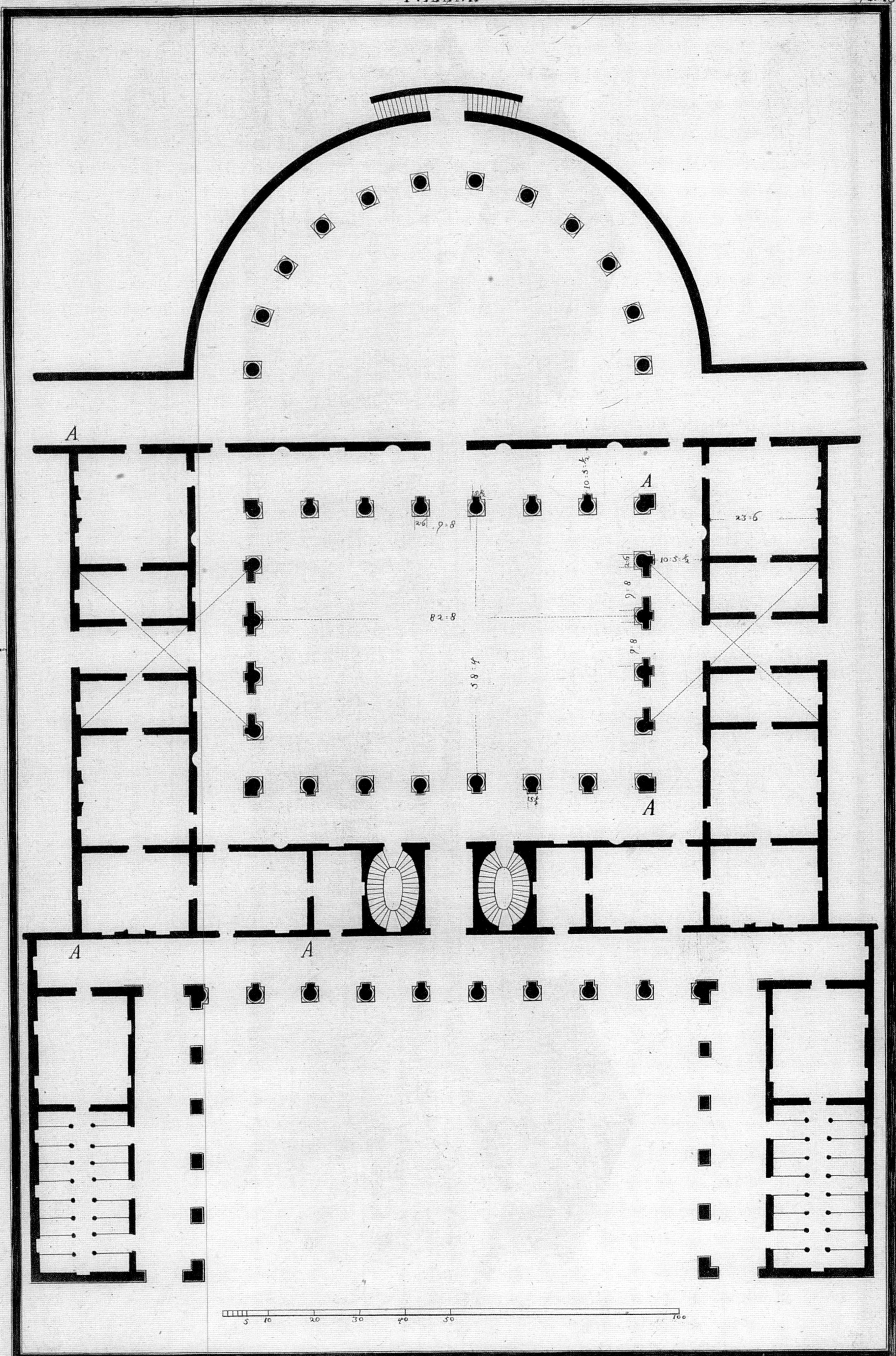
A
A
A
A
A
A
10:5:½
10:5:½
9:8
9:8
9:8
2:6
2:6
82:8
58:4
23:6
15½
5
10
20
30
40
50
100

Rossi scol.

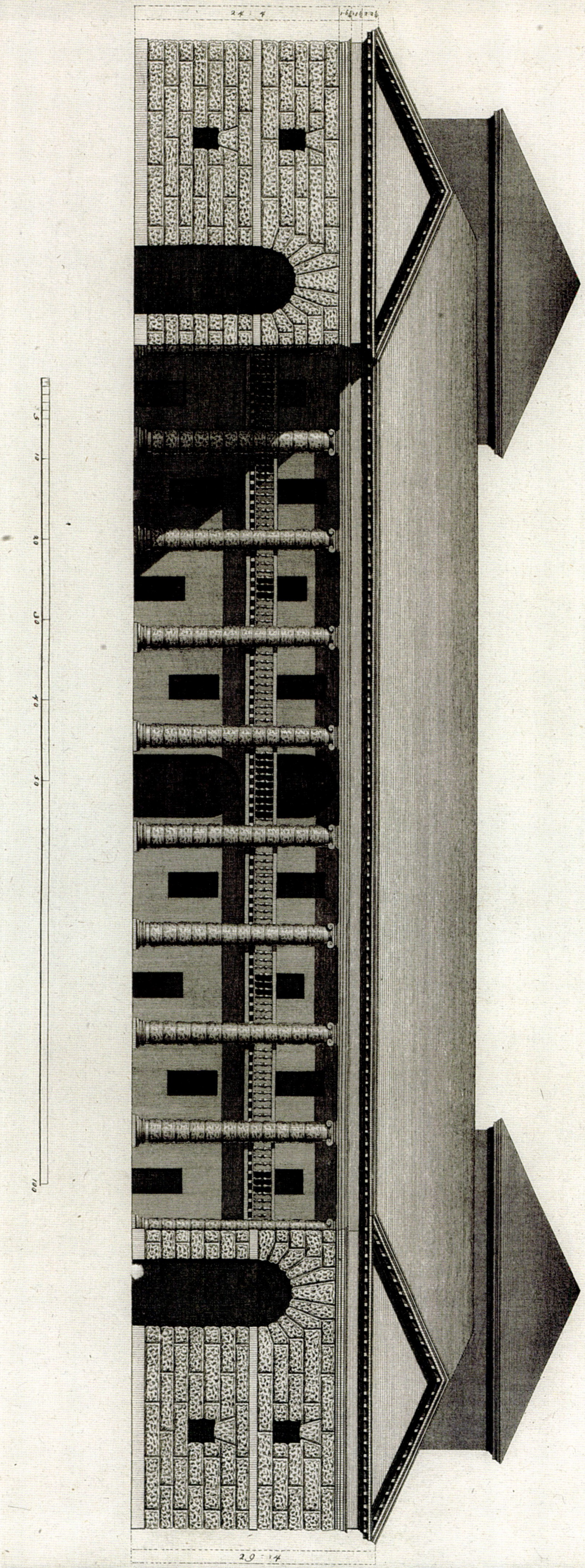

G. Terolini inc.

The villa, built between 1565 and 1570, wraps itself around the large open space of the central courtyard.

Die Villa, die zwischen 1565 und 1570 erbaut wurde, erstreckt sich rund um die großen, leere Fläche des zentralen Innenhofs.

Édifiée entre 1565 et 1570, la villa s'organise autour du grand espace vide de la cour centrale.

De villa, gebouwd tussen 1565 en 1570, ontvouwt zich rondom de grote lege ruimte van de centrale binnenplaats.

SECONDO. 67

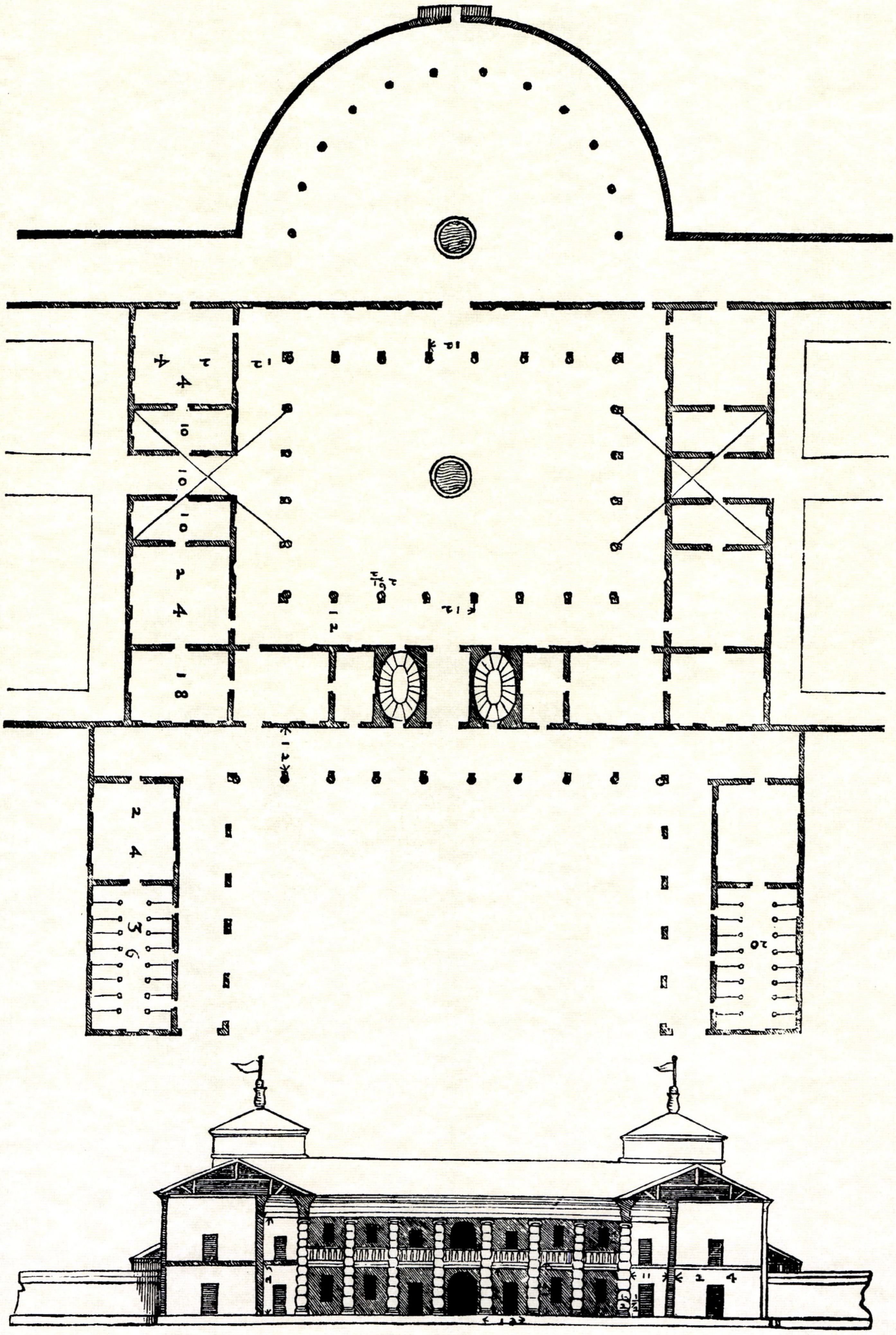

II 2

Villa Serego

SANTA SOFIA DI SAN PIETRO IN CARIANO, VERONA

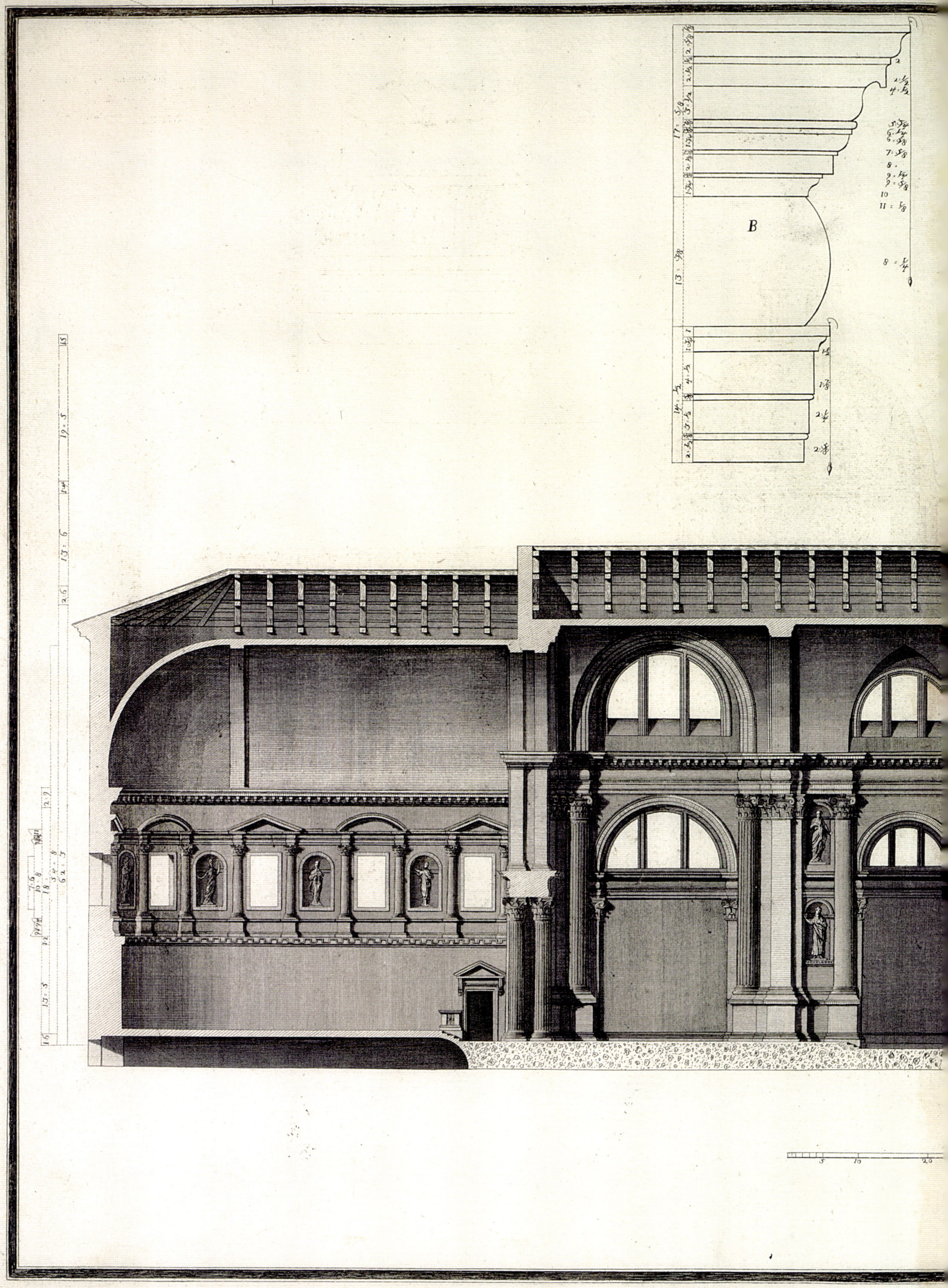

Vicki scul.

Vichj Scol.

Vichj scol.

The monk's choir.

Der Chorraum der Mönche.

Le chœur des moines.

Het monnikenkoor.

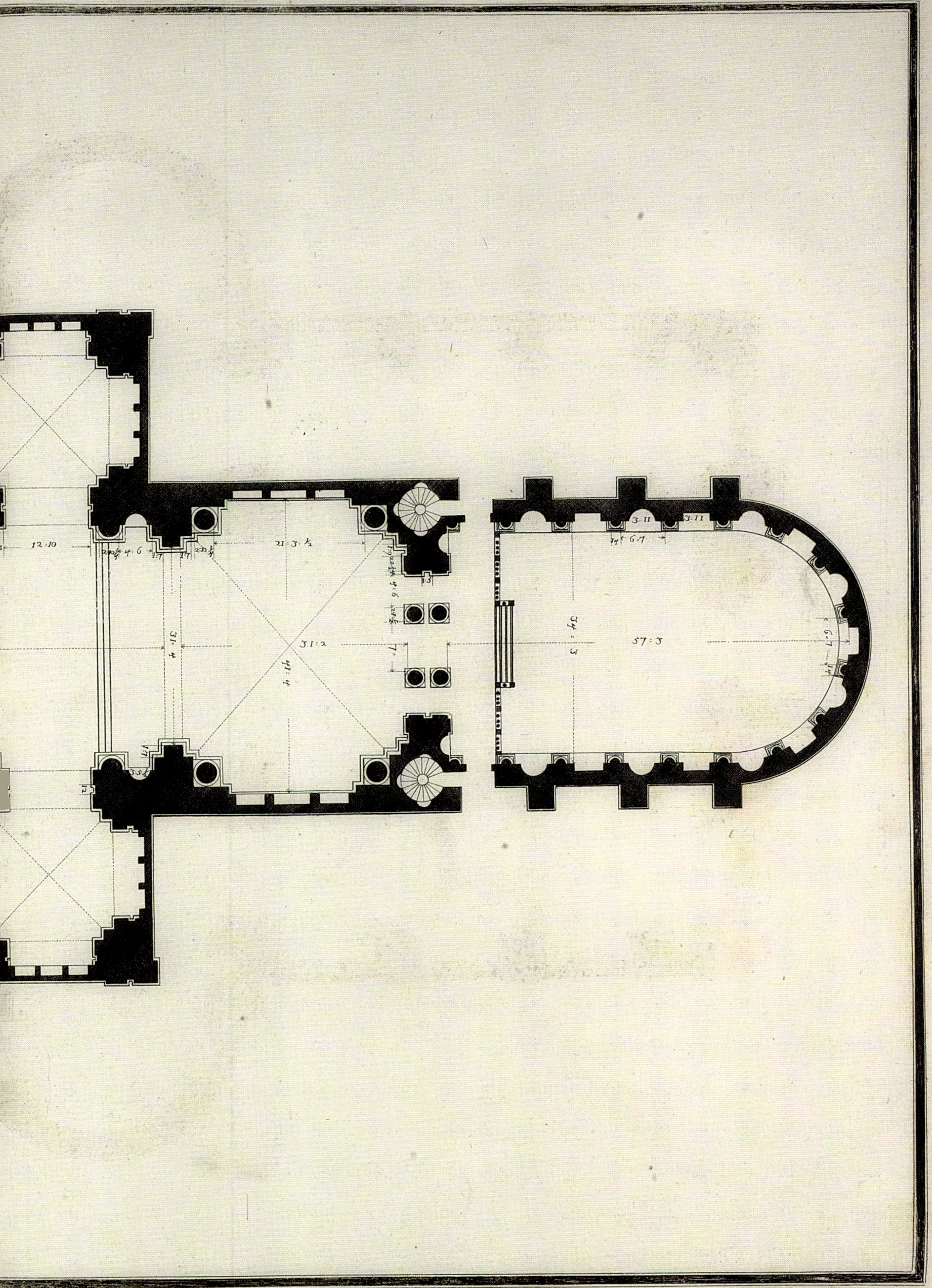
12:10
21:3:½
31:4
31:2
41:4
54:3
57:3
3:11
6:7

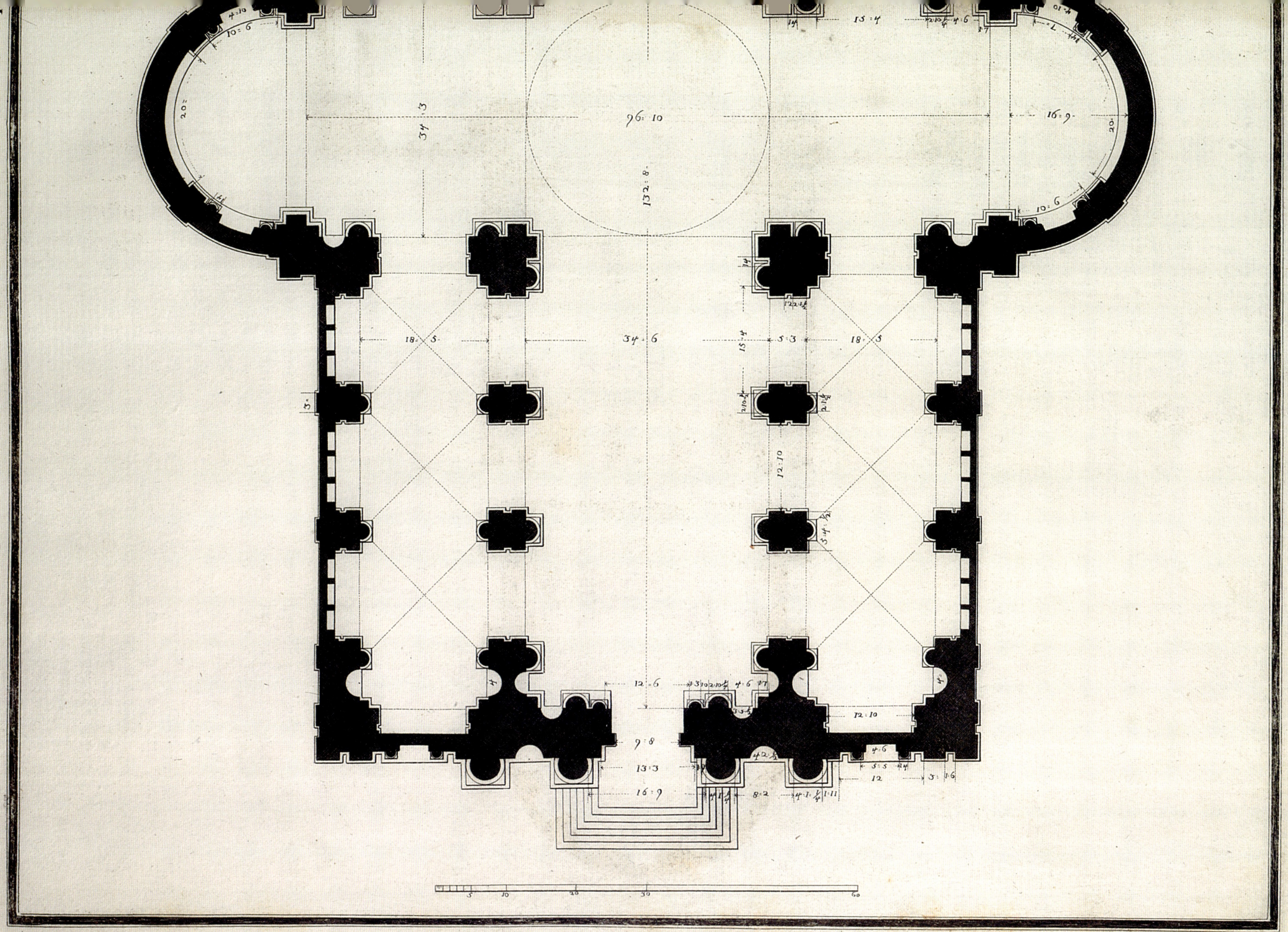

Vichj scol.

Interiors of the Church of San Giorgio Maggiore. Palladio designed it between 1565 and 1566.

Intérieurs de l'église San Giorgio Maggiore. Palladio réalise les plans entre 1565 et 1566.

Innenraum der Kirche San Giorgio Maggiore. Palladio plante sie zwischen 1565 und 1566.

Binnenkant van de kerk van San Giorgio Maggiore. Palladio ontwierp de kerk tussen 1565 en 1566.

Monastero di San Giorgio Maggiore

VENEZIA

Founded long ago in 982 by the monk Giovanni Morosini on the island donated by doge Tribuno Memmo.

In einer fernen Vergangenheit, in 982, wurde das Kloster vom Mönch Giovanni Morosini, auf einer Insel die ihm vom Dogen Tribuno Memmo geschenkt worden war, gegründet.

En 982, le moine Giovanni Morosini fonda le premier monastère sur une île donnée par le doge Tribuno Memmo.

De monnik Giovanni Morosini stichtte het, in het verre 982, op het eiland dat hem geschonken was door de doge Tribuno Memmo.

Andrea Palladio

Chiese ed edifici religiosi

Churches and religious buildings
Kirchen und Sakralbauten
Églises et édifices religieux
Kerken en religieuze gebouwen

The Ionic cloister with double columns, 1579.

Kreuzgang mit Ionischen Doppelsäulen, 1579.

Le cloître ionique, à colonnes jumelées (1579).

De Ionische kloostergang met paarsgewijze zuilen, 1579.

60
70
80
90
100

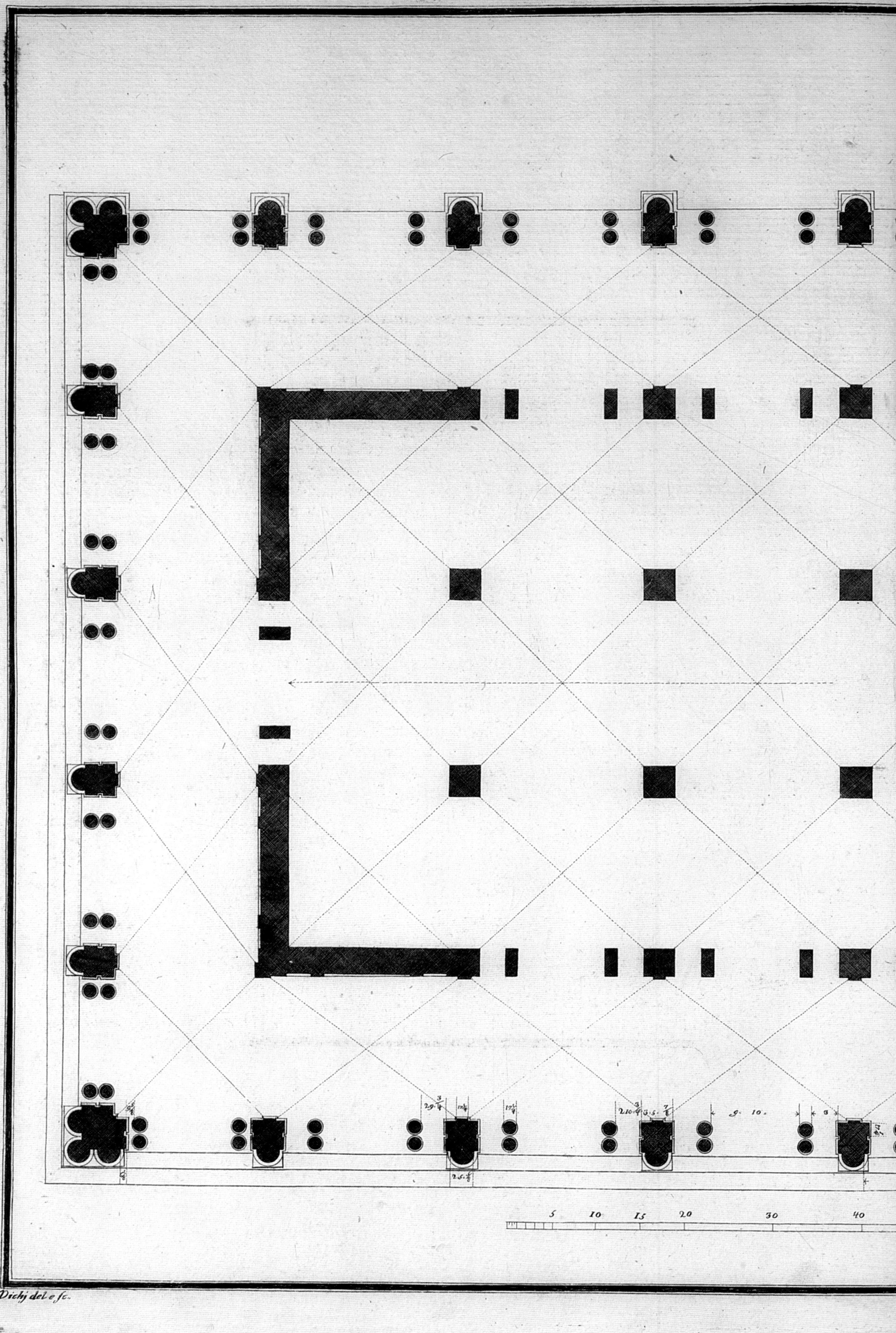

Dichj del e sc.

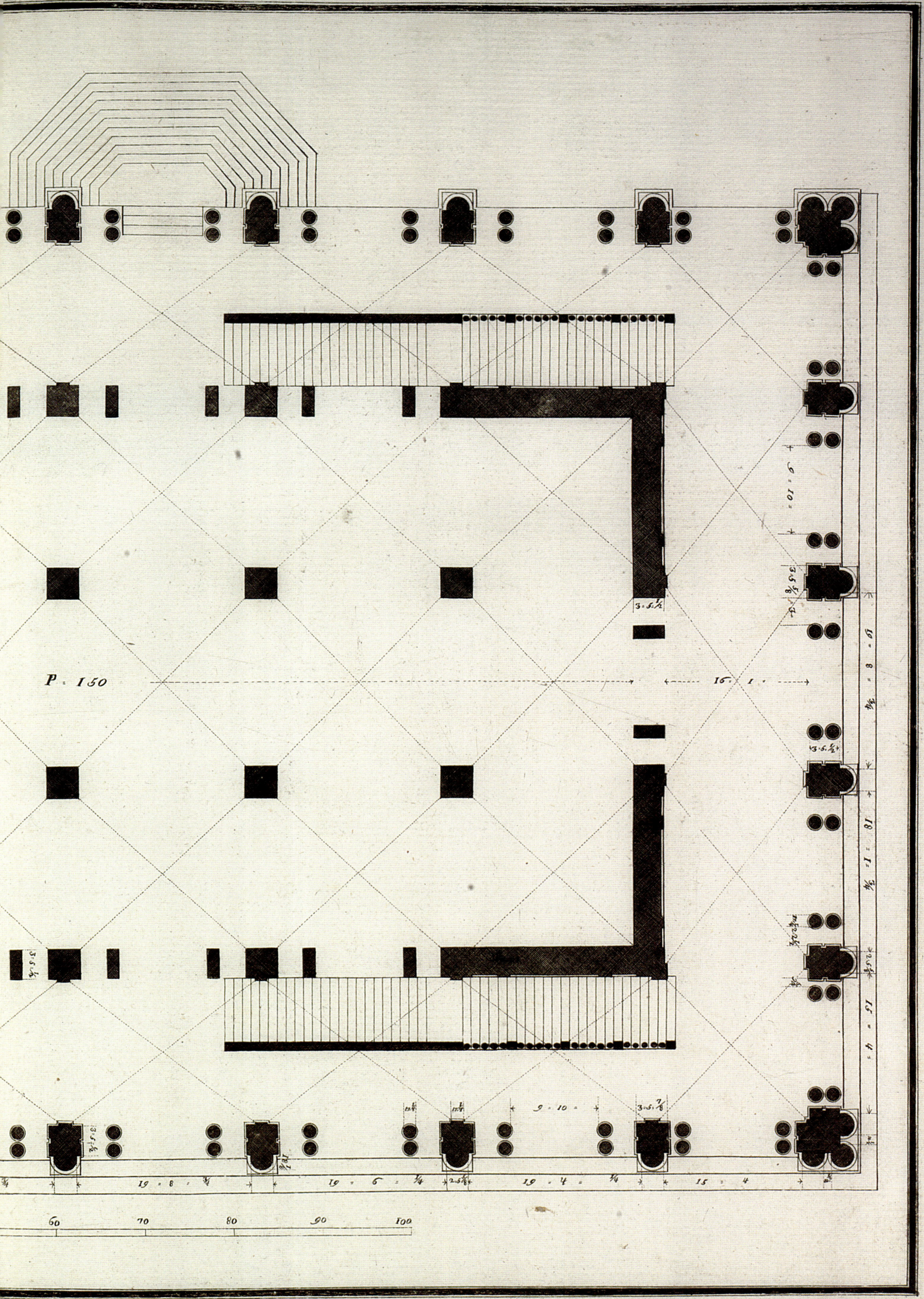
P = 150
60
70
80
90
100

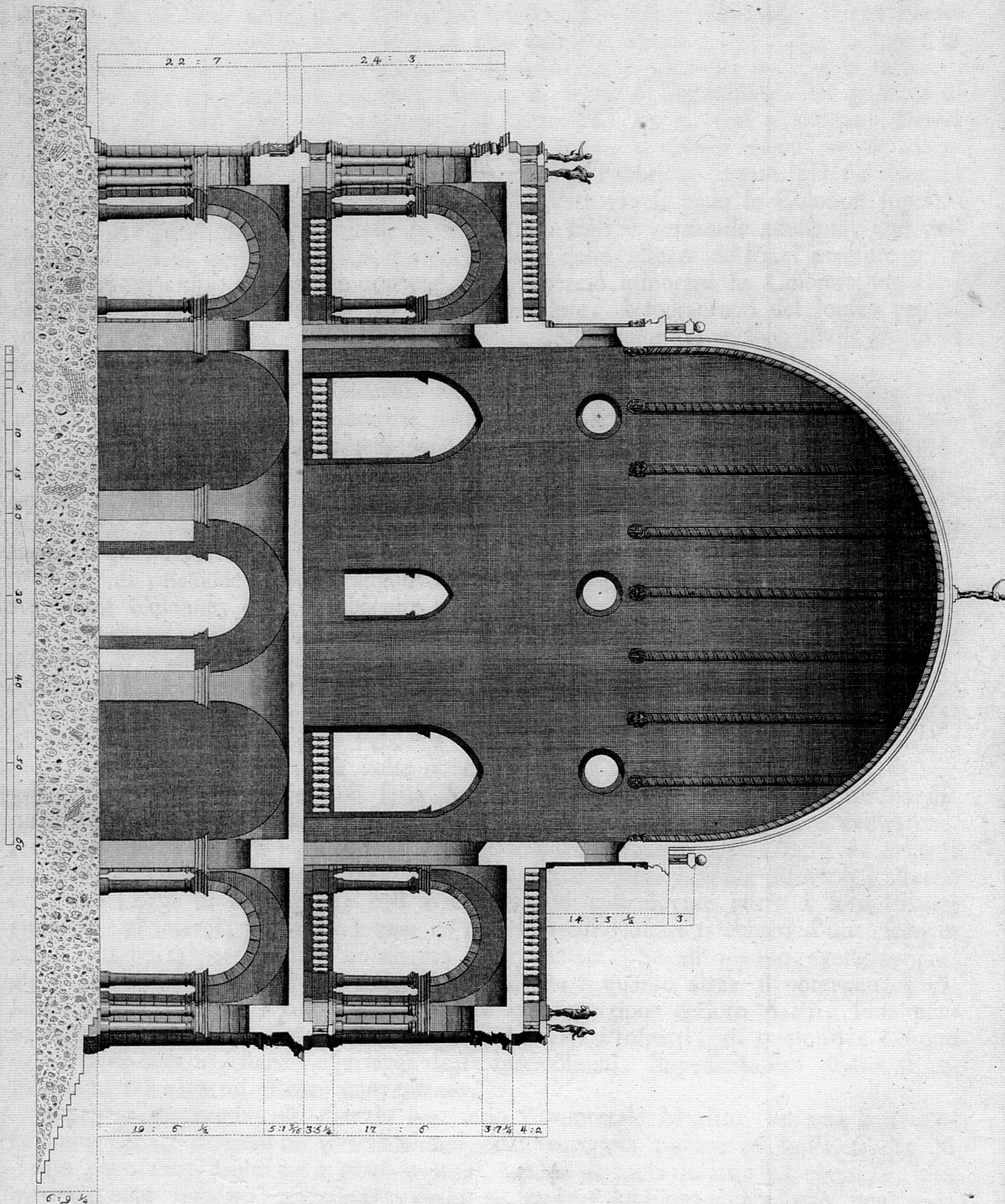

Vichj del. e scol.

Tª XXXI

View of the auditorium and the front of the stage. Palladio's design (1580) revived, in a renaissance key, the ancient Roman theatre.

Blick auf den Zuschauerraum und das Bühnenhaus. Palladios Gebäude (1580) ist die Interpretation eines antiken römischen Theaters in Renaissancestil.

Vue de la cavea et de l'avant-scène. Le projet de Palladio (1580) reprend le plan des anciens théâtres romains, dans l'esprit de la Renaissance.

De cavea en de voorkant van het toneel. Het ontwerp van Palladio (1580) is een renaissancistische herbewerking van het antieke Romeinse theater.

Teatro Olimpico
VICENZA

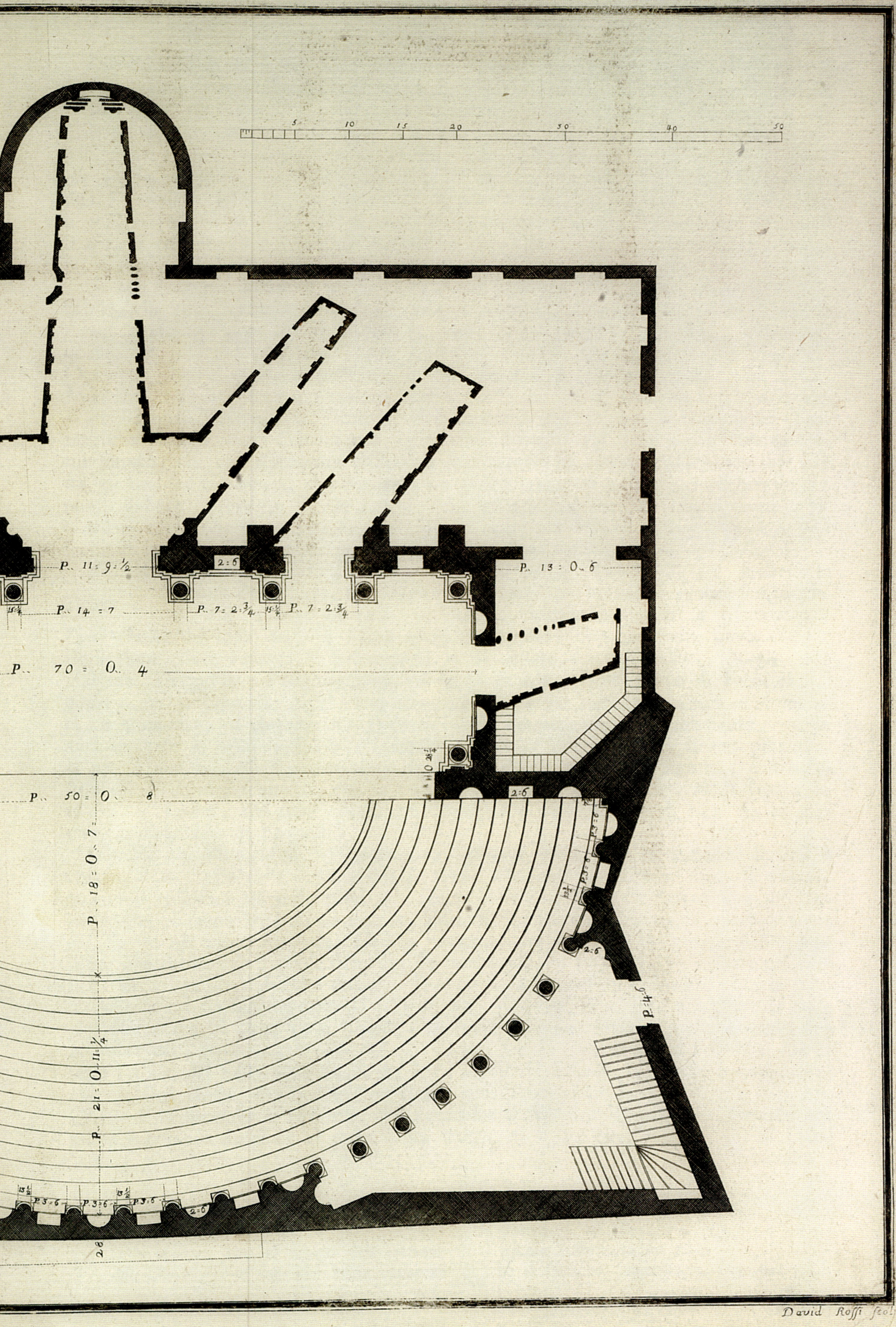

David Rossi fecit

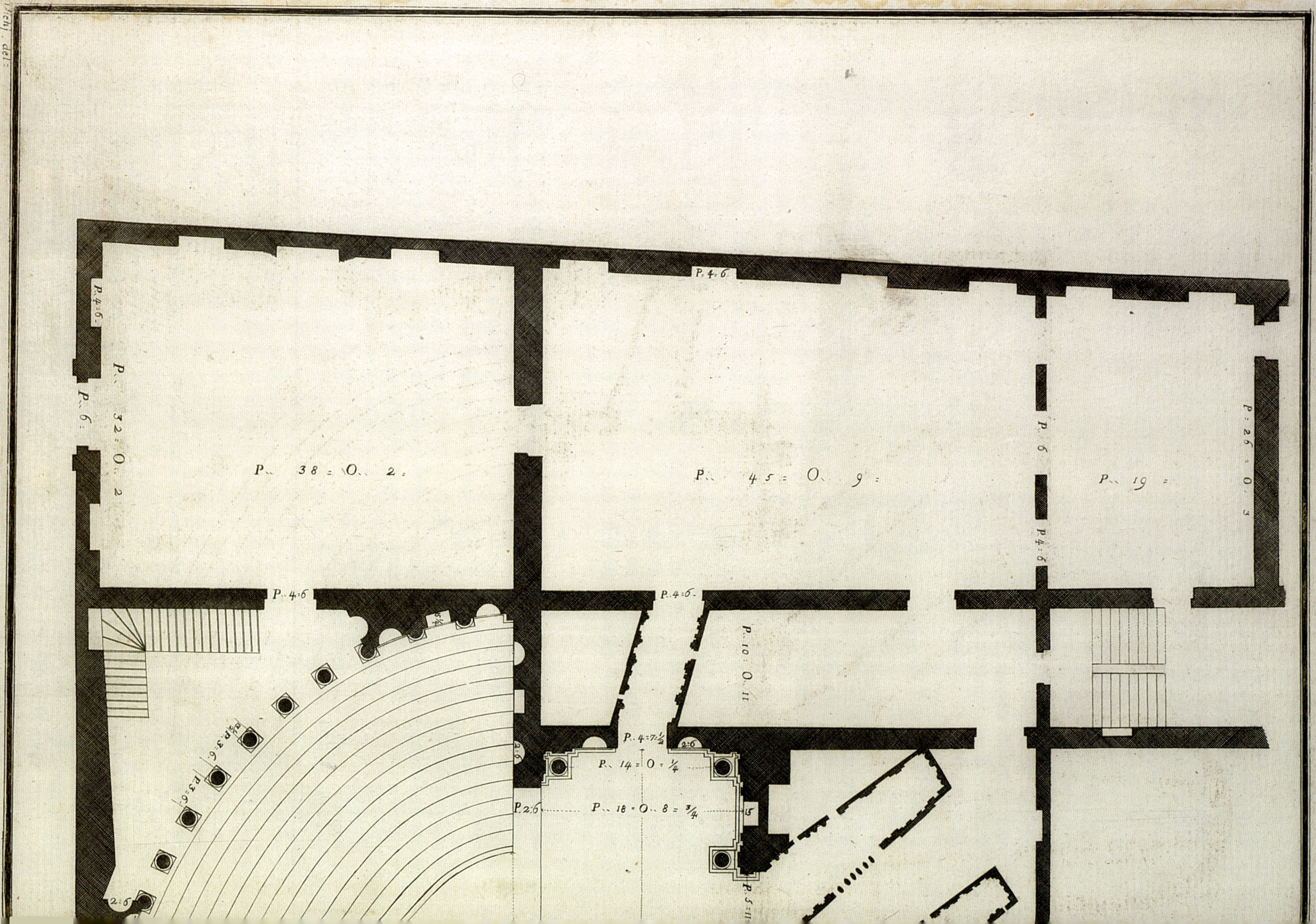
P. 38 = O. 2
P. 45 = O. 9
P. 19
P. 32 = O. 2
P. 26 = O. 3
P. 4.6
P. 6
P. 10 = O. 11
P. 14 = O. 1/4
P. 18 = O. 8 = 3/4
P. 4 = 7 1/2
P. 2.6
P. 3.6
P. 5 = 11

Vichy del.

30
40
Piedi: 14: Oe: 7: ½:
Piedi: 10: Oe: 11:
Piedi: 7: Oe: 7: ⅜:
Santini Sc.

T

David Rossi del: e scol: Vicenza 1776

NIO
THEATRVM HOC
EREXIT
LLADIO ARCHIT
30
40

OLYMPICOR
A
ANN

OPVS
GENIO
IA THEATRVM HOC
S EREXIT
PALLADIO ARCHIT.

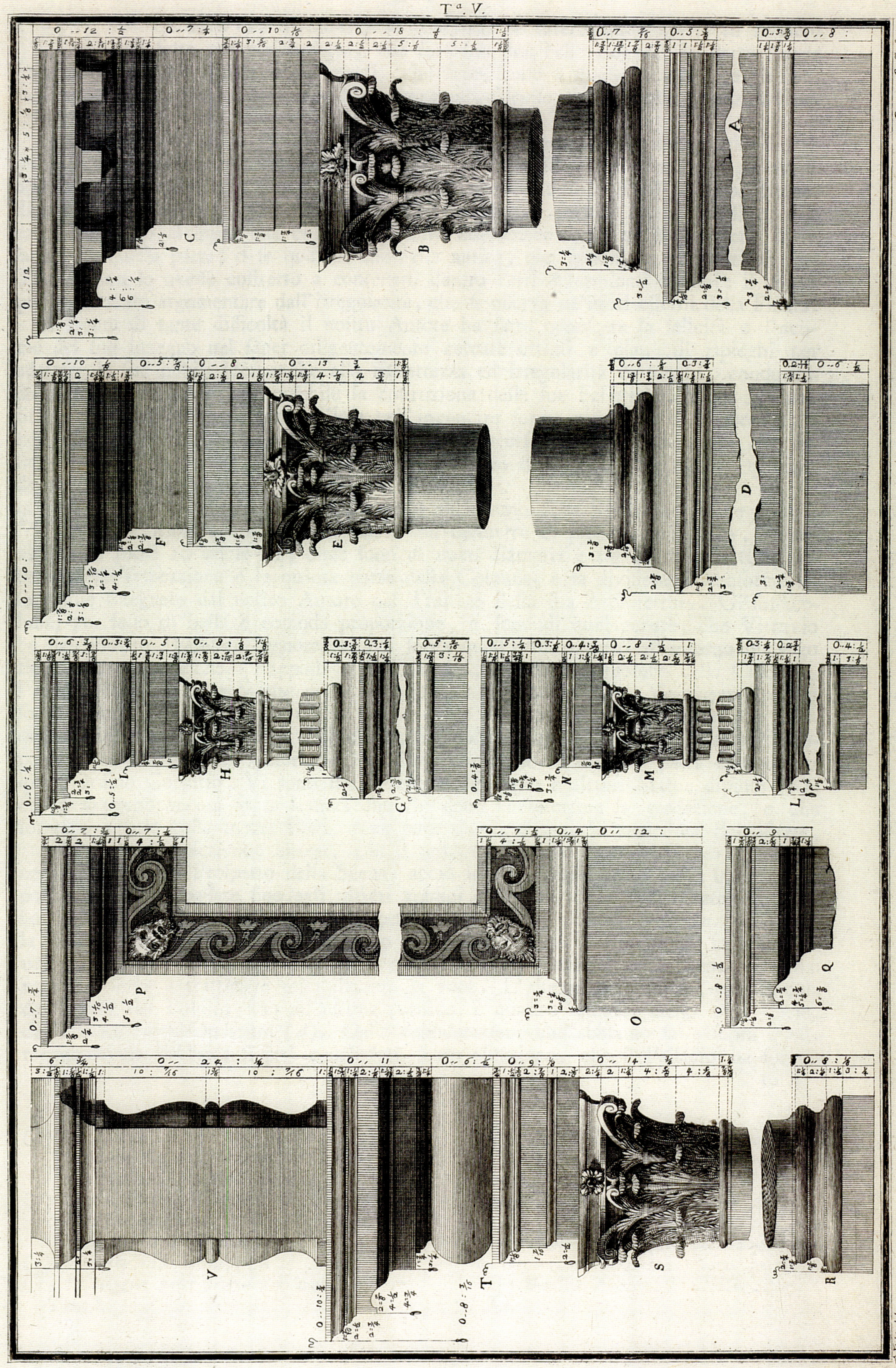

David Rossi sculp.

Vasi del.

The statues that ornament the front of the stage are not Roman emperors but rather members of the *Accademia Olimpica* in ancient Roman dress.

Die Statuen, die das Bühnenhaus schmücken, sind keine römischen Kaiser, sondern Mitglieder der Olympischen Akademie in römischer Tracht.

Les statues qui ornent l'avant-scène ne représentent pas des empereurs romains, mais figurent des membres de l'Accademia Olimpica habillés à la romaine.

De beelden die de voorkant van het toneel sieren zijn geen Romeinse keizers, maar leden van de Accademia Olimpica gekleed als oude Romeinen.

Vichi del.

Pi: 5: & 7: 13/16
Piedi: 5: & 5: 3/4
Pi: 3: & 5: 5/8
Piedi: 10: & 11:
Piedi: 14: & 7: 1/2
Piedi: 5: & 9: 2/8
30
40

Santini Sc.

There are many doubts about the Palladian attribution of this Corinthian marble arch. The date of construction is certain (1595).

Es gibt einige Zweifel an der Zuschreibung des Korinthischen Marmorbogens an Palladio. Sicher fest steht nur das Datum der Errichtung: 1595.

L'attribution à Palladio de cet arc de triomphe corinthien en marbre est très douteuse. Seule la date de construction (1595) est assurée.

Er zijn veel twijfels over of deze Korinthische marmeren boog van Palladio is. Het bouwjaar is wel zeker: 1595.

Arco "delle Scalette"

VICENZA

Tª XLV

Gaetano Vichi del.

Cristoforo Dall'Acqua sculp.

Porta Gemona

SAN DANIELE DEL FRIULI, UDINE

Palladio provided drawings of the gateway, in practice a retooling of the Arco Bollani's design.

Palladio lieferte die Entwürfe für das Tor, das dem Arco Bollani nachempfunden ist.

Palladio a fourni les dessins de la porte, en remaniant le projet de l'Arco Bollani.

Palladio leverde de bouwtekeningen voor deze poort, die in feite een herbewerking is van zijn ontwerp voor de Arco Bollani.

Arco Bollani

UDINE

The Venetian Lieutenant Domenico Bollani commissioned this self-celebratory arch from Palladio in 1556.

Der Venezianische Leutnant Domenico Bollani erteilte 1556 Palladio den Auftrag zum Bau des Bogens. Sein Motiv war Selbstverherrlichung.

Cet arc monumental a été commandé à Palladio en 1556 par le Lieutenant de Venise, Domenico Bollani, dans une perspective d'auto-glorification.

Palladio kreeg in 1556 opdracht voor deze boog van de Venetiaanse luitenant Domenico Bollani, die een monument voor zichzelf wilde.

Palladio's design for a wooden bridge, characterized by Tuscan-style columns, is from 1569. He had to replace an historic bridge that had been swept away by a disastrous flooding of the Brenta River.

Palladios entwarf 1569 eine Holzbrücke mit charakteristischen toskanischen Säulen. Sie ersetze die alte Brenta-Brücke, die von einem verheerenden Hochwasser mitgerissen worden war.

Le projet palladien d'un pont en bois caractérisé par ses colonnes de style toscan date de 1569. Il devait remplacer un ancien pont historique, emporté par une crue catastrophique du fleuve.

In 1569 maakt Palladio een ontwerp voor een houten brug met steunpilaren in Toscaanse stijl. Die moest een historische brug vervangen die door een woeste overstroming van de rivier de Brenta was meegesleurd.

Ponte sul Brenta

BASSANO DEL GRAPPA, VICENZA

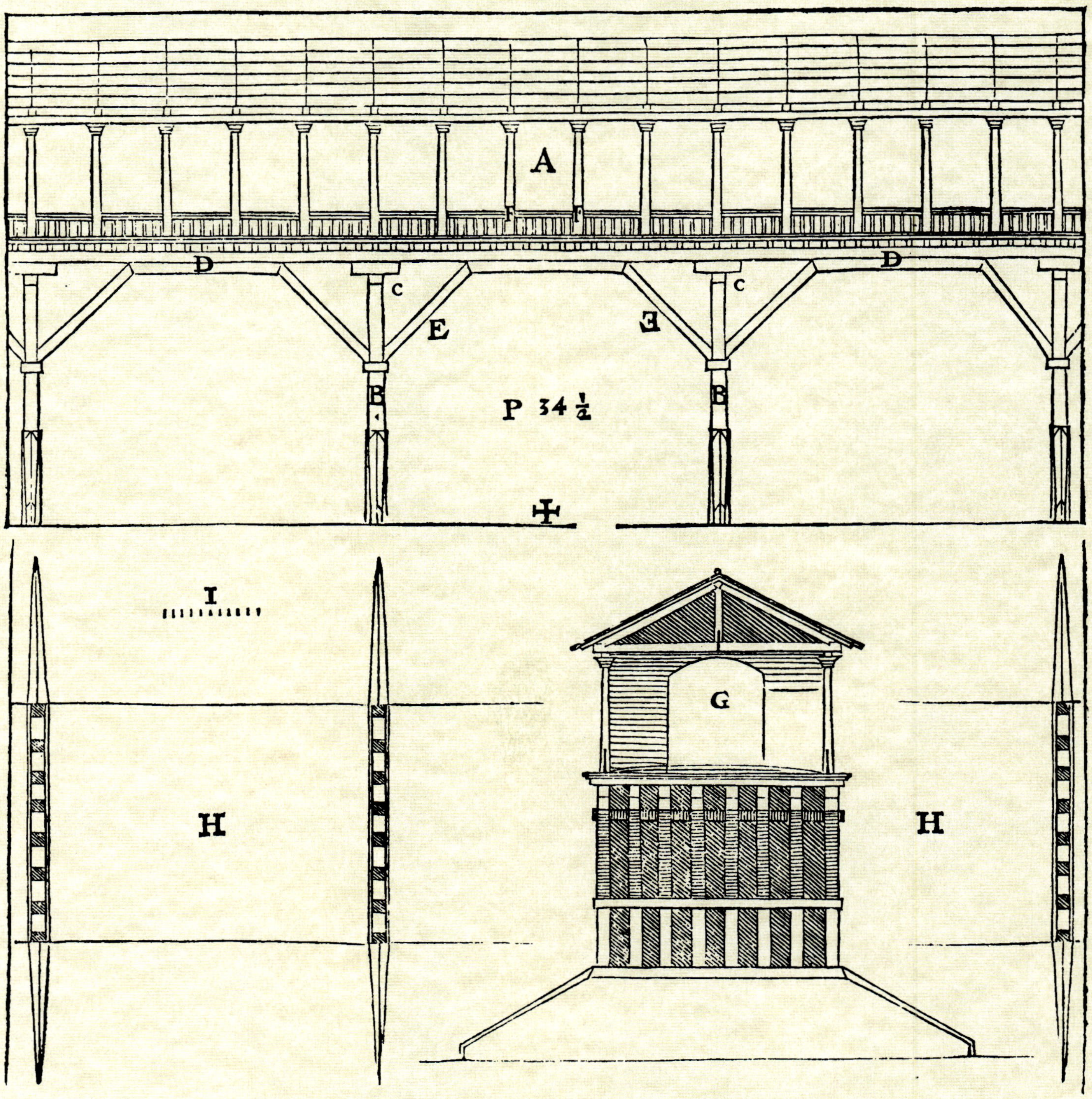

DE I PONTI DI PIETRA, E DI QVELLO che nell'edificarli si deue osseruare. Cap. X.

FECERO prima gli huomini i ponti di legno, come quelli, che alla lor presente necessità attendeuano solamente: ma poi che cominciarono ad hauer riguardo all'immortalità de' lor nomi; & che le ricchezze diedero loro animo, e commodità à cose maggiori, cominciarono à farli di pietra, iquali sono più durabili, di maggior spesa, e di più gloria à gli edificatori. In questi, quattro parti si deuono considerare, cioè, i capi, che nelle ripe si fanno: i pilastri, che nel fiume si fondano: gli archi, che sono sostentati da detti pilastri: & il Pauimento, ilqual si fa sopra gli archi. I capi de' ponti deuono farsi fermissimi, e sodi; conciosiache non solo seruino à sostener il carico de gli archi, come gli altri pilastri, ma di più tenghino unito tutto il Ponte, e non lasciano che gli archi si aprano: e però si faranno oue le ripe siano di pietra, ouero almeno di

terren

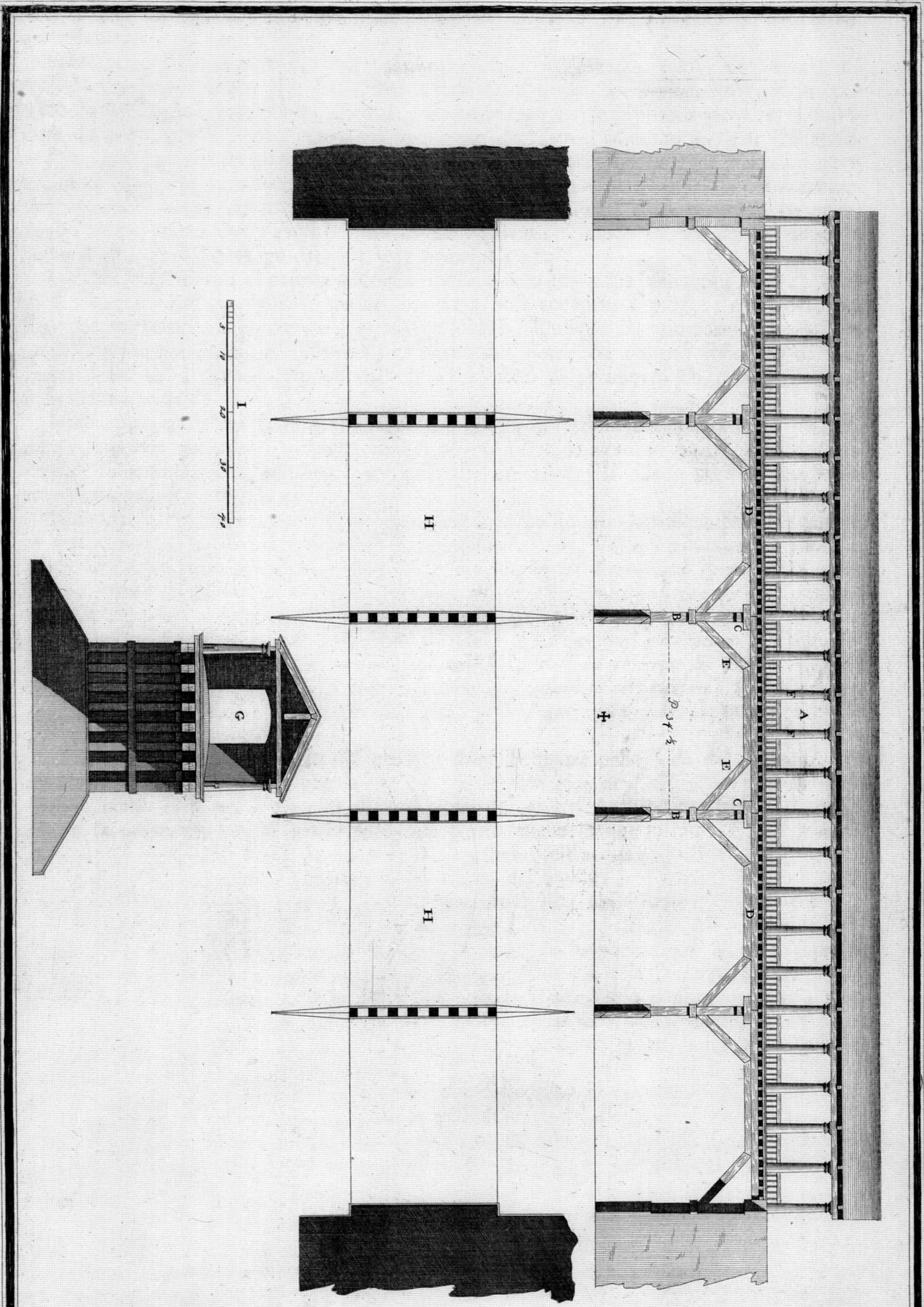
A
B
B
C
C
D
D
E
E
F
F
G
H
H
I
5 10 20 30 40

This lovely stone bridge must be a Palladian idea dating back to 1569, but not made until eleven years later.

Die schöne steinerne Brücke beruht auf Entwurf Palladios aus dem Jahre 1569, wurde aber erst elf Jahre später realisiert.

Ce très beau pont de pierre est un projet palladien de 1569, mais réalisé beaucoup plus tard.

Het palladiaanse idee voor deze prachtige stenen brug stamt uit 1569, maar pas elf jaar later werd hij gerealiseerd.

Ponte sul Tesina
TORRI DI QUARTESOLO, VICENZA

DEL PONTE DI VICENZA, CH'E' SOPRA IL Bacchiglione. Cap. XII.

PASSANO per Vicenza due fiumi, l'uno de' quali è detto il Bacchiglione, e l'altro il Rerone. Il Rerone nell'uſcir della Città entra nel Bacchiglione, e perde ſubito il nome. Sopra queſti fiumi ſono due ponti Antichi; di quello, ch'è ſopra il Bacchiglione ſi uedono i pilaſtri, & un'arcò ancora intiero appreſſo la chieſa di S.Maria de gli Angioli; il rimanente è tutto opera moderna. E' queſto ponte diuiſo in tre archi, quel di mezo è di larghezza di trenta piedi; gli altri due ſono larghi ſolo piedi uentidue, e mezo; ilche fu fatto acciò che'l fiume haueſſe nel mezo più libero il ſuo corſo. I Pilaſtri ſono groſſi per la quinta parte della luce de' uolti minori, e per la ſeſta del maggiore. Gli archi hanno di frezza la terza parte del lor diametro; il lor modeno è groſſo per la nona parte de i uolti piccioli; e per la duodecima di quel di mezo, e ſono lauorati à foggia di Architraue. Nell'eſtreme parti della lunghezza de' pilaſtri, ſotto l'impoſte de gli archi, ſportano in fuori alcune pietre, lequali nel fabricare il ponte ſeruiuano per ſoſtener le traui, ſopra lequali ſi faceua l'armamento de' uolti: & in queſto modo ſi fuggiua il pericolo che creſcendo il fiume non portaſſe uia i pali con ruina dell'opera, iquali facendoſi altrimenti, ſarebbe ſtato biſogno ficcar nel fiume, per far il dett'armamento.

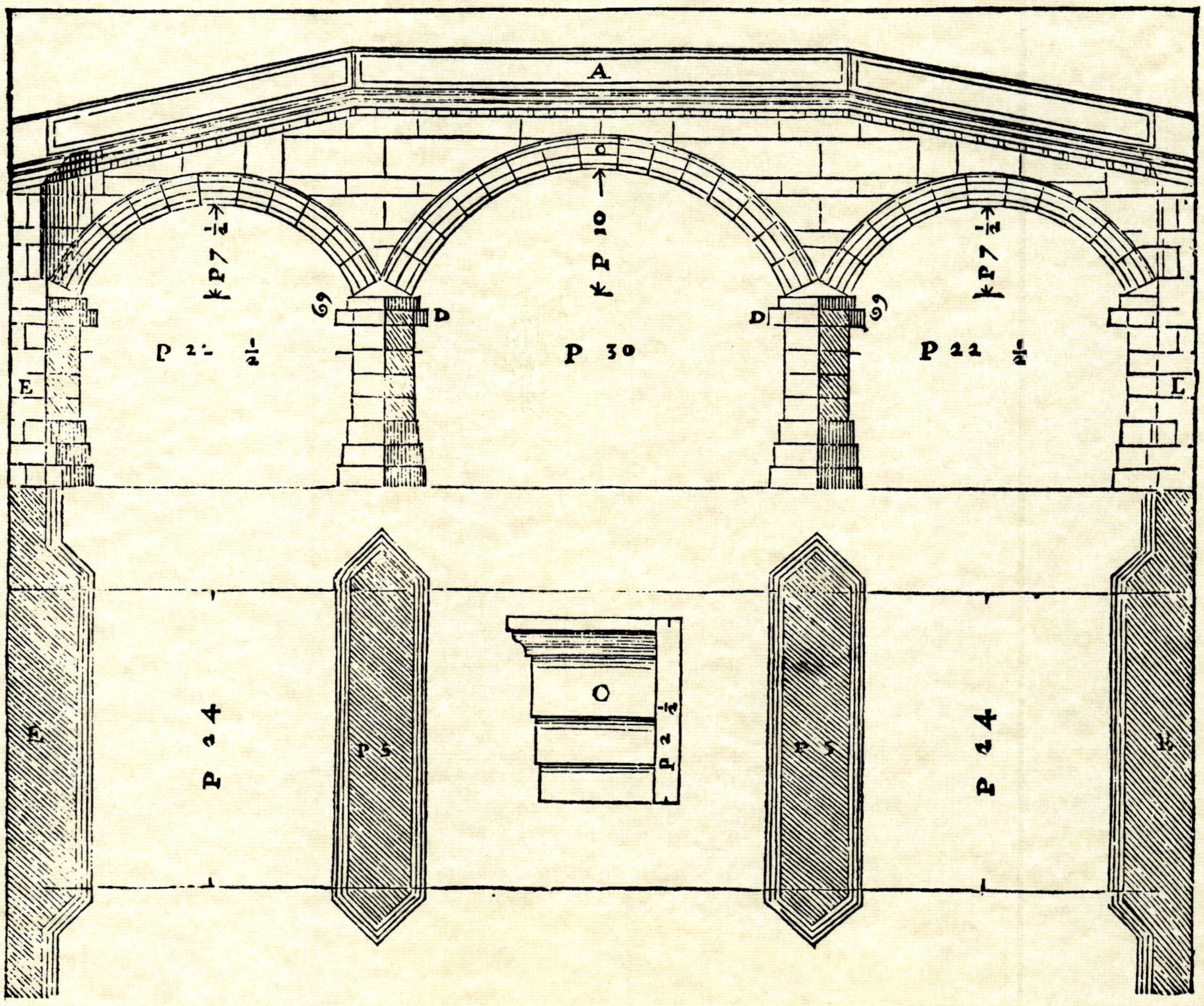

A, E' la ſponda del ponte.
C, E' il modeno de gli archi.
D, Sono le pietre, che eſcono fuori del rimanente de' pilaſtri, e ſeruono à far l'armamento de' uolti.
E, Sono i capi del ponte.

DI VN

G. Testolini inc.

A project that was announced, extolled in books and famous paintings, but never made. Political squabbles and personal rivalries between architects combined to impede the process of a decision in favour of one design over another.

Ein Bauvorhaben, das in Bildern und Büchern angekündigt und verherrlicht wurde, aber nie verwirklicht wurde. Politische Querelen und persönliche Rivalitäten zwischen konkurrierenden Architekten verhinderten, dass eine Entscheidung für eines der Projekte getroffen wurde.

Ce projet monumental, annoncé et glorifié dans des livres et des tableaux célèbres, ne fut jamais réalisé. Des querelles politiques et des rivalités personnelles entre les architectes appelés à concourir empêchèrent finalement toute décision dans un sens ou dans un autre. Légende en bas

Een project dat werd aangekondigd, opgehemeld in boeken en beroemde schilderijen, maar nooit werd gerealiseerd. Politieke ruzies en onderlinge rivaliteit tussen de deelnemende architecten verhinderden het maken van een definitieve keuze voor één bepaald ontwerp.

Canaletto. *Capriccio con il Ponte di Rialto e architetture palladiane*. Galleria Nazionale, Parma.

Ponte di Rialto

VENEZIA

E
G
E
C
F
B
C
C
E
D
A
C
C
F
B
C
E

Palladio's drawing for the Rialto Bridge.
Museo Civico di Vicenza.

Entwurf Palladios für die Rialto-Brücke.
Museo Civico di Vicenza.

Dessin de Palladio pour le pont du Rialto.
Museo Civico, Vicence.

Ontwerp van Palladio voor de Rialto-brug.
Museo Civico in Vicenza.

G. Testolini inc.

T.ª LII.

Tom. 4.°

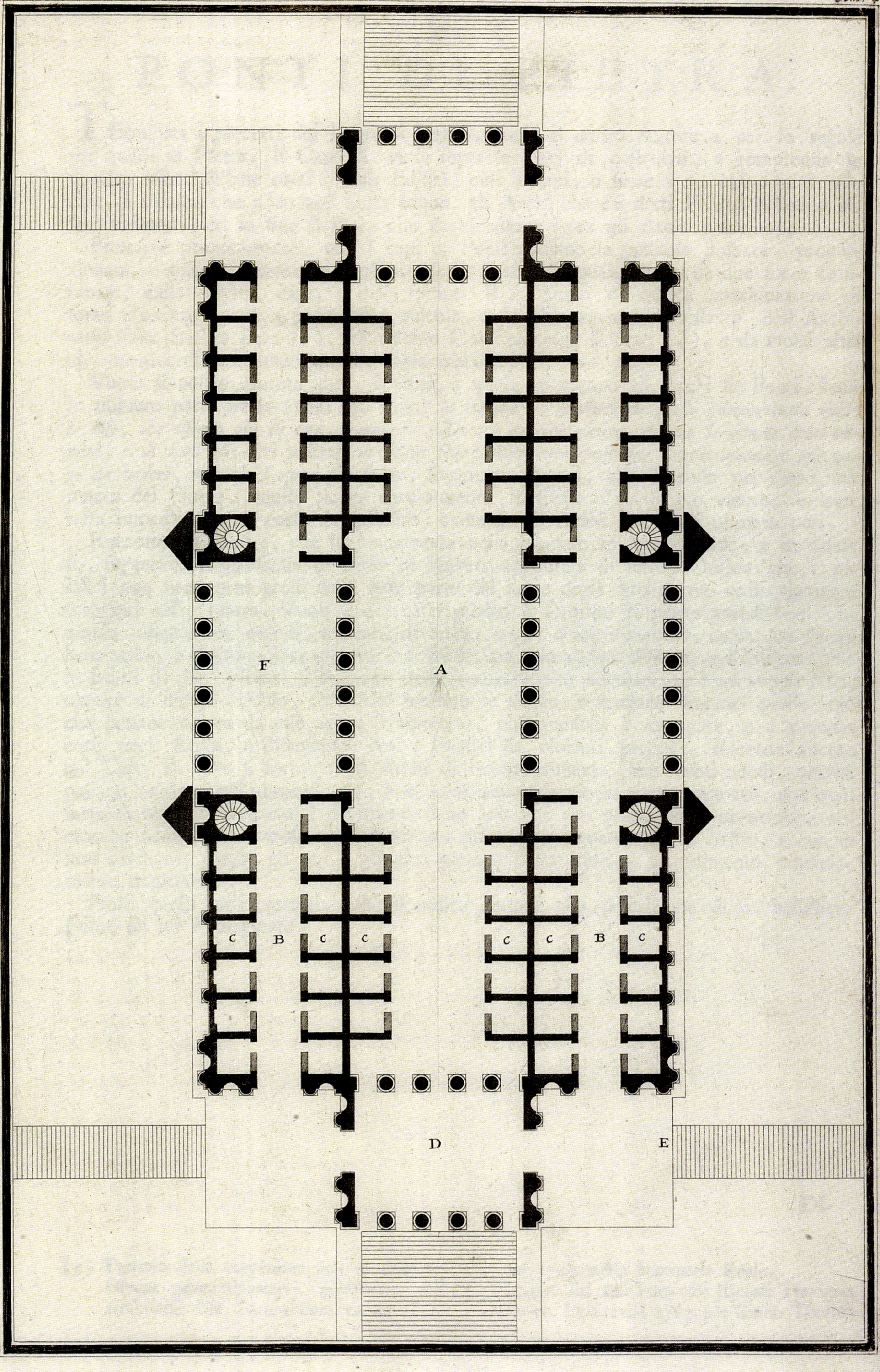

Photographic credits

All the drawings, plans, façades and sections in the book
were photographed by Gianni D'Affara for Magnus Edizioni.
Further photographic credits:
Pino Guidolotti: pp. 2, 7, 10, 11, 13, 14, 15, 18a, 18b, 19, 20, 21, 23, 26, 37, 38-39, 40, 45, 49, 52, 56, 57, 58, 59, 61, 63, 66, 67, 68, 70, 71, 72, 73, 76, 77, 78, 79, 84, 85, 86, 90-91, 92, 96, 102, 117, 130-131, 132, 134-135, 144, 145, 156-157, 158, 168-169, 170, 176-177, 189, 194, 196, 202, 203, 207, 210, 221, 222, 233, 240, 254-255, 258, 259, 282, 283, 297, 298, 304, 305, 306, 314, 315, 318-319, 330-331, 332, 333, 334, 336, 337, 338-339, 351, 352, 353, 354, 357, 358, 359, 362, 368-369, 370, 371, 372, 373, 374, 375, 376, 377, 380, 390-391, 392, 393, 396, 397, 398, 399, 400, 401, 402-403, 420, 422, 423, 427, 429, 430, 431, 436, 437.
Magnus Edizioni archives: 1, 8-9, 12, 22, 24, 25, 27, 36, 41, 44, 48, 50, 51, 60, 62, 103, 116, 136, 146, 150-151, 159, 174-175, 178, 188, 197, 206, 212, 220, 228, 238, 268, 280, 307, 312, 324-325, 346, 356, 360, 361, 382, 394, 395, 426, 432, 433, 443.
Gianni D'Affara/Magnus Edizioni archives: pp. 98-99, 100, 101, 104, 106-107.
Mario De Biasi: pp. 108-109.
Christoph Ulmer: pp. 241, 242.
Paolo Marton: page 281a.
Paolo Marton/Magnus Edizioni archives: pp. 46-47, 114-115, 118-119, 122, 124-125, 126, 127, 133, 152, 174, 179, 180-181, 186, 187, 195, 208-209, 211, 216, 217, 218-219, 226, 227, 229, 230-231, 232, 236-237, 239, 243, 244-245, 246-247, 248, 249, 250-251, 256-257, 264-265, 266-267, 269, 270, 271, 272-273, 274-275, 278-279, 284-285, 286, 287, 290, 292-293, 294-295, 299, 326-327, 328-329, 383, 384, 410-411, 418-419.
Cameraphoto Arte: pp. 313, 335, 347, 350.
Galleria Nazionale di Parma: pp. 440-441.

Preface: Christoph Ulmer
Layout: gf Casula
Translations: Textcase, Utrecht, NL

Printed in China

Created and distributed in cooperation with
Frechmann Kolón GmbH
www.frechmann.com

ISBN 978-88-7057-215-5

Tempietto Barbaro

MASER, TREVISO

Commissioned from Palladio in 1580, the 'Tempietto' is the great architect's last work. Here he experimented with combining the circle and the Greek cross.

Der Palladio in 1580 erteilte Auftrag, war das letzte Werk des großen Architekten. Er ersuchte sich hier an einer Kombination von Kreis und griechischem Kreuz.

Commandé à Palladio en 1580, le tempietto Barbaro est la dernière œuvre du grand architecte. Il y expérimente la combinaison du plan circulaire et de la croix grecque.

Palladio kreeg opdracht voor deze tempel in 1580, en dit was het laatste werk van de grote architect. Hij experimenteerde hierbij met een combinatie van cirkel en Grieks kruis.

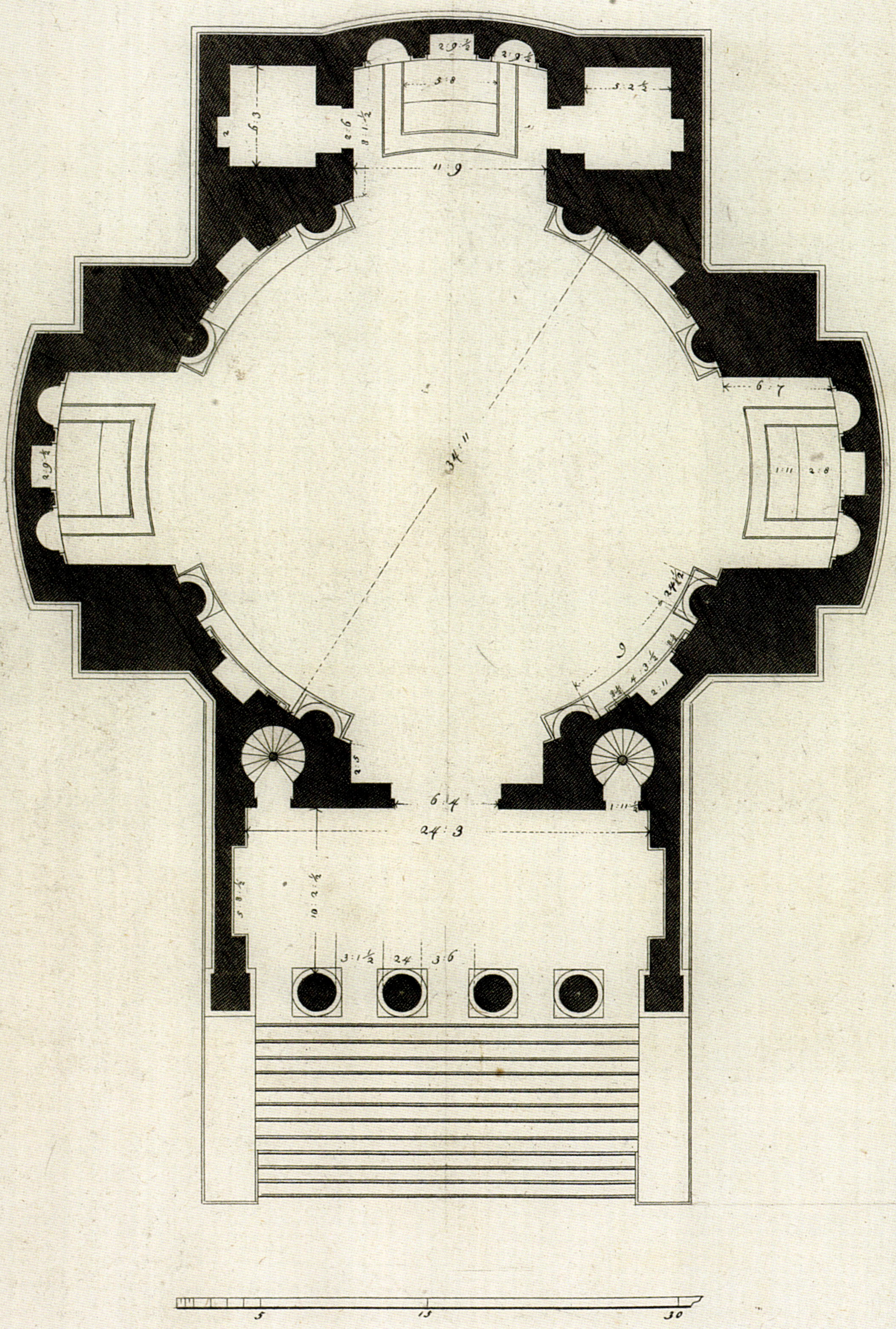

Fest. Sc.

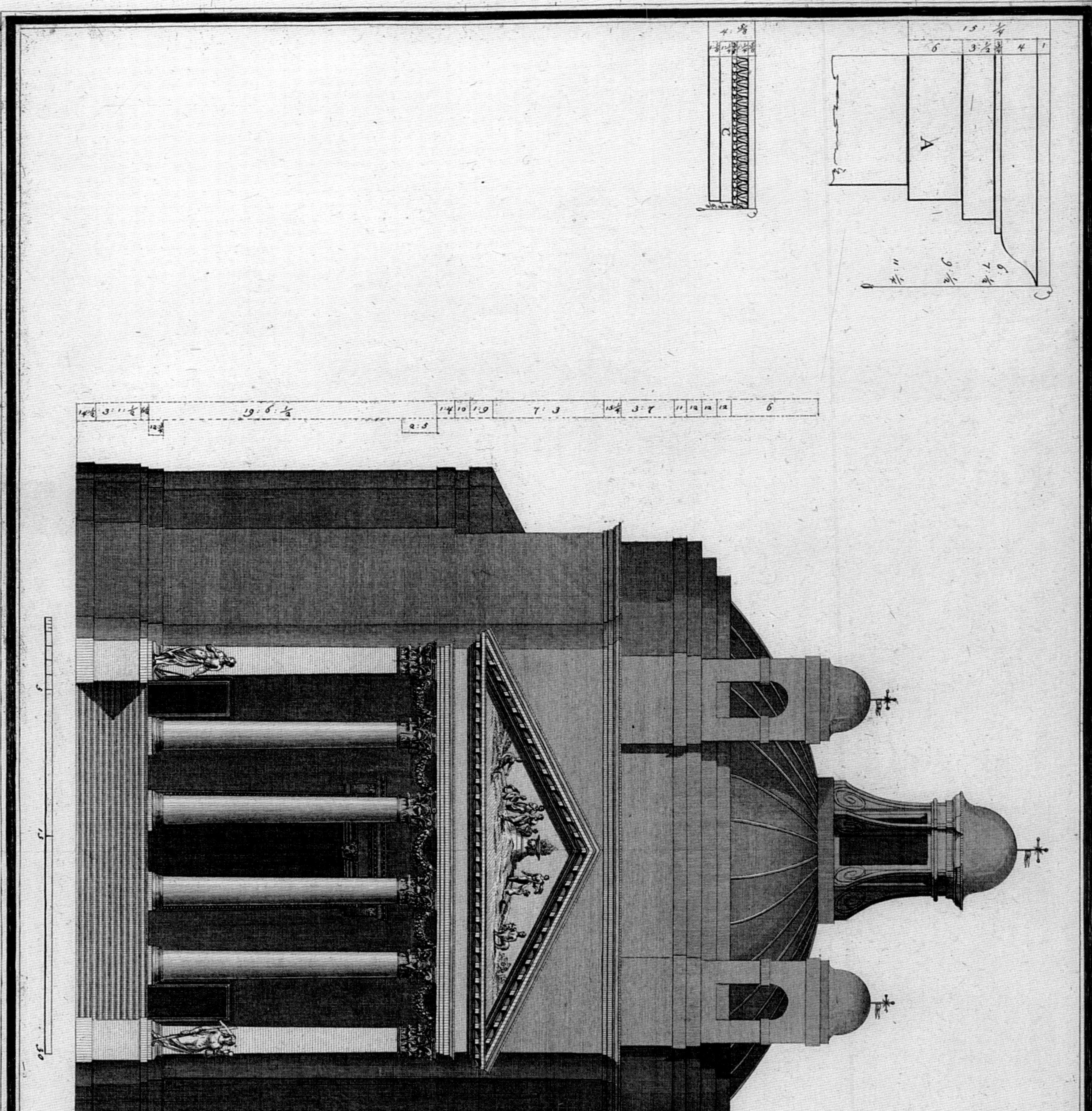
A
B
B
C

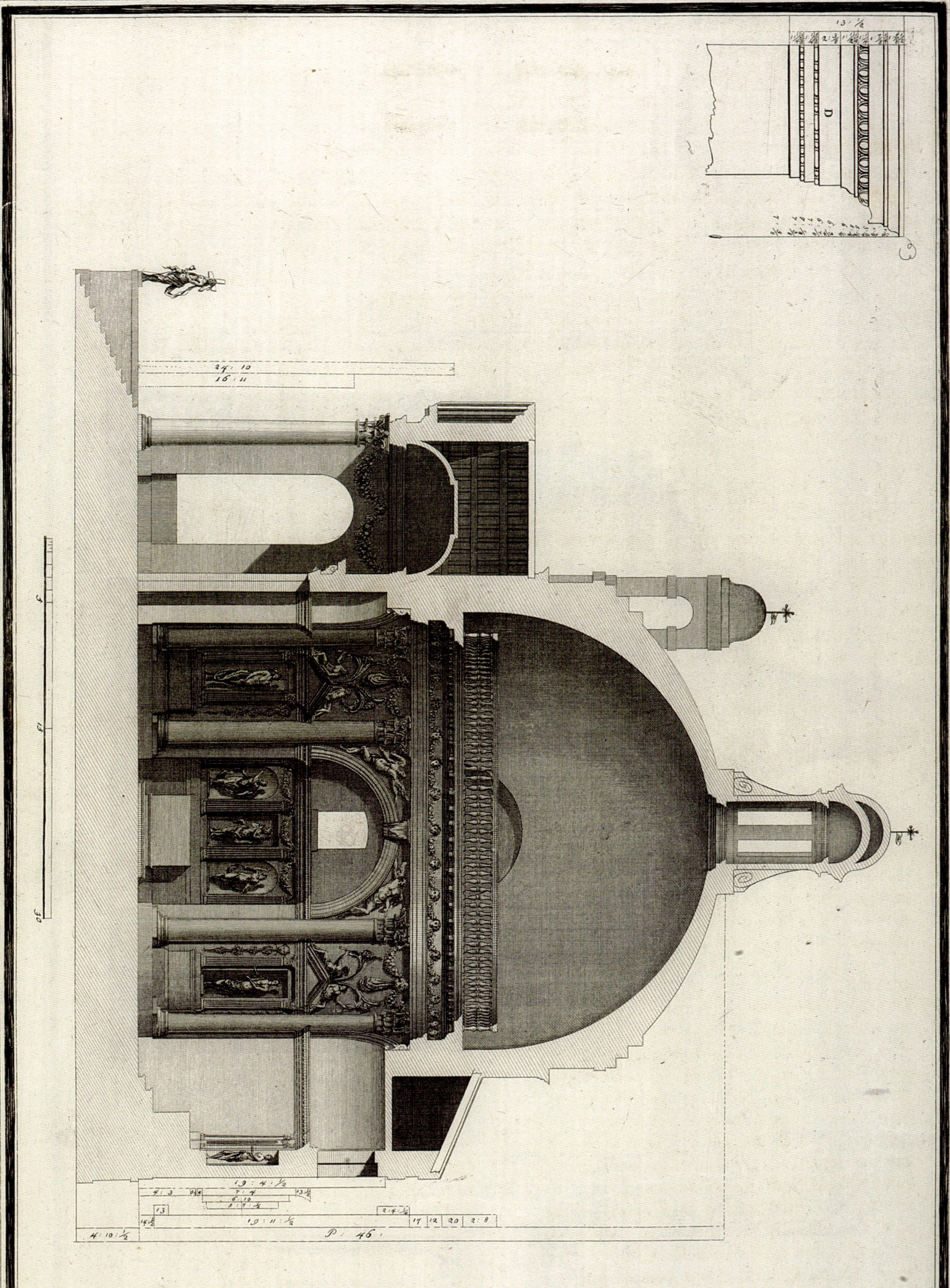

Andrea Palladio

Edifici e opere pubbliche

Buildings and public works
Gebäude und öffentliche arbeiten
Édifices et ouvrages publics
Openbare bouwwerken

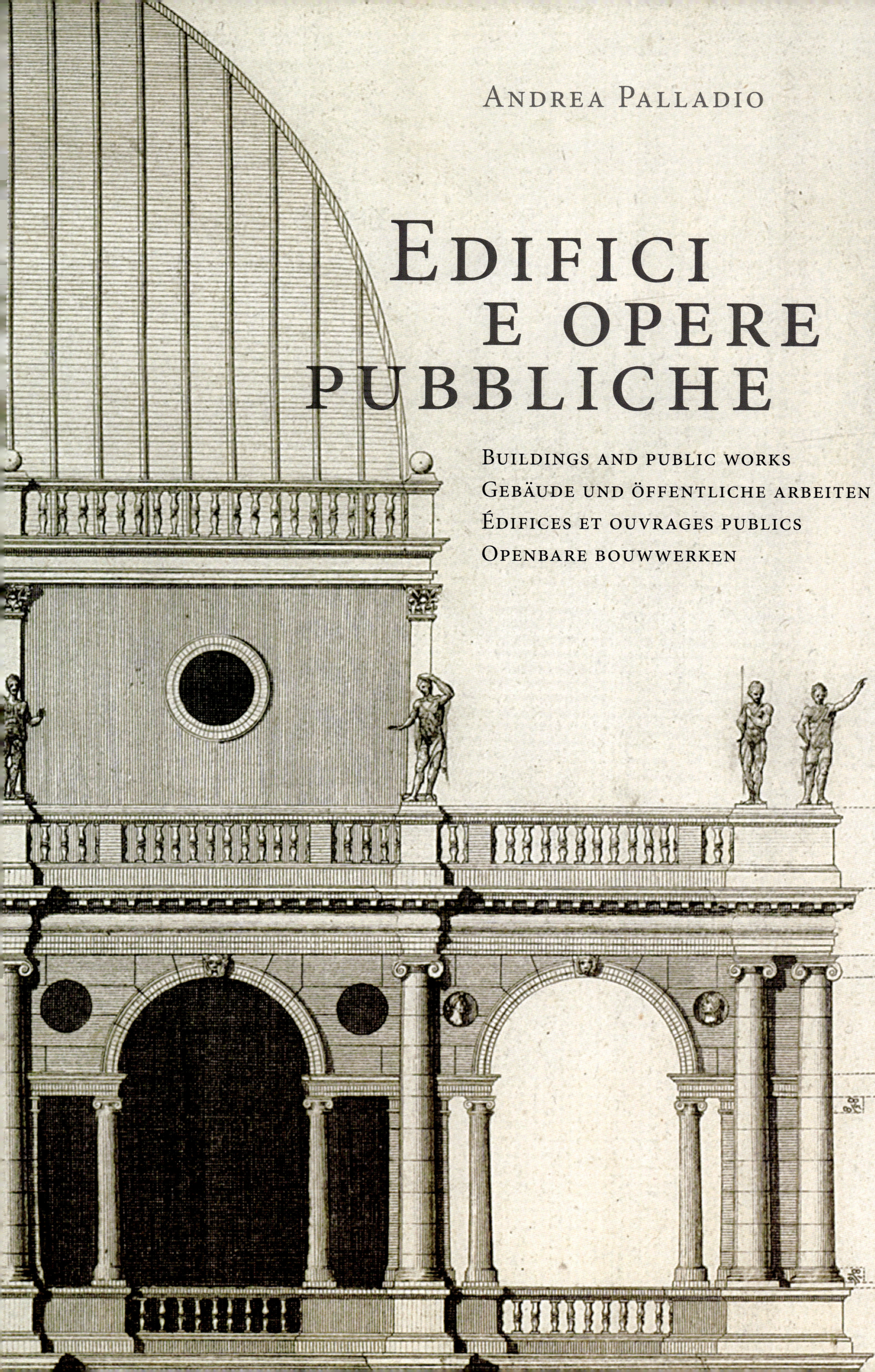

In 1546 the City Council entrusted the reconstruction of the loggias of this ancient palace to the young Andrea Palladio.
After countless disputes the project was finally approved in 1549.

Der Stadtrat betraute 1546 den jungen Andrea Palladio mit der Umgestaltung der Loggien des alten Rathauses. Nach unzähligen Streitigkeiten, wurde das Projekt schließlich im Jahre 1549 genehmigt.

En 1546, le Conseil municipal confie au jeune Andrea Palladio la charge de reconstruire les loggias de l'ancien palais public.
Après d'innombrables discussions, le projet est définitivement approuvé en 1549.

In 1546 geeft het stadsbestuur opdracht aan de jonge Andrea Palladio om de loggia's van het antieke paleis opnieuw te ontwerpen. Na talloze debatten wordt het project in 1549 eindelijk goedgekeurd.

Palazzo della Ragione. Logge

VICENZA

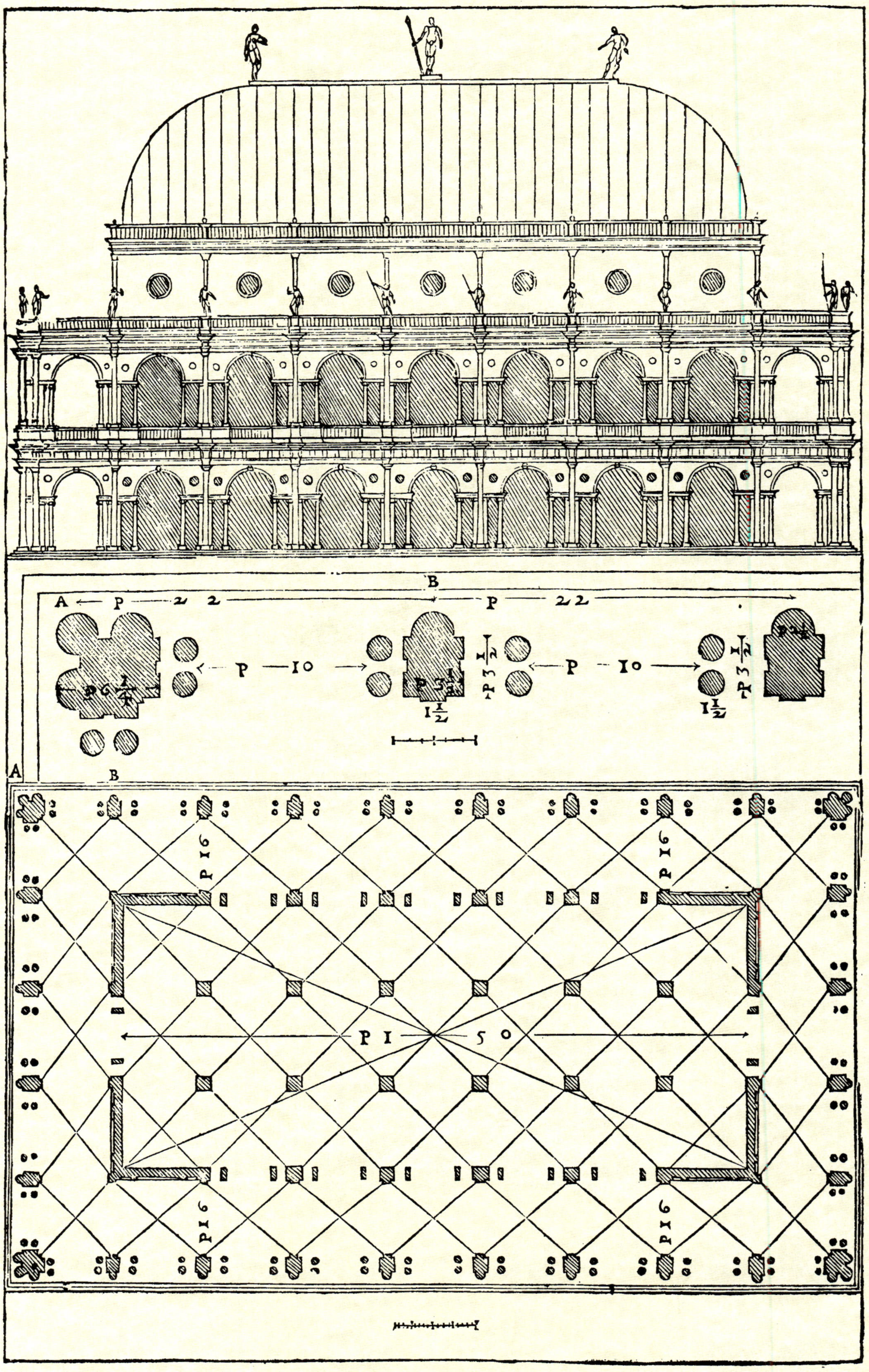
A
B
P 22
P 22
P 10
P 10
P 16
P 16
P 16
P 16
P 150

TERZO 4.

FFF 2 DELLE

Doric semi-columns and trabeations in the northeastern corner of the Basilica.

Dorische Halbsäulen und Architrav Nord-Ost-Seite der Basilika.

Colonnes engagées et entablements doriques, dans l'angle nord-est de la Basilique.

Halfzuilen en Dorische hoofdgestellen in de noordoosthoek van de basiliek.

Internal detail of the northeastern corner
of the second order loggias.

Detail Innenansicht der Nordostecke
und dorisches Bogengewölbe.

Détail intérieur de l'angle nord-est
et de la galerie du second étage.

Details van de noordoosthoek binnen
en loggia's op de tweede verdieping.

Vichi del: e scol: Vicenza 1776

The church is a single room with a wealth of decorative plasterwork and lined with Corinthian semi-columns that support a beautiful wooden ceiling.

Einschiffige Saalkirche mit vielen Stuckornamenten und korinthischen Halbsäulen, die die schöne Holzdecke tragen.

L'église est à salle unique, décorée de stucs et scandée de colonnes corinthiennes engagées soutenant un beau plafond en bois à caissons.

De kerk bevat één enkele ruimte, die rijk gestuct is en omgeven wordt door Korinthische halfzuilen die een mooi houten plafond ondersteunen.

Gaetano Vichi del.

Dall'Acqua Sc.

Tª XXXIX

Gaetano Vichi del.

Cristoforo Dall'Acqua Scol.

Tª XXXVII

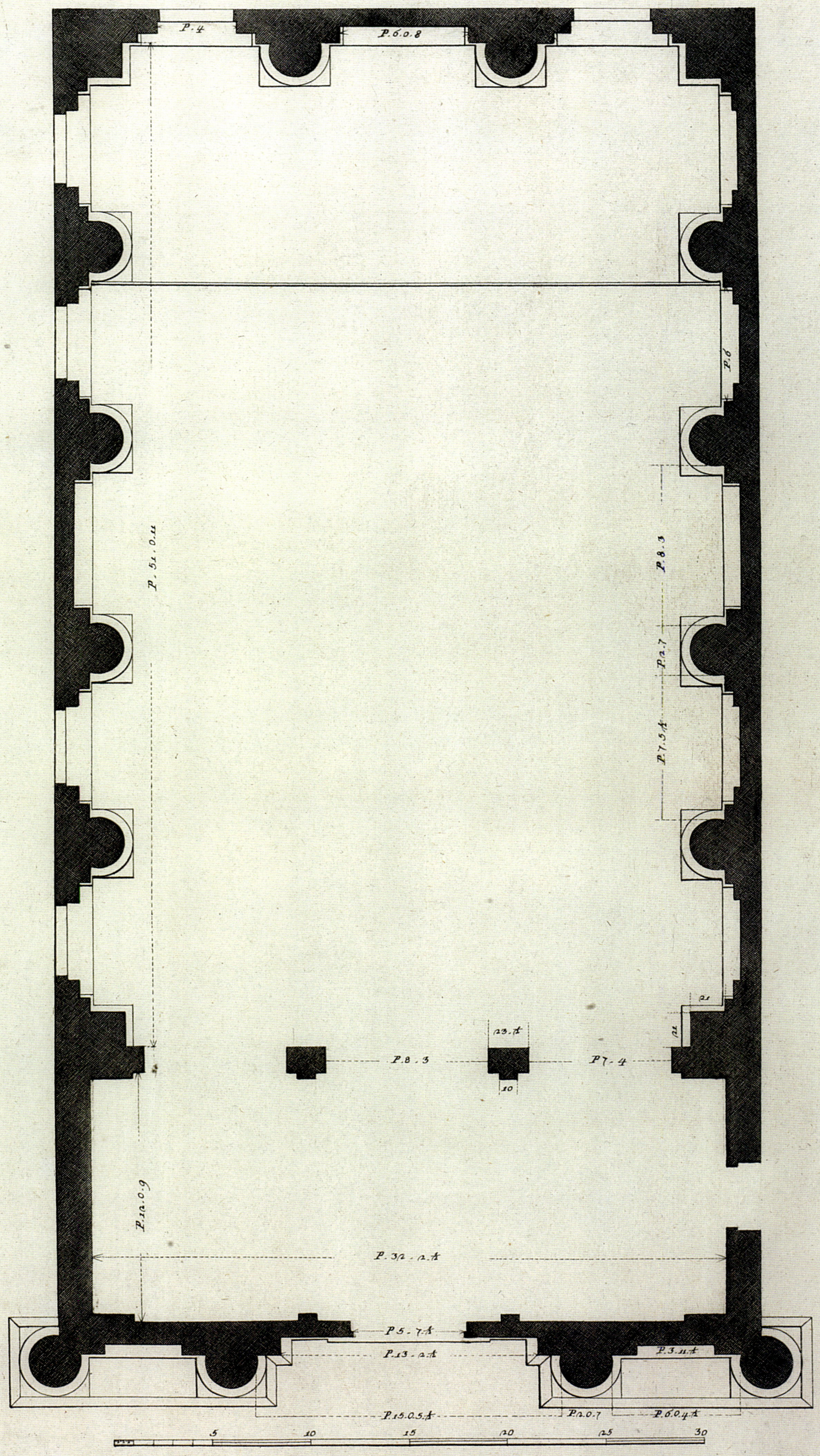

Vichi del. Dall'Acqua scol.

The client, Marcantonio Barbaro, intended for the 'Tempietto' to fulfil the twofold function of the adjacent villa's chapel and Maser's parish church.

Der Auftraggeber, Marcantonio Barbaro, verlangte, dass der Sakralbau die Doppelfunktion von Kapelle für die angrenzende Villa und von Pfarrkirche der Gemeinde Maser erfüllen sollte.

L'intention du commanditaire, Marcantonio Barbaro, était de faire de ce « petit temple » à la fois la chapelle seigneuriale de sa villa toute proche et l'église paroissiale de Maser.

De opdrachtgever Marcantonio Barbaro wilde dat deze tempel twee functies zou vervullen: die van kapel voor de naastgelegen villa en die van parochiekerk van Maser.

Chiesa di Santa Corona. Cappella Valmarana

VICENZA

Interior of the chapel.

Das Innere der Kapelle.

L'intérieur de la chapelle.

Binnenkant van de kapel.

Chiesa di Santa Maria Nova
VICENZA

Although there are no signed drawings, it is believed that this church is the result of a design made by Palladio around 1578 and completed by one of his students after his death.

Obwohl keine Original-Pläne vorhanden sind, wird angenommen, dass die Kirche auf einem Entwurf Palladios um 1578 beruht, der nach seinem Tode von einem seiner Schüler ausgeführt wurde.

Malgré l'absence de tout dessin autographe, on considère généralement que cette église est le résultat d'un projet de Palladio (vers 1578), réalisé après sa mort par un élève.

Hoewel tekeningen van zijn hand ontbreken, denkt men dat deze kerk gebaseerd is op een ontwerp van Palladio van rond 1578 en na zijn dood gebouwd is door een leerling.

G. Tostoli inc.

The great façade with three orders of superimposed columns overlooking the courtyard.

Die Hauptfassade mit drei übereinander angeordneten Säulenreihen und Blick auf den Innenhof.

La grande façade à trois ordres superposés, côté cour intérieure.

De grote voorgevel met drie opeengestapelde zuilenrijen, die uitkijkt op de binnenplaats.

Canaletto. View of the Convento della Carità, 1743-44.

Canaletto. Ansicht des Klosters Santa Maria della Carità, 1743-44.

Canaletto, Vue du couvent de la Charité (1743-1744).

Canaletto. Uitzicht op het Convento della Carità, 1743-1744.

Convento della Carità

Venezia

Detail of the façade and the oval staircase.

Details der Fassade und des ovalen Treppenhauses.

Détail de la façade et escalier de plan ovale.

Detail van de voorgevel en de ovale trap.

30 LIBRO

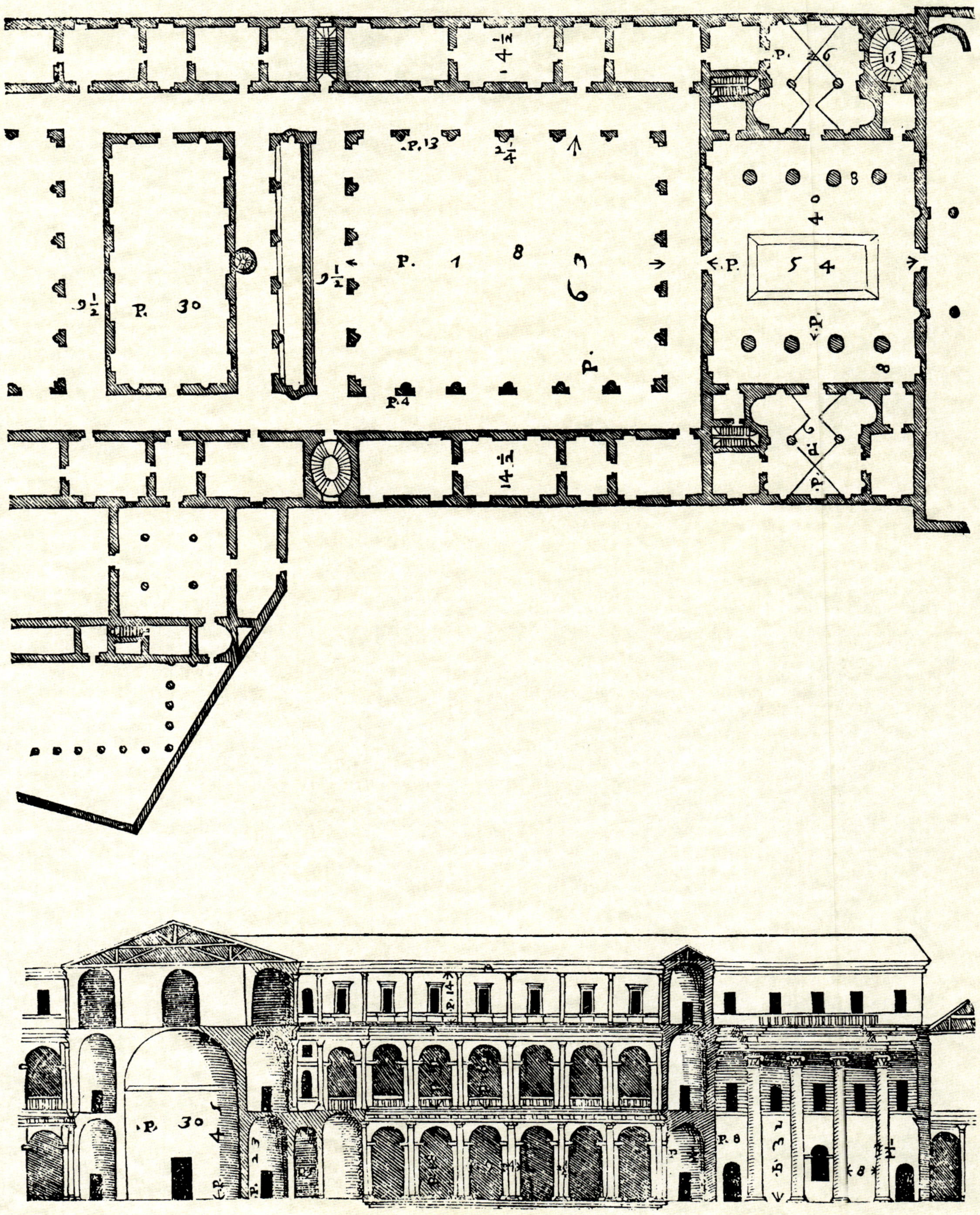

DE I DISEGNI che seguono, il primo è di parte di questo Atrio in forma maggiore, & il secondo di parte dell'Inclaustro.

DELL'ATRIO

32
LIBRO

Glimpse of an interior room.

Ausschnitt eines Innenraums.

Vue d'une salle intérieure.

Gedeelte van een kamer binnen.

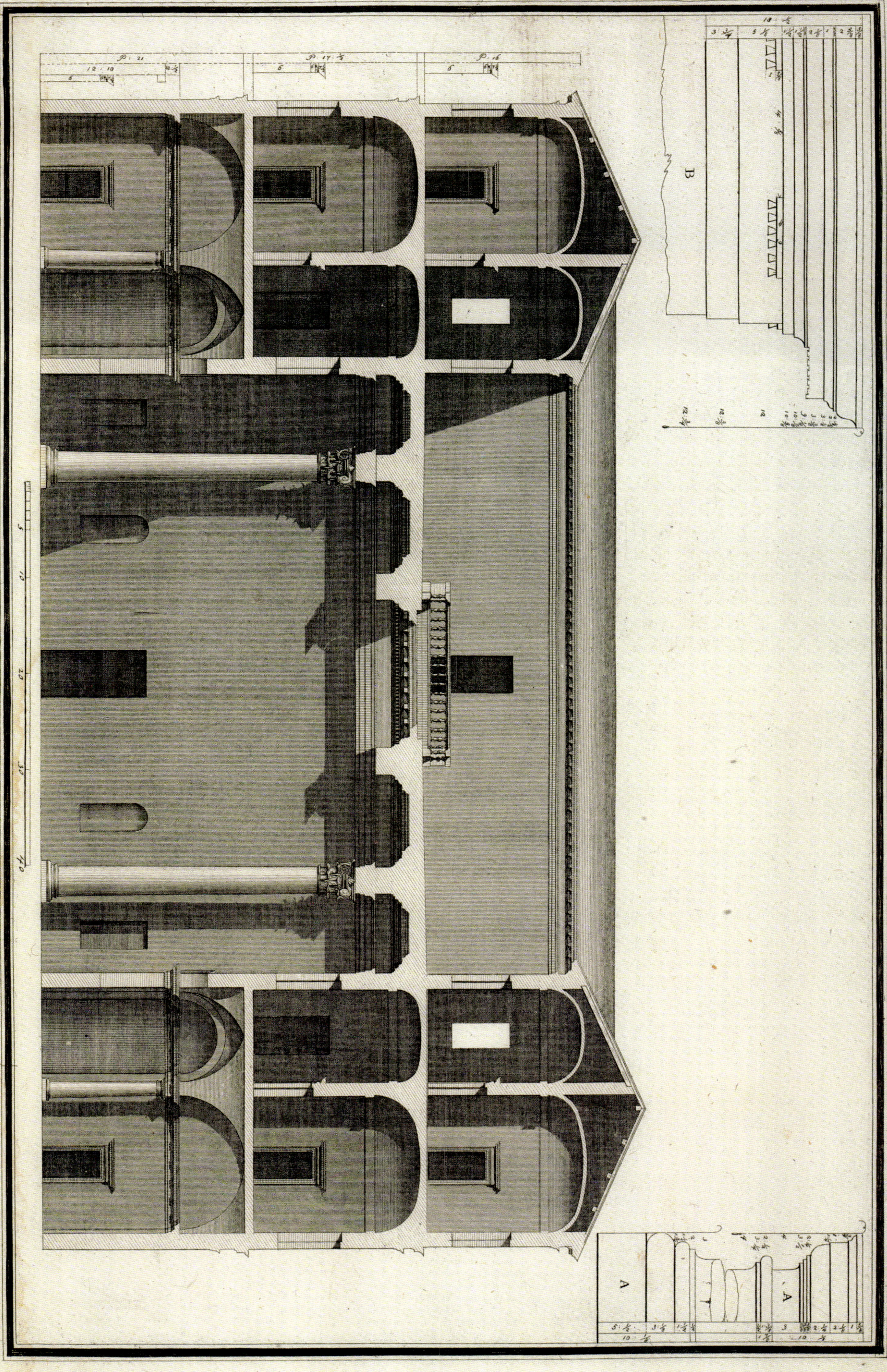
B
A
A

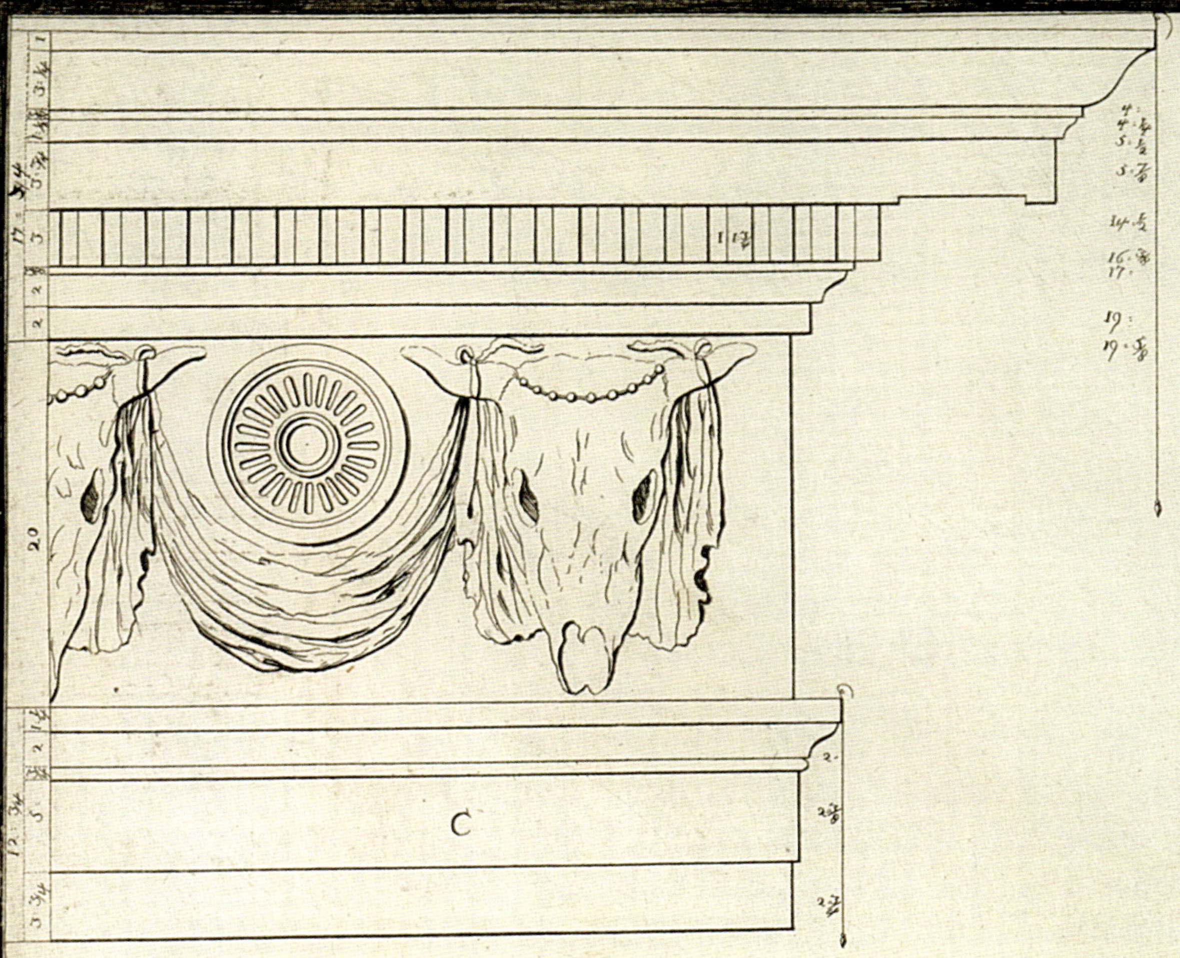

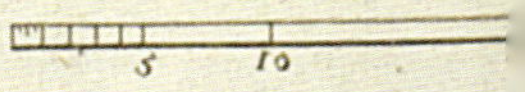

Vichj scol.

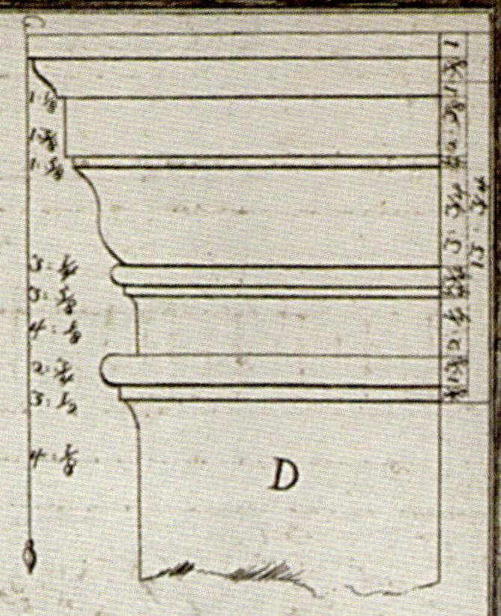
D

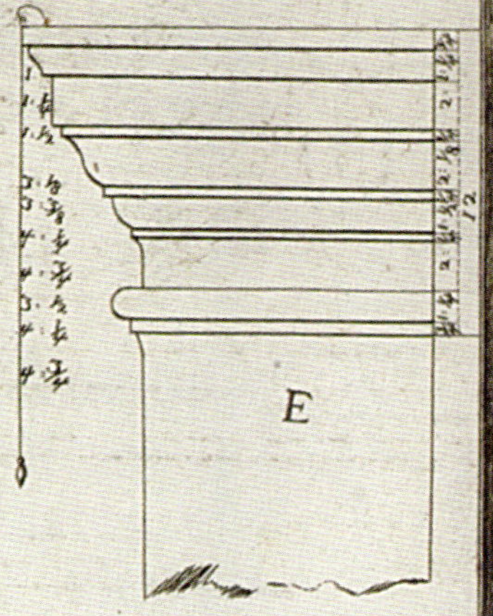
E

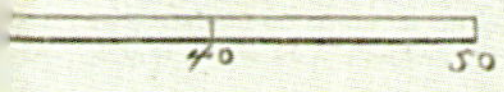
40
50

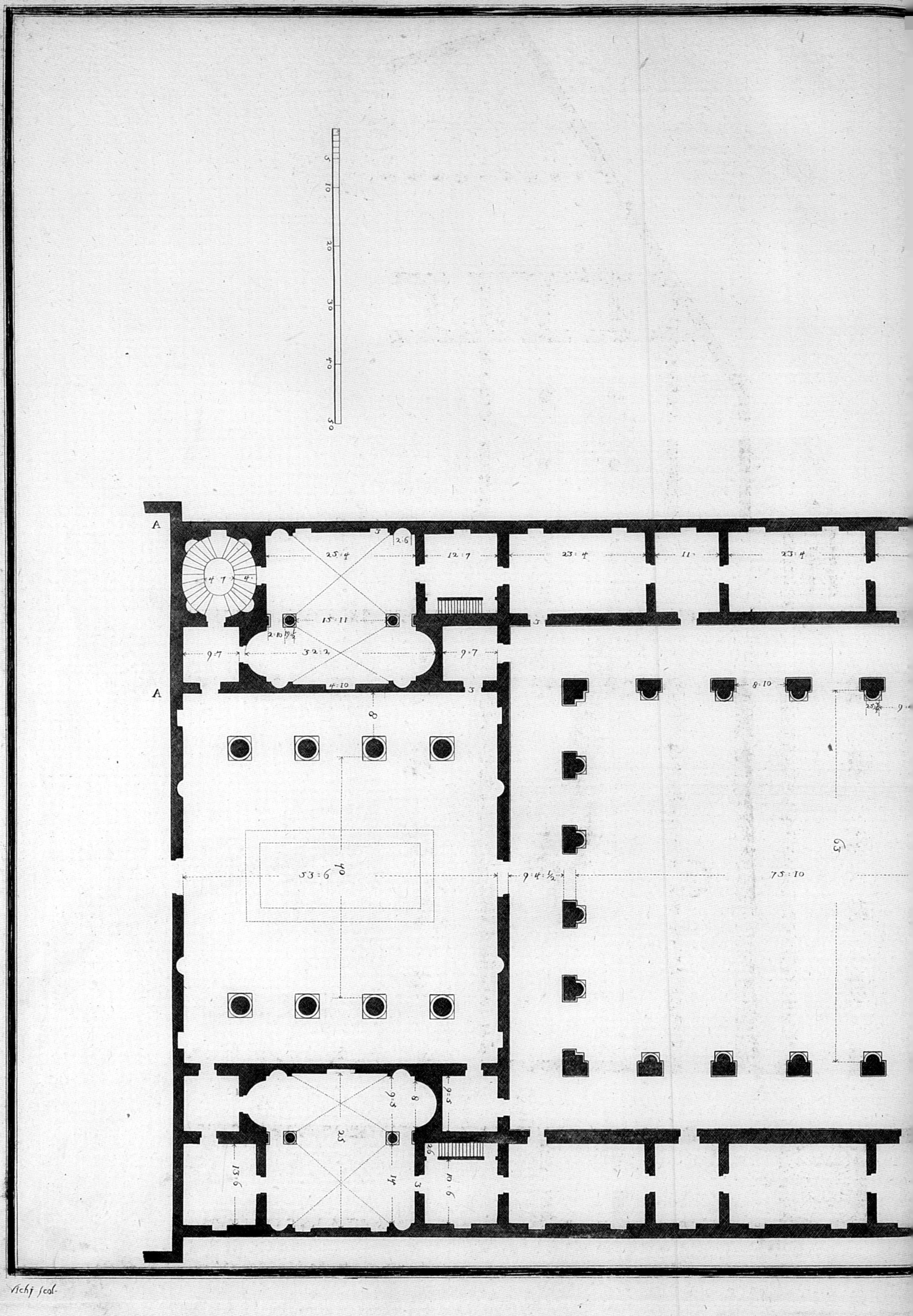

Vichi scol.

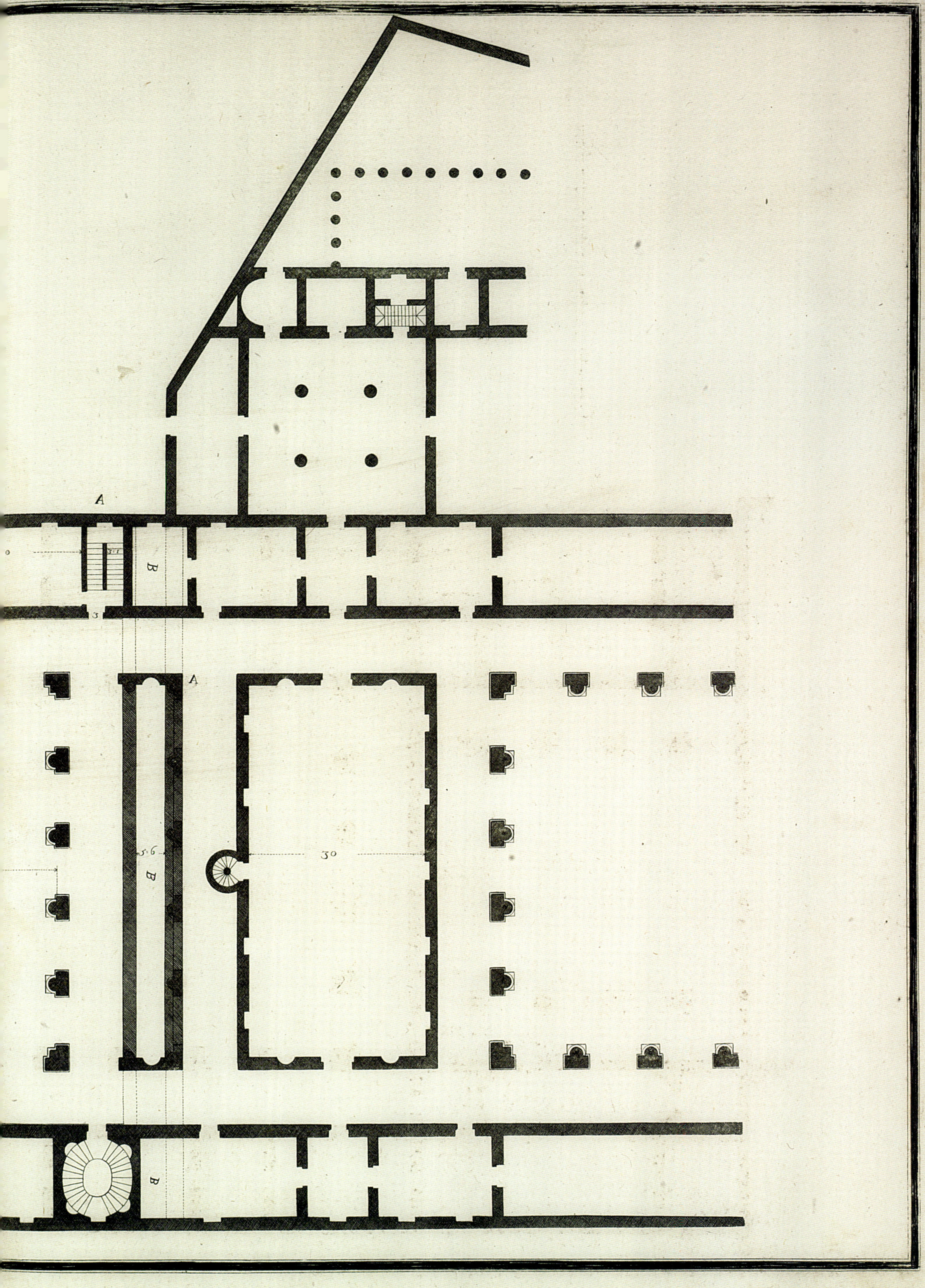
A
B
A
5.6
B
30
B

Palladio's first commission in Venice, the Venetian patriarch Vincenzo Diedo requested that he designed a new façade for the church. Diedo's death in 1559 interrupted the work early on; later, it would be taken up again but not completed until 1596.

Dies war der erst Auftrag den Palladio in der Lagunenstadt erhielt. Der Patriarch von Venedig, Vincent Diedo, betraute ihn im Jahre 1559 mit dem Bau einer neuen Fassade. Der Tod des Auftraggebers unterbrach aber bald die Arbeiten, die erst 1596 wieder aufgenommen und abgeschlossen wurden.

C'est la première commande obtenue par Palladio à Venise : en 1559, le patriarche Vincenzo Diedo le charge de réaliser la nouvelle façade de l'église. La mort du commanditaire interrompt malheureusement les travaux qui ne seront repris et achevés qu'en 1596.

Dit is de eerste opdracht die Palladio binnenhaalt in de lagunestad. De patriarch van Venetië, Vincenzo Diedo, geeft hem in 1559 opdracht een nieuwe voorgevel voor de kerk te ontwerpen. De dood van de opdrachtgever maakt algauw een einde aan de werkzaamheden, die pas weer in 1596 worden opgepakt en afgerond.

Chiesa di San Pietro di Castello. Facciata

Venezia

Even in the absence of documentary evidence, the chapel is undoubtedly the work of Palladio who designed the prized sacellum for the family of Antonio Valmarana in the crypt of the Santa Corona chapel.

Wenn auch Belege fehlen, so ist die Kapelle ohne Zweifel ein Werk Palladios, der den kostbaren Altar in der Krypta von Santa Corona für die Familie von Antonio Valmarana entwarf.

Malgré l'absence de sources documentaires, la chapelle est assurément une œuvre de Palladio qui a conçu dans la crypte de Santa Corona ce précieux oratoire pour la famille d'Antonio Valmarana.

Hoewel bewijsdocumenten ontbreken, is deze kapel zonder twijfel het werk van Palladio, die het kostbare sacellum in de crypte van de Santa Corona ontwierp voor de familie van Antonio Valmarana.

Davide Rossi inc.

The history of its construction places in comparison, thirty years later, two of the greatest architects of the Renaissance: Jacopo Sansovino, who was responsible for the construction of the building (1534) and Andrea Palladio who, in 1564-65 redesigned the façade.

Die Baugeschichte bringt, mit einer Zeitdifferenz von dreissig Jahren, zwei der größten Architekten der Renaissance zusammen: Jacopo Sansovino der sie erbaute (1534) und Andrea Palladio der in den Jahren 1564-65 die Fassade schuf.

Les vicissitudes de la construction rapprochent, à trente ans de distance, deux des plus grands architectes de la Renaissance : Jacopo Sansovino à qui l'on doit la construction de l'édifice en 1534 et Andrea Palladio qui en redessine la façade en 1564-1565.

Het bouwproces brengt, met dertig jaar ertussen, twee van de grootste architecten uit de renaissance bij elkaar: Jacopo Sansovino, die opdracht kreeg voor de bouw van de kerk (1534) en Andrea Palladio, die in 1564-1565 de voorgevel opnieuw ontwierp.

Antonio Visentini. Palladian elevation of San Francesco della Vigna. British Museum Library, London.

Antonio Visentini. Entwurf Palladios für die Kirche San Francesco della Vigna. British Museum Library, London.

Antonio Visentini. Perspective palladienne de San Francesco della Vigna. British Museum Library, Londres.

Antonio Visentini. Palladiaanse voorzijde van de San Francesco della Vigna. Bibliotheek van het British Museum, Londen.

Chiesa di San Francesco della Vigna. Facciata

VENEZIA

Chiesa del Redentore
VENEZIA

Interior of the church.

Das Innere der Kirche.

L'intérieur de l'église.

De kerk vanbinnen.

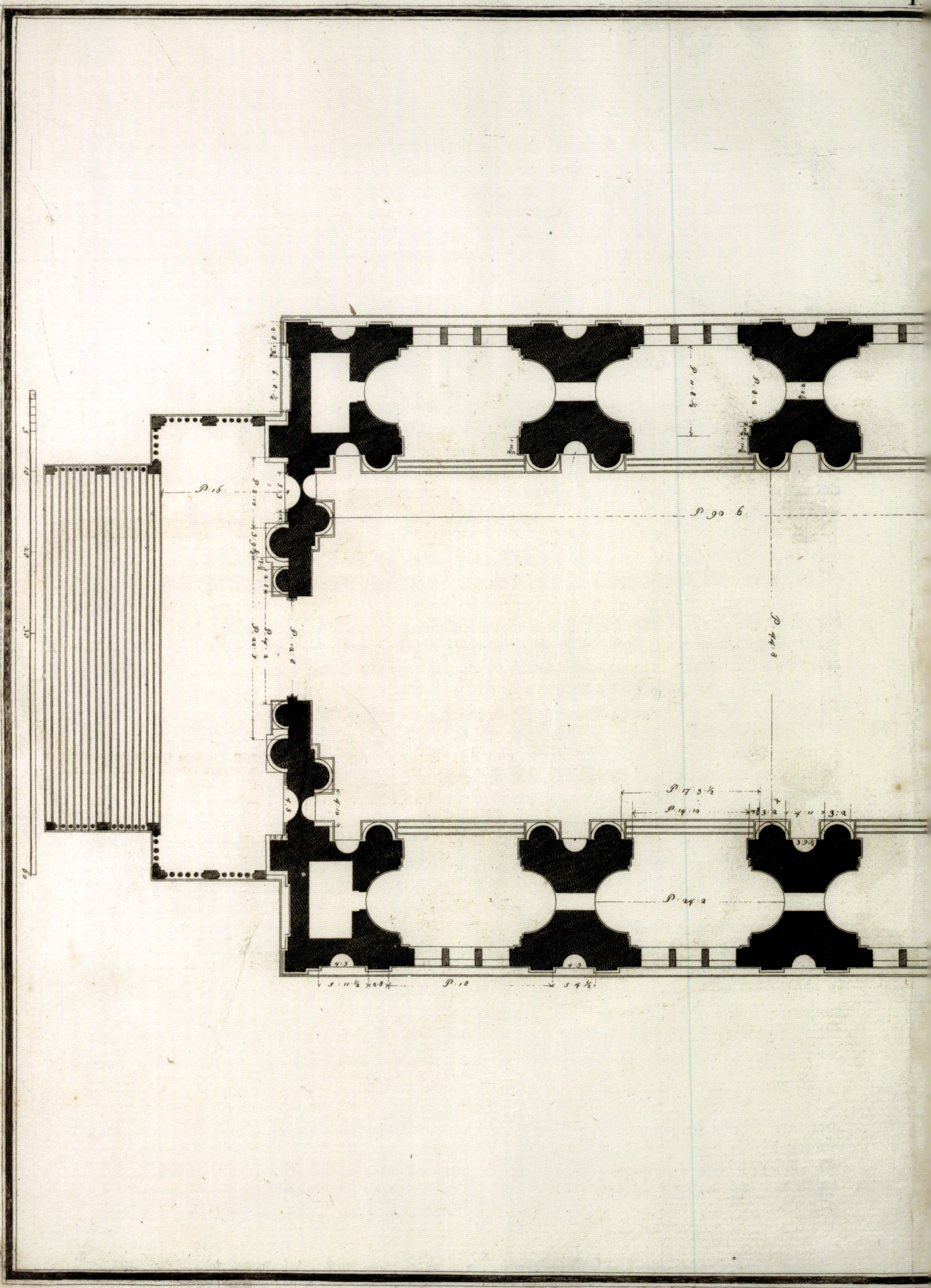

P. 16
P. 90 6
P. 44 8
P. 17 3 ½
P. 14.10
P. 24.2
P. 18

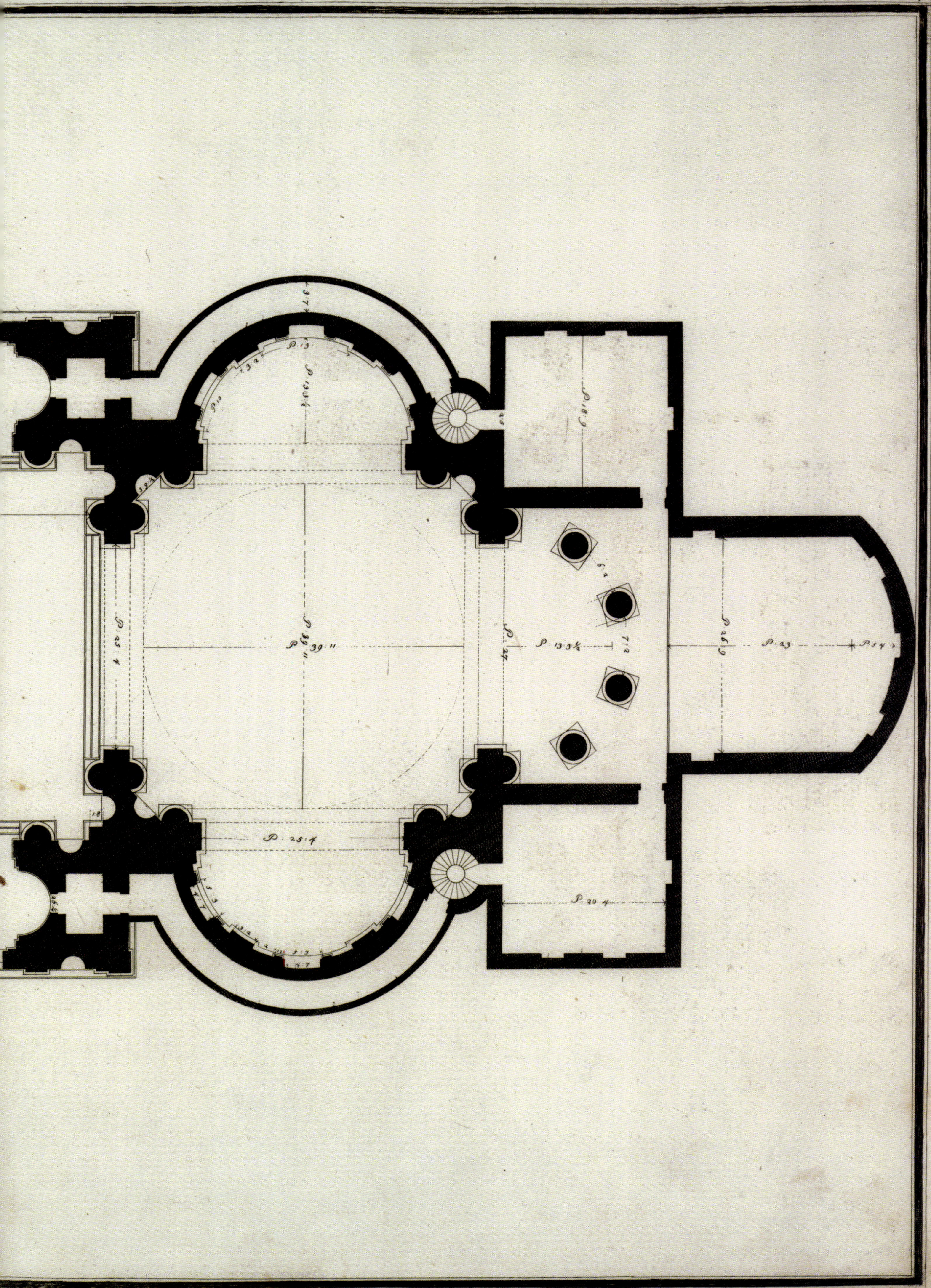

G. Testolini inc.

F
E

C
D
5
10
20
30

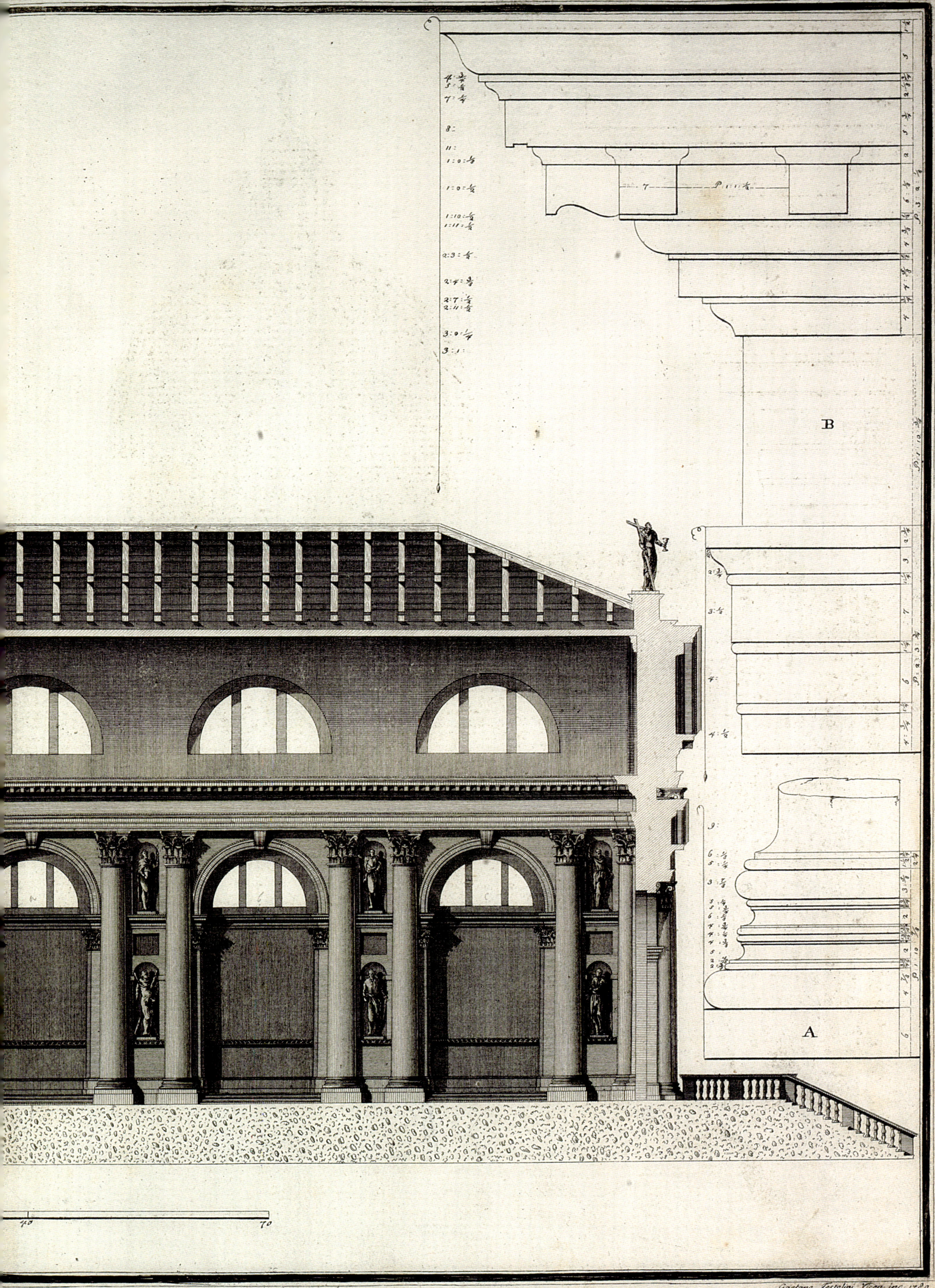

Gaetano Testolini Vicen. inc. 1782.

Recent hypotheses question the seventeenth-century sources that attribute the design of this church to Palladio.

Jüngste Untersuchungsresultate zweifeln an den Quellen aus dem siebzehnten Jahrhundert, die den Entwurf der Kirche Palladio zuschreiben.

De récentes hypothèses mettent en doute les sources du xviie siècle qui attribuent à Palladio la paternité de cette église.

Recentelijk trekt men de 17e-eeuwse bronnen in twijfel die beweren dat deze kerk een ontwerp is van Palladio.

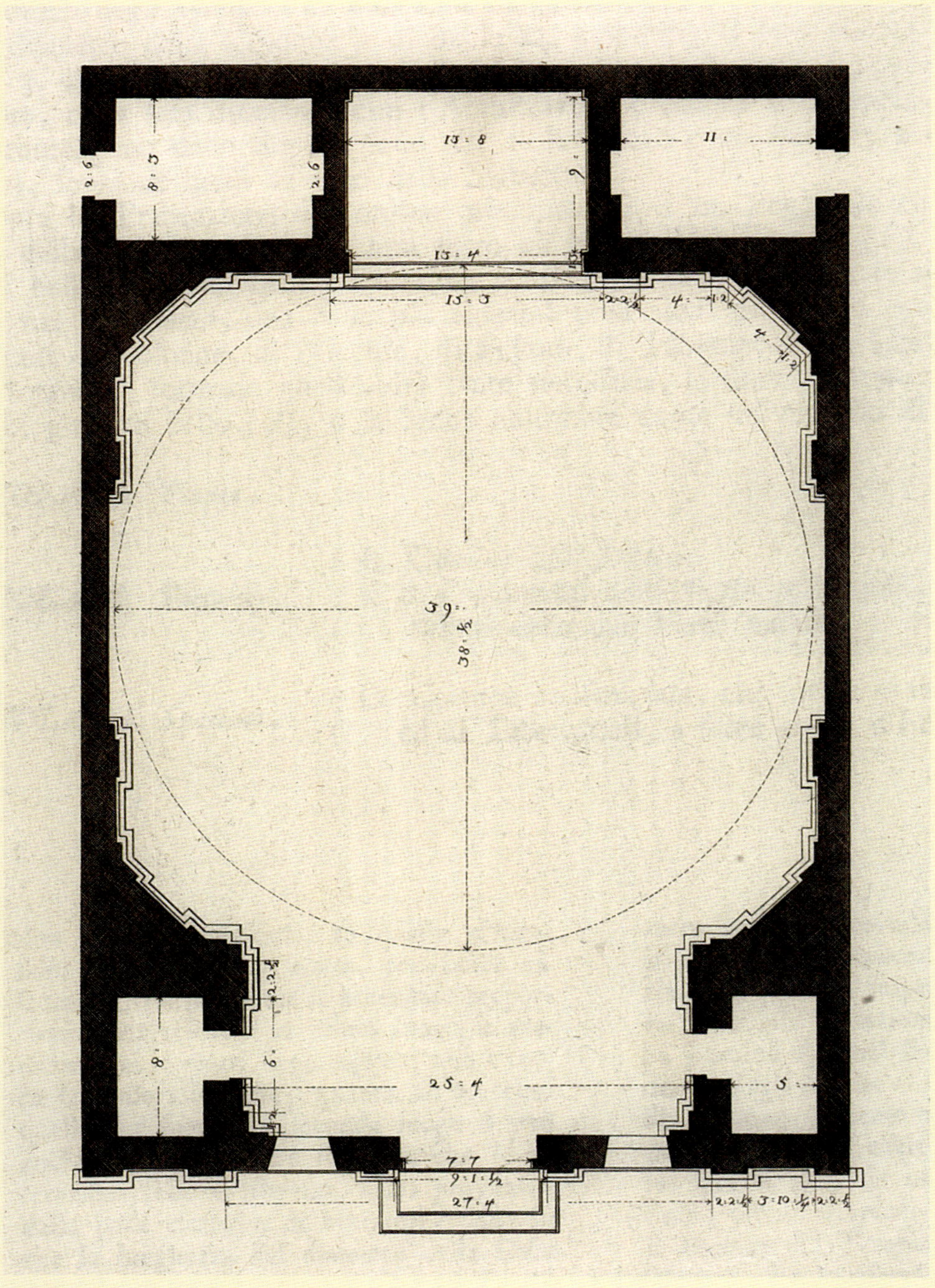

Chiesa di Santa Maria della Presentazione
"delle Zitelle"
Venezia

Davide Rossi inc.

The vestibule with twin washbasins
in red marble at the entrance to the great
refectory hall.

Das Atrium mit zwei Waschbecken aus
rotem Marmor, das Zugang zum großen
Saal des Refektoriums gewährt.

Le vestibule, avec ses lavabos jumeaux
en marbre rouge, précède la grande salle
du réfectoire.

De hal met twee identieke wasbakken
van roze marmer die aan de grote zaal van
de refter voorafgaat.

On behalf of the Senate, Palladio designed this votive church, "Il Redentore" (the Redeemer) in 1577 in the aftermath of a terrible plague that had decimated Venice. It is one of the last works designed by the great architect and amongst his most important.

Im Auftrag des Senats hatte Palladio 1577 die Votivkirche entworfen, nachdem eine verheerende Pestepidemie Venedig heimgesucht hatte. Dies ist eines der letzten Werke des großen Architekten und zählt auch zu seinen wichtigsten.

En 1577, au lendemain de la terrible épidémie de peste qui avait ravagé Venise, le Sénat de la Sérénissime charge Palladio de réaliser l'église votive du Rédempteur. Ce sera l'une des dernières œuvres du grand architecte et l'une de ses plus importantes.

In opdracht van de senaat, ontwierp Palladio deze kerk gewijd aan de Verlosser in 1577, vlak nadat de verschrikkelijke pest in Venetië had huisgehouden. Het is een van de laatste bouwwerken die de grote architect ontwierp en ook een van zijn belangrijkste.